Jóvenes cordobeses: de los márgenes al empoderamiento. Reflexiones sobre políticas (públicas)

Jóvenes cordobeses: de los márgenes al empoderamiento.

reflexiones sobre políticas (públicas) *Barrón, Margarita & Borioli, Gloria (Compiladoras)* Córdoba, Argentina: SECyT, FFyH, UNC. 2015. e-Book. 408 p.; 21x14,8 cm.

ISBN-13: 978-1512103809
ISBN-10: 1512103802

AUTORES:

Margarita Barrón, Gloria Borioli, Mariana Chaves, Julia Córdoba, Lidia Strasorier, Alicia Arias, Equipo de Educación Sexual Integral en el Nivel Medio de la Escuela Musical Collegium (Agustina M. Beltrán Peirotti, Soledad Ducasse, Ernestina Garbino, Hernán García Romanutti, Ana Dolores González Montbrun, Cecilia Lazarte, Eduardo Mattio, Paula Sarachú Laje, María Julia Tatián), María Cecilia García Sotomayor, Marco Antonio Galán, Lucía Quintanilla, Víctor Galindo, Juan Federico, Lucas Crisafulli, Inés León Barreto, Liliana Maurutto, Mario Eduardo Carbonetti, María Cristina Schiavoni, Gabriela María Richard Losano, María Victoria Saracho, Francisco Timmerman, Franco Ariel Herrera, Marcelo Rufo Utrera, Marta Crabay, Ivana Fantino, Celeste Pedroni, Silvia Coronel, Domingo Raúl Parada, Agustina López Salvia, Julieta Truppia, Belén Mucilli, María Belén Massó Guijarro, Martina Cardozo, Andrea Bono, Melina Aguirre, Mónica Castillo, Araceli Adrián, Lourdes Galvagno, Olga Silvia Ávila, Sofía Fernández, Margarita Valero, Paula López David y Lara Celina Monsalvo.

EDICIÓN: Carina Correa

CORRECCIÓN: Delfina María Borioli, Carina Correa.

DIAGRAMACIÓN DE INTERIOR: Ana Dolores González Montbrun

DISEñO DE TAPA: Carina Correa y Ana Dolores González Montbrun IMAGEN

DE TAPA: Melina Aguirre. CE: aguirremel@hotmail.com

La fotografía de tapa fue tomada en una jornada llamada "Juicio en la Calle", organizada por el grupo Vivimos en el País del Nunca Más junto a HIJOS, en el contexto del juicio por la Megacausa de La Perla.

Jóvenes cordobeses:

de los márgenes al empoderamiento. Reflexiones sobre políticas (públicas)

Margarita Barrón
Gloria Borioli
(Compiladoras)

Comité académico (referato externo)

Sobre las compiladoras

Margarita Barrón: Médica Cirujana especialista en Pediatría y Doctora en Medicina con tesis sobre Morbimortalidad en la Adolescencia. Docente por concurso en grados y posgrado. Profesora Titular plenaria en la Cátedra Teorías del Crecimiento y el Desarrollo, Coordinadora del Módulo "Sujeto del Aprendizaje" y responsable académica del equipo docente del Taller de Políticas Públicas de Juventud, Escuela de Ciencias de la Educación, Facultad de Filosofía y Humanidades, Universidad Nacional de Córdoba. Coordinadora de numerosos talleres sobre adolescencia y salud para organismos oficiales. Directora del Programa "Conductas de riesgo asociadas a morbimortalidad en la adolescencia", integrado por tres Proyectos A, con evaluación y subsidio SECyT (UNC), para el bienio 20122013. 2012. Directora del Proyecto A "Influencia de la dinámica familiar sobre el desarrollo de los adolescentes", con evaluación y subsidio de SECyT (UNC) para el bienio 2012-2013. Directora de la Carrera de Especialización en Adolescencia (Facultades de Psicología y de Filosofía y Humanidades, UNC). CE: margarita@barron.com.ar **Gloria Borioli**: Licenciada y Profesora en Letras Modernas, Magíster en Comunicación y Cultura Contemporánea y doctoranda por la Facultad de Filosofía y Humanidades de la Universidad Nacional de Córdoba (Argentina). Docente por concurso en la Escuela de Ciencias de la Educación, Facultad de Filosofía y Humanidades, Universidad Nacional de Córdoba. Directora del proyecto de investigación Jóvenes y discursos. Los sujetos dicen de sí (Secretaría de Ciencia y Técnica, Facultad de Filosofía y Humanidades, Universidad Nacional de Córdoba). Profesora en grado y posgrados. Miembro del equipo docente del Taller de Políticas Públicas de Juventud. Investigadora sobre culturas juveniles y escritura académica. Ensayista y autora de libros y numerosas publicaciones en revistas científicas. Capacitadora y extensionista. CE: gloria_borioli@hotmail.com

---

Jóvenes cordobeses: de los márgenes al empoderamiento. Reflexiones sobre políticas (públicas)

Índice

Prefacio

Margarita Barrón
Gloria
Borioli

En tiempos de corrimientos de las fronteras entre lo público y lo privado –más aun, en tiempos de espectacularización de la intimidad (Sibilia, 2008)–, resulta difícil precisar qué es lo público.

Claro que en este libro no buscamos definir alcances terminológicos: eso está bien lejos de la intención de quienes hemos juntado aquí nuestras voces. Más bien, lo que buscamos es definirnos como sujetos de derecho que piensan otros sujetos de derecho, definirnos como agentes que se preguntan qué hacen los Estados (municipal, provincial, nacional) con los jóvenes cordobeses. Porque esos son nuestros ejes, los que han reunido nuestras palabras: los jóvenes y Córdoba. Desde ese lugar los decimos en el primer bloque de este libro y desde ese lugar los invitamos a decirse en el segundo bloque.

No es nuevo que aquí se hable, se proteste, se disienta; porque en Córdoba las peleas de los jóvenes por la ciudadanía y desde la ciudadanía tienen un reconocido linaje, uno de cuyos hitos reside en la Reforma Universitaria de 1918, que proclamó la autonomía universitaria, el

cogobierno y la gratuidad de enseñanza. No es nuevo, entonces, pero sí es renovado, porque los jóvenes cordobeses no se cansan, no claudican, no se callan.

Y si ya en el prefacio nos declaramos proclives al disenso es justamente porque la realidad de muchos jóvenes nos interroga cotidianamente, porque el Código de Faltas y la pobreza, la trata y la violencia son significantes de la marginación de vastos sectores de chicos y chicas desafiliados o excluidos. Jóvenes de pueblos originarios atravesados por conflictos identitarios y por escollos lingüísticos, jóvenes que trafican para ganarse la vida, jóvenes que intentan uno y otro empleo pero que no pueden sostenerse por falta de habilidades sociales: jóvenes, en suma, no solo vulnerables sino también vulnerados, que crecen en una sociedad violenta e irrespetuosa. A esas interrogaciones cotidianas, a esas interpelaciones que la realidad formula en los cuerpos de los jóvenes, los Estados no siempre contestan. O contestan poco. O contestan oblicua, resbaladiza y dilatoriamente. Y en esa cartografía social, la corrupción y la malversación, el reemplazo de la legitimidad moral por la legalidad jurídica, el abuso reiterado y las promesas incumplidas dificultan la autoconstrucción de los jóvenes en tanto sujetos capaces de definir sus límites, capaces de instituir una norma necesaria que considere al otro, o sea, que lo haga existir porque lo respeta.

En 2008 afirmaba Thomas Dye que la política pública «es todo lo que los gobiernos deciden hacer o no hacer». De ahí este libro, multicolor y desordenado que apuesta al conocimiento situado y construido desde la periferia y que reúne decires de investigadores y docentes, abogados y psicólogos, comunicadores y médicos; este libro que bien puede leerse como una agenda de urgencias para que los Estados empiecen a devolver a los jóvenes la posibilidad de un presente y un futuro dignos.

Palabras preliminares. La comprensión de la heterogeneidad en/de las Políticas Públicas

*Mariana Chaves**

Una de las primeras cosas que conocí de la experiencia juvenil de Córdoba fue el cuarteto, ya conocía el fútbol como posibilidad de estar/ser, e imaginaba también otras. Estuve investigando un poco sobre hip hop de barrios populares y me crucé en Córdoba con CFC, del barrio Cofico; pero la acción que más me impactó y quedó por siempre asociada con esta provincia ha sido la "Marcha de la gorra". Fue el descubrimiento de esa acción colectiva lo que despertó por primera vez mi curiosidad por conocer el entramado jurídico, policial y punitivo de Córdoba, como sus dispositivos de segregación de población. Pero al interesarme sobre la cuestión normativa y su aplicación, o las "víctimas y victimarios", me surgieron ciertos interrogantes acerca del tema, tales como ¿qué sociedad crea y soporta este dispositivo?, ¿qué matriz sociocultural legitima estas intervenciones?, ¿qué personas reproducen las imágenes culturales que habilitan el exterminio material o simbólico del otro?

* *Doctora en Ciencias Naturales, con orientación en Antropología. Investigadora CONICET en Laboratorio de Estudios en Cultura y Sociedad, Facultad de Trabajo Social, Uiversidad Nacional de La Plata (UNLP). Profesora en Facultad de Ciencias Naturales y Museo, UNLP. Profesora UNTREF. CE:*
mchaves@fcnym.unlp.edu.ar
M. Chaves

Conocí entonces algo del Código de Faltas de la ciudad, desde la historia de despojo, de discriminación continua y segregación urbana que tomaba por objeto indeseable a jóvenes de sectores populares, principalmente varones, y cuya simplificación en un elemento de su vestimenta les alcanzaba y sobraba a los constructores de estigmas. La magia de la subversión, o mejor dicho, la lucha política continua de los subalternos organizados en contrahegemonía, hizo también de ese solo símbolo el emblema para su reclamo de derechos: la gorra. El mismo término para los que pegan y para los que son golpeados. En mi ciudad –La Plata– algunos de los pibes con los que trabajo me corrigieron un día al escuchar que usaba el término gorra para casi todo lo que se ponían en la cabeza diciéndome: "gorra usa la yuta, estas son viseras".

Pero en Córdoba se le pelea cada letra a la gorra. Linda batalla. Dura. Desigual en casi todas sus versiones.

Desigual como el intento de tener derechos desde la cárcel, en una lucha de a uno muchas veces, o hacerse hombre de modos no conservadores como nos muestran capítulos de este libro. Se trata por un lado de ganar legalidad, pero como eso solo no alcanza, se trata también de construir legitimidad en otros modos de estar/ser/usar el mundo y las instituciones. La apuesta es que la comprensión de esta heterogeneidad penetre en la forma de tratarnos y, para el tema que nos convoca, en las formas en que el Estado se relaciona con las personas.

A propósito del título de este prólogo pretendo resaltar un propósito que atraviesa a este libro en dos formas: la comprensión de la heterogeneidad de las prácticas estatales (de las agencias, líneas políticas, marcos de intervención y sujetos que las llevan adelante), y el conocimicnto dc la varicdad dc los sujctos dc las políticas. Esta intención política se trasluce en cómo se llegó a organizar esta obra, tanto por la diversidad de situaciones de relación con el estado que abarca, como por ofrecer resultados de la discusión colectiva llevada a cabo en el marco del Taller de Políticas Públicas de Juventud para la carrera de grado de Licenciatura en Educación de la Facultad de Filosofía y Humanidades

de la Universidad Nacional de Córdoba entre docentes, invitados y estudiantes del curso.

En cada capítulo encontrarán descripciones de situaciones, "contadas de cosas que pasan en el barrio, en la calle, en la cárcel". Esa narrativa pegada al relato habitual repone el habla de lo que está pasando, restituye cotidianeidad a lo que luego aparece como "violencia", "desigualdad" o "vulneración de derechos". Estas narraciones situadas y contextualizadas permiten el análisis de la micropolítica, es decir, de la política pública al nivel de la interacción entre sujetos, que es donde la intervención estatal se resuelve como producto al que se accede o no, y en qué condiciones y calidades.

En las páginas que siguen podrá el lector encontrar políticas públicas divididas en dos grandes líneas complementarias que mantienen entre sí una relación inversa: las políticas sociales y las políticas punitivas. Esta forma de existencia de lo estatal (de la biopolítica) se encuentra en varias provincias, pasa no sólo en Córdoba –como bien lo muestran varios autores–, sino también en la provincia de Buenos Aires, donde ha descendido, desde el gobierno, la inversión y desarrollo de las políticas sociales y ha aumentado la inversión y la importancia de las políticas punitivas.

Es menester destacar que nos encontramos en un momento histórico de expansión del discurso de derechos, y también de parte de su efectivización. Es entonces tiempo de avanzar sobre las modalidades de trabajo para la visibilización y mayor efectivización de esos derechos, y nuestra tarea específica como trabajadores del Estado, para la adecuación y transformación de las prácticas (interacción, intervención) en función de conseguir una coherencia con los principios fundamentales de los enfoques conseguidos en la legislación.

Faltan cosas. Falta Tomás como nos cuenta Cecilia Sotomayor en su capítulo. No podrá nunca ser repuesto. Pero la memoria y la comprensión de lo acontecido nos llevan a análisis críticos, a compromisos cognitivos y políticos. Parafraseando el texto de Manuel Ruiz que encontrarán en

M. Chaves

esta obra, les comparto que yo creo en el estar ahí. En el jugar juntos para poder establecer confianzas y reconocimientos que nos lleven a restituir derechos, a ampliar horizontes, exigir y acompañar a cada quien el cumplimiento de sus obligaciones, se llame Estado, vecino, guardia, compañero, y use o no use cualquiera de las gorras.

Felicito la capacidad emprendedora de las colegas que coordinaron el Taller y el libro, y felicito la capacidad de los invitados y participantes de animarse a poner en papel las alegrías, los padecimientos, las ideas y las peleas cotidianas por la comprensión del/la otro/a, del Estado y la sistematización de nuestras prácticas.

I. Discursos sobre jóvenes

Génesis de unos quehaceres –o los porqués de este libro–

Gloria Borioli
Margarita Barrón

La historia es nada hasta que el narrador la cuenta.
Nicolás Casullo

Cuando a fines de los años 80 los argentinos empezamos a leer a Marshall Berman en Todo lo sólido se desvanece en el aire, se nos agrietaron algunas certezas heredadas de la modernidad y se nos desfondaron varios significantes. La desintegración de las raíces de la cultura occidental y eurofalocentrista, la inconsistencia de las promesas según las cuales la ciencia traería progreso y felicidad para todos y las contradicciones del desarrollo socavaron aquellos pilares otrora firmes en los que forjábamos identidad –la escuela, el saber, la moral, la religión, los partidos políticos, los gremios–; no obstante, al obligarnos a revisar lo que somos, esas rendijas invitaron aires nuevos. Como decía Marx, “todo lo sagrado es profanado, y los hombres, al fin, se ven forzados a considerar serenamente sus condiciones de existencia y sus relaciones recíprocas" (cit. por Berman, 1988).

Desde entonces, hondas y variadas han sido y siguen siendo las mutaciones del paisaje social. En primer lugar, merced a la difusión de las tecnologías de información y comunicación, la cultura se internacionaliza, mueve flujos que construyen nuevos sujetos e instala un proceso controversial de globalización-dualización que hoy sigue agudizándose. En segundo lugar, el ocaso de los grandes relatos profetizado por Lyotard (1993) da lugar a las pequeñas historias de minorías antes silenciadas que adquieren enunciabilidad. La destotalización de las verdades y la caída de los binarismos para leer el mundo (varón/mujer, naturaleza/cultura, público/privado y tantos otros) abren paso así a devenires desreglados, a giros autobiográficos, a certezas situadas que manifiestan la agonía del monoparadigma adulto, masculino y de "raza blanca". Conceptos como la liquidez de Bauman y la incertidumbre de Heisemberg nos sirven para pensar un mundo plural, mestizo y proteico en el que ahora hay muchas voces y muchas verdades. En tal contexto y en medio de nuevos movimientos sociales atravesados por consignas de solidaridad y autoorganización que en la Argentina encarnan en los 90 en asambleas barriales, piqueteros, movimientos de trabajadores desocupados y fábricas recuperadas, los jóvenes fortalecen su empoderamiento y refutan la hegemonía y la tradición con banderas de argumentabilidad y relativismo.

Las políticas públicas en Argentina: escenarios y marcos

En esta etapa de grandes cambios que atraviesa Argentina en todas las dimensiones de la vida cultural, económica y política también se reformulan las políticas públicas relacionadas con educación, salud, vivienda, acceso al trabajo y derechos. Esa transformación responde, entre otros factores, a políticas internacionales propiciadas por diversos organismos –entre ellos, Naciones Unidas–, readecuadas luego por cada país. Hoy el enfoque de derechos se difunde y se hace norma. Sin embargo, no todos los miembros de la sociedad son parejamente conscientes de tal situación. Muchos sectores se ven debilitados o en condiciones de deterioro progresivo; de ahí que se generen crecientes diferencias entre regiones de nuestro país y dentro de la población, especialmente entre niños, adolescentes, mujeres, personas con discapacidad, minorías étnicas y ancianos: en esos sectores vulnerados y vulnerables se advierte una mayor fragilidad de los lazos sociales, un mayor número de jóvenes en situación de exclusión, un incremento de las situaciones de disrupción familiar y un número cada vez más alto de madres como jefas de hogar.

Al analizar los datos censales en el ámbito nacional percibimos en la última década ciertos cambios demográficos significativos con procesos de urbanización creciente y avances en educación y salud principalmente referidos a disminución del analfabetismo, aumento en la matrícula en todos los niveles educativos, reducción de la mortalidad materna e infantil y descenso de la tasa de fecundidad. También hay un incremento en la participación femenina en el mercado de trabajo y en diversas esferas de la vida política, económica, científica, social y cultural que conlleva transformaciones en las relaciones intra e interfamiliares, pese a lo cual la estructura social –cada vez más heterogénea y más desigual– evidencia una fragmentación que lesiona muchos cuerpos.

Los efectos de la globalización sobre las condiciones particulares de vida en cada zona y en cada ciudad se traducen en disyunciones entre las posibilidades de acceso y las restricciones coyunturales y estructurales, hecho relevante si se considera que es en este espacio local donde se juega la factibilidad de constituir acuerdos entre los diferentes sectores de la sociedad y entre la ciudadanía y el Estado para la defensa de ciertos valores comunes que conjuren la marginalización.

En este contexto permeado por contradicciones en el que la desafiliación coexiste con la repolitización, en este panorama mundial de identidades en redefinición, de fin de los grandes relatos (Lyotard, 1993) y de exacerbación del individualismo (Lipovetsky, 1992), el

Estado en sus diversas jurisdicciones –nacional, provincial y municipal–

debe desplegar acciones vinculadas con el cuidado de la ciudadanía, la protección de los derechos, la garantía de las condiciones de vida de los sujetos en materia de salud, educación y justicia: de eso se trata y a eso apuntan unos discursos jurídicos y unas prácticas culturales, económicas y sociales, presuntamente destinados a velar por la seguridad y el orden mediante las políticas públicas.

A partir de este somero relevamiento, con esos puntos de partida empíricos y en un intento por acotar las previsiones, las expectativas, los temas y las limitaciones de este libro, conceptualizamos las políticas públicas como

> ... el conjunto de objetivos, decisiones y acciones que lleva a cabo un gobierno (o un poder público) para solucionar los problemas que en un momento determinado los ciudadanos y el propio gobierno consideran prioritarios. Estos objetivos, acciones y decisiones tienen una característica común y es que afectan a múltiples circunstancias, personas, grupos y organizaciones. Desde este punto de vista, las políticas públicas pueden entenderse como un proceso cuyo input es la existencia de un problema que por su calado merece la atención de un directivo público o del propio gobierno y cuyas última fase es (o debería ser) la evaluación de los resultados que han tenido las acciones o programas puestos en marcha para eliminar o, cuanto menos, atenuar, ese problema (Cano Castro, 2011).

Por otra parte y en lo que hace específicamente a la franja etaria que nos ocupa, leemos en un documento de Naciones Unidas que

> ... la juventud está a la vanguardia de las tendencias mundiales sociales, económicas y políticas. Además, debido a su contribución intelectual y su habilidad para movilizar apoyo, los jóvenes de ambos sexos tienen una perspectiva única. Por eso el progreso de nuestras sociedades está

determinado, ente otras cosas, en qué tanto se involucran los jóvenes en la construcción y el diseño del futuro. Sin embargo, en muchos países ha sido muy difícil para los jóvenes integrarse a la vida de sus sociedades. Los problemas que enfrentan los jóvenes de hoy no son solo retos de las sociedades actuales, sino también de las generaciones venideras. Estos incluyen: recursos disponibles limitados para financiar programas y actividades juveniles, inequidad en las condiciones sociales, económicas y políticas, discriminación entre los géneros, inseguridad en las formas de subsistencia, altos niveles de desempleo juvenil, conflictos armados y confrontaciones, prejuicio étnico, exclusión social, falta de vivienda; deterioro continuo del medio ambiente global, aumento en la incidencia de enfermedades, hambre y desnutrición, cambios en el rol de la familia y oportunidades inadecuadas de educación y capacitación. Al mismo tiempo, los jóvenes pueden ser el recurso más importante para la movilización social necesaria para combatir esos grandes problemas.

En efecto, la posesión real de recursos, distribución y oportunidades de los sujetos de cara al desarrollo humano y la inclusión con salud, libertad, dignidad y respeto generan pertenencia y vinculación con el entorno, propician la participación social y facilitan a los niños y adolescentes el ejercicio de la ciudadanía. Para ello se requieren leyes –no solo enunciados sino efectivizaciones– y otros instrumentos legales que permitan el desarrollo holístico de cada agente en el paradigma de la protección integral a través de la creación del Consejo Provincial de Niñez, Adolescencia y Familia por Ley Provincial 9591 (2008); la Ley Nacional 26.061 de Protección de los Derechos de las niñas, niños y adolescentes (2005) y la Ley Provincial 9396 que adhiere a las disposiciones de la ley precedente (2007). Desde luego, otras regulaciones jurídicas no pensadas para los jóvenes también cercan esos cuerpos y escriben esas posibilidades; tal es el caso de las leyes n° 25.673 de Salud Reproductiva y Procreación Responsable, n° 26.618 de Matrimonio Igualitario y n° 26.743 de Identidad de Género. Son todos estos dispositivos formales y sociales los que explícita o implícitamente han operado en el proceso de elaboración de este libro.

Jóvenes en el Taller

Decíamos que el paisaje social ha mutado y que los jóvenes han ganado visibilidad; ahora bien, esta presencia no es nueva. Al respecto, así reflexiona Mariana Chaves en Cuestiones sobre jóvenes y juventudes, diez años después:

> El reconocimiento desde las ciencias sociales del joven como actor social acontece en el marco del proceso de visibilización de los y las jóvenes en la sociedad, iniciado a fines de los ´50 e instalado definitivamente hacia fines de los ´60; pero debieron pasar varios años para que el nuevo discurso académico sobre lo juvenil cobrara fuerza. Para el caso argentino esto sucede recién a fines de los ´80 y en el transcurso de los ´90 (Chaves, 2009). Existen cientos de estudios centrados en la negatividad de la relación entre instituciones y jóvenes, hablan de la deserción y el fracaso escolar, el desempleo o subempleo, las adicciones, los embarazos y el SIDA, sin olvidarse de la vinculación con el delito y la violencia (Chaves, 2011: 25).

En ese marco, reconociendo el relevamiento de trabajos que abordan los albores de la cuestión juvenil como objeto de indagación realizado por Chaves y Núñez y recuperando producciones nacionales y regionales (Reguillo, 2000; García Canclini, 2004; Morduchowicz, 2008 y 2013; Margulis, 2008; Saintout, 2009 y 2013; Chaves, 2010; Bonvillani & Montes, 2011; Mutuverría, Palazzolo & Otrocki, 2011; Biagini, 2012; Giambroni, Paredes & Riva, 2013; Borobia, Kropff & Nuñez, 2013 y otros) hemos diseñado, con algunos contenidos fijos y muchos aportes renovables, el Taller de Políticas Públicas de Juventud para la carrera de grado de Licenciatura en Educación de la Facultad de

Filosofía y Humanidades de la Universidad Nacional de Córdoba, a fin de ofrecer a los estudiantes algunos dispositivos de análisis con miras a repensar los jóvenes y a evaluar en el plano nacional, provincial y comunitario los logros y los obstáculos encontrados en la aplicación de las políticas a ellos orientadas.

¿Qué significados recubre hoy el significante "joven"? ¿Con qué se construyen sus regularidades y singularidades en distintos sectores sociales, geográficos, políticos y culturales? ¿Cuáles son los avances logrados por leyes y acciones gubernamentales y de la sociedad civil? ¿Hasta qué punto llegan las acciones oficiales del Estado nacional, provincial y municipal y en qué zonas se registran las mayores vacancias? ¿De qué estrategias dan cuenta las organizaciones no gubernamentales y los movimientos comunitarios autoorganizados barriales y sectoriales? ¿Cómo se implementa el Programa de Acción Mundial para Jóvenes promulgado por la Asamblea General de Naciones Unidas en 2003 en sus diez esferas prioritarias? A la luz de estos interrogantes nacieron primero el Taller y luego este libro: no con una impronta paternalista ni asistencialista para condolerse o reparar, sino concibiendo al joven como
un

> sujeto con competencias para referirse en actitud objetivante a las entidades del mundo, es decir, como sujeto de discurso, y con capacidad para apropiarse (y movilizar) los objetos tanto sociales y simbólicos como materiales, es decir, como agentes sociales (Reguillo, 2000: 36).

y, además, acordando que

> la elección de trabajar con distintos jóvenes parte del supuesto teórico de que no existe un único modo de ser joven, que no existe la juventud como un todo homogéneo, sino que es posible hablar de diferentes jóvenes de acuerdo a la "carga" socio-cultural de la categoría etaria. Pero el carácter

simbólico de los jóvenes no es mero signo, construcción cultural separada de las condiciones materiales e históricas que determinan su significancia: la juventud no es más que una palabra (Bourdieu, 1990) y también, es más que una palabra (Margulis, 1996) (Saintout, 2011: 54).

De aquella primera edición del Taller en 2010 a la última en 2013 muchos cambios se produjeron, no solo por decisión de los miembros del equipo docente, sino también por otros dos factores: las ocurrencias en el cotidiano cordobés –tal es el caso del aumento de jóvenes involucrados en las narcorredes locales y los episodios de violencia escolar y barrial– y las iniciativa de los alumnos, que redireccionaron la ruta con inquietudes y propuestas. Los proyectos de intervención sociocomunitaria presentados al final de cada cursada exigieron consultas a expertos en cada tema y revelaron perspectivas novedosas surgidas de los actores y de la inmediatez.

Trabajos sobre la inserción de jóvenes exreclusos en el mercado laboral, el impacto del capital discursivo de jóvenes de sectores populares en las oportunidades de empleo, los espacios de recreación de sujetos con discapacidad, los consumos adictivos o la recepción de la Ley de Identidad de Género en espacios de educación formal y no formal nos movilizaron –a estudiantes y profesores– en procura de nuevos insumos y lecturas y también de voces autorizadas de especialistas en cada tema. Fue así como empezamos a convocar a investigadores, funcionarios, referentes y dirigentes de organizaciones que con su experiencia hecha palabra desbrozaron el terreno de las políticas públicas, semipúblicas y comunitarias y revelaron victorias y ruinas, desperdicios y dichas. Esas presencias de informantes claves comprometidos con los jóvenes en un quehacer que los concibe como sujetos de derecho, como productores de cultura y como sujetos dotados de agentividad fueron un modo de transitar Córdoba con otros cicerones y de detener el vendaval del acontecer para escuchar a los fantasmas y transitar el margen a fin de – como proponía Walter Benjamin– leer la historia pasándole el cepillo a contrapelo para iluminar lo periférico.

En ese sentido, lo que el libro reúne es mestizo y poliédrico. Hay escritos de expertos que relatan problemas de jóvenes habitantes de villas relocalizadas y reflexiones sobre las prácticas de minorización; hay narrativas de alumnos que dan cuenta de cómo los hijos de familias migrantes viven el estigma de rasgos dialectales en su habla cotidiana; hay proyectos que piensan la murga como dispositivo de inclusión de sectores desfavorecidos. Producciones surtidas que dicen derechos conculcados o derechos efectivos, producciones que discursivizan unas cuestiones protagonizadas por jóvenes.

En suma, el libro analiza realidades y utopías, interroga fracasos y alumbra potencialidades de unas políticas que eufórica o disfóricamente –como sujetos de derecho, como sujetos peligrosos, como sujetos estigmatizados, como sujetos olvidados– apuntan a los jóvenes de la Córdoba de hoy.

Referencias bibliográficas

Barrón, M., Borioli, G. & al. (2013). Figuras de la politización. Reflexiones (acerca) de jóvenes cordobeses. Revista Argentina de Estudios de Juventud. Universidad Nacional de La Plata (1), 7. Disponible en: http://perio.unlp.edu.ar/ojs/index.php/revistadejuventud/article/view/2034/1783

Berman, M. (1988). Todo lo sólido se desvanece en el aire. La experiencia de la modernidad. Madrid: Siglo XXI.

Biagini, H. (2012). La contracultura juvenil. De la emancipación a los indignados. Buenos Aires: Capital intelectual.

Bonvillani, A. & Montes, M. (2011). Juventud, educación y políticas públicas. La experiencia en la Comunidad Regional San Martín. Villa María: Eduvim.

Borobia, R., Kropff, L. & Nuñez, P. (Comps.). Juventud y participación política. Más allá de la sorpresa. Buenos Aires: Noveduc.

Cano Castro, R. (2011). La evolución de las políticas públicas: un elemento más en la participación de los y las jóvenes. Revista de Estudios de Juventud, 34. Disponible en: 792_Revista_injuve_94.qxd 6/9/11 17:38

Chaves, M. (2010). Jóvenes, territorios y complicidades. Una antropología de la juventud urbana Buenos Aires: Espacio.

Chaves, M. (2011). El "giro cultural" en estudios sobre Juventud en Latinoamérica: discusiones, momentos y enfoques compartidos. En Mutuverría, M., Palazzolo, F.& al. (Comps): Cuestiones sobre jóvenes y juventudes, diez años después. La Plata: Universidad Nacional de La Plata.

García Canclini, N. (2004). Diferentes, desiguales y desconectados: mapas de la interculturalidad. Barcelona: Gedisa.

Giambroni, S., Paredes, S. & Riva, A. (2013). Escritos sobre jóvenes. Villa María: Eduvim.

Lipovetsky, G. (1992). La era del vacío. Ensayos sobre el individualismo contemporáneo. (5ª edición). Barcelona: Anagrama.

Lyotard, J.F. (1993). La condición posmoderna, Barcelona: Planeta.

Margulis, M. (Ed.) (2008). La juventud es más que una palabra. Ensayos sobre cultura y juventud. Buenos Aires: Biblos.

Morduchowicz, R. (2008). La generación multimedia. Significados, consumos y prácticas culturales de los jóvenes. Buenos Aires: Paidós.

Morduchowicz, R. (2013). Los adolescentes del siglo XXI. Los consumos culturales en un mundo de pantallas. Buenos Aires: Fondo de Cultura Económica.

Mutuverría, M., Palazzolo, F. & al. (Comps) (2011). Cuestiones sobre jóvenes y juventudes, diez años después. La Plata: Universidad Nacional de La Plata.

Naciones Unidas. Asuntos económicos y sociales: Haciendo realidad los compromisos. Una guía juvenil para evaluar las políticas nacionales de juventud. Disponible en: http://www.un.org/esa/socdev/unyin/documents/spanishtoolkit.pdf

Reguillo Cruz, R. (2000). Emergencia de culturas juveniles. Estrategias del desencanto. Buenos Aires: Norma.

Saintout, F. (2009). Jóvenes: el futuro llegó hace rato. Percepciones de un tiempo de cambios: familia, escuela, trabajo y política. Buenos Aires: Prometeo.

Saintout, F. (2011). Sociedad de la información y culturas juveniles: modos de vivir las restricciones y las posibilidades. En Mutuverría, M., Palazzolo, F.& al. (Comps): Cuestiones sobre jóvenes y juventudes, diez años después. La Plata: Universidad Nacional de La Plata.

Saintout, F. (2013). Los jóvenes en la Argentina. Desde una epistemología de la esperanza. Bernal: Universidad Nacional de Quilmes.

Niñas, niños y adolescentes ¿una meta?

*Julia Córdoba**

El ser humano es esta unidad compleja de la naturaleza humana la que está completamente desintegrada en la educación a través de las disciplinas y que imposibilita aprender lo que significa ser humano.
Hay que restaurarla de tal manera que cada uno desde donde esté tome conocimiento y conciencia al mismo tiempo de su identidad compleja y de su identidad común a todos los demás humanos. Así, la condición humana debería ser objeto esencial de cualquier educación.

Edgar Morin, Los siete saberes necesarios para la educación del futuro

Desde mi posición pensar las políticas públicas lleva a la visión de las personas y las comunidades desde un enfoque de los derechos, lo que pone en debate la epistemología desde la cual pensamos los problemas sociales y planeamos las estrategias de intervención.

Dicen Vinyamata Camp & al (2009) que el reconocimiento de los

* *Psicóloga, especialista en políticas de infancia y promoción de derechos, integrante de agrupaciones socioeducativas y funcionaria pública en ámbitos vinculados con niñez y familia. Terapeuta Familiar Sistémica. Directora de la Fundación Instituto Universitario para el Desarrollo de los Sistemas Humanos. Miembro de la Red Española y Latinoamericana de Escuelas Sistémicas. Subdirectora en la Secretaria de Niñez, Adolescencia y Familia. CE: julia.cordoba88@gmail.com*

derechos humanos (DDHH), define un modo de vivir para las personas y para las sociedades. Satisfacen una manera de con-vivir en paz respetando los entornos y las personas con las que con-vivimos, procurando el bien de los otros y el bien común que es la demostración más clara de respeto a lo humano.

Una abogacía en pos del bien común y por el bien de las otras personas es más que una declaración para celebrar o a la que adherimos por circunstancias epocales. Hacer respetar los derechos fundamentales de las personas debe ser un objetivo primordial al que no se renuncia en ningún momento, porque es garantía insuperable de paz, convivencia, cooperación para el bienestar actual y el futuro.

Los DDHH nos posicionan en un dilema tanto ético como político y jurídico, reclama transformaciones profundas a las sociedades y cambian el sentido de los valores de igualdad, equidad, solidaridad, justicia, libertad, tolerancia a la diversidad y respeto mutuo.

Esta complejidad dinámica de los DDHH exige que se analicen con lente tridimensional; porque involucran una dimensión filosófica, que determina la concepción de persona, principios éticos y representaciones culturales; una dimensión socio-política referida al poder en la organización social y la política y una dimensión jurídica que establece un cuerpo normativo que regula las relaciones. Éstas son interdependientes y su realización efectiva requiere de un continuo trabajo de transformación histórica. Esta historicidad implica la transformación de los procesos de pensamientos y cambio social, que al atravesar ese plano tridimensional, permite entender los derechos humanos como una conquista a lo largo de la historia de la humanidad, pero fundamentalmente un proceso de construcción social surgido de la relación sociedad-Estado.

Sus fundamentos ponen en debate conocimientos disciplinares y teóricos, representaciones sociales, sentidos figurados, creencias y valores que se transcriben en las prácticas de los más diversos agentes sociales, como por ejemplo: la familia, la escuela, la academia, los medios de comunicación, las dirigencias, las organizaciones no gubernamentales, los sectores de producción y de servicios, la comunidad.

La Convención de los Derechos del Niño introduce la doctrina de la protección integral, que abandona la asistencia focalizada en el riesgo social, para sustentar la protección del respeto y exigibilidad de los derechos por todas las personas que no alcanzaron la mayoría de edad, instituyendo un marco de referencia favorable a estas tendencias y facilitando la construcción conjunta de políticas de transversalidad entre los entes gubernamentales y la sociedad con participación de las voces de todos.

Sandra Carli (1999) trae al debate la visión sarmientista como marco que nos atravesó en los discursos sobre niñez; ésta considera al niño como un menor sin derechos propios, subordinado a la autoridad disciplinaria del maestro y de los padres; frente a la razón es un ser incompleto porque su juicio no está todavía suficientemente desenvuelto.

Hay sectores que aún promueven imagen de ellos casi siempre ligados a sectores poblacionales atravesados por marginación y pobreza, sin familias nucleares tradicionales y/o moradores de la calle y por eso, muchas veces señalados, no tanto como sujetos en peligro sino como peligrosos, víctimas que se tornan victimarios frente a los cuales, antes que pensar en protección, se plantea la observación constante y un control intensivo (Marín Díaz 2011).

Estas visiones consolidan una frontera que separa a aquellos que son llamados "niños" de otros identificados como "menores"; se les ha expropiado la ficción jurídica que en el derecho se asigna a un sujeto de poca edad y se aplican prácticas de minorización. Las prácticas de minorización, según como explica Graciela Frigerio (2011), son las que niegan la inscripción de los sujetos en el tejido social y constituyen a las infancias en un resto; y se ofrecen a esas vidas no el trabajo estructurante de la institucionalización sino la institucionalización de las vidas dañadas.

Como sostiene Marín Díaz (2011) hay voces que se muestran preocupadas con el "aumento" estadístico de la violencia de y para con los niños y niñas en cualquiera de sus formas (des-escolarización, desnutrición, des-empleo de los padres, abusos, etc.); discursos tras los cuales es posible identificar que esas preocupaciones son un recurso muy poderoso para concentrar la atención y el apoyo de la opinión pública en asuntos políticos y económicos de gobiernos provinciales o del nacional.

Girar el paradigma complejiza las miradas a las niñas, niños y adolescentes porque requiere superar la visión de carencias y re-conocer las capacidades, superar las visiones de emergencias para descubrir lo nuevo que emerge, reconociendo y reconociéndose protagonistas de la historia con una perspectiva que incluya la diversidad para superarla visión fragmentada y adquirir una visión de complejidad.

Las intervenciones con enfoque de derechos lejos están de ser dogmas recitados, son prácticas políticas y prácticas pedagógicas, pero fundamentalmente son una cultura de vida para el con-vivir cotidianamente. Como dice Maturana (2009), si tenemos que declararlos es que no estamos con ellos. Como declaración no sirven.

También dice Magendzo (2011), que en materia de conocimiento en DDHH es un error considerarlo como una herramienta meramente informativa, porque incorpora además la afectividad y los comportamientos, los sentimientos y las acciones, los valores y las vivencias que se desarrollan en torno a esos derechos.

Para abordar prácticas con enfoque de derecho es necesario tomar en cuenta las construcciones sociales colectivas contextualizadas en el territorio y reconocerlas múltiples contradicciones entre los discursos y esas mismas prácticas.

Para nuestro país transcurrieron 25 años desde que el paradigma proteccionista comenzó a incorporarse en los discursos y las prácticas. En forma lenta avanzó como tema transversal relacionando problemáticas de género, de diversidad étnica y multiculturalidad, de medio ambiente, de salud, de educación sexual, de inclusión y aunque menos pero también, en educación para la democracia. Hubo propuestas de discusión de las representaciones acerca del Estado y las familias en términos de nuevos roles, responsabilidades y obligaciones.

Estamos lejos de que se pueda considerar suficiente, porque indefectiblemente requiere un cambio en el rol del Estado y en la epistemología desde dónde nos paramos para ver, conocer y sentir a las niñas, los niños, los adolescentes y los jóvenes. Dicha transformación es el meollo de esta complejidad ya que requiere pasar de un Estado Tutelar a un Estado Garante de derechos, que conlleva a la modificación en las políticas públicas abandonando la visión de carencias y de necesidad, dejando atrás políticas focalizadas para convertirse en políticas universales, condiciones compatibles para poner en práctica el enfoque de derecho. Desarrollar estas prácticas exige información sobre ciudadanía y democracia, actitudes coherentes con esos valores y la ejecución de destrezas y capacidades para ejercerlas.

Este proceso de transformación marca confrontación entre enfoques conceptuales y metodológicos; pero en definitiva lleva siempre al reconocimiento que los paradigmas tradicionales son insuficientes para integrar el mapa de desarrollo de una comunidad, de una sociedad, de un territorio, de una nación.

El paradigma de la complejidad en el marco del enfoque de derechos impone como exigencia: salir de los diagnósticos y ser proactivos en la disposición a cambiar las cosas, abandonar la insistencia por mirar lo que no hay, lo que no está (paradigma de enfermedad) porque la propuesta de los derechos y la construcción de ciudadanía se trabaja con paradigma de salud (de lo que esta, de lo que hay) potenciando los procesos de aprendizajes sociales y los recursos personales e interaccionales.

La integralidad y la multidimensionalidad de los DDHH son también principios para una pedagogía social que sustente la transferencia de información y conocimientos en una traza contextualizada en lo sociopolítico-normativo-cognitivo, una traza axiológica de consolidación de valores y actitudes pragmáticas-afectivas-éticas y la preparación en destrezas y capacidades para la acción que abarque lo operacional y lo procedimental en dinámicas tanto individuales como colectivas para ejercer los derechos humanos en la vida cotidiana.

Decíamos que el Estado debe asumirse en su rol de protector (garante) de los derechos; porque el Estado no es protector de las personas, cuando lo hace viola derechos civiles y sociales y de esto tenemos experiencias en la historia de Argentina y de Córdoba.

En estos contextos(de nuestra provincia y el país) fueron evidentes las circunstancias en que los derechos civiles y políticos cobraron un protagonismo de realización inmediata mientras que para los derechos económicos, sociales y culturales se utilizó el concepto de realización progresiva en un futuro indefinido. Esta tradición política no ha concluido, hay gobiernos que aún se amparan en las conquistas de derechos civiles y políticos (libertad, igualdad, inclusión) para postergar la efectivización de derechos económicos, sociales y culturales (salud, educación, vivienda, trabajo, agua, seguridad, alimentos, ambiente saludable, etc.).

En honor a nuestra memoria, el camino es educarnos en DDHH, que ni más ni menos, significa ejercer activamente todos los derechos de los humanos.

La época nos está invitando a iniciar ese complejo proceso que va más allá de los contenidos teóricos-conceptuales; es admitir el desafío de los cambios actitudinales y el desarrollo de competencias que no quedan desligados de los comportamientos de cada individuo en todas las facetas de la cotidianeidad. Implica, como dice Abraham Magendzo (2011), una laboriosa tarea de ética crítica y de crítica política, enmarcada en contextos reales y concretos.

Al decir de Rondino (2003) el enfoque de derecho es un conjunto de principios pedagógicos fundamentados y probados que se derivan de la naturaleza de este saber –que es a la vez un modo de ser, vivir y convivir. En definitiva, son un sentimiento que se fortalece en las vivencias cotidianas.

Humberto Maturana (2009) afirma que los DDHH debieran ser propósito de toda convivencia, compromisos de convivencia con propósito de convivencia. Y dice que, los seres humanos somos todos distintos y al mismo tiempo somos de la misma clase y, por lo tanto, desde esa perspectiva, porque somos de la misma clase, se requiere de una convivencia armónica de mutuo respeto, y el mutuo respeto ocurre en el escuchar, en el ver, en el estar presente, en el contestar las preguntas, en sorprenderse donde cabe la sorpresa, en invitar a todos y a los niños en este caso, a participar en la reflexión.

Abraham Magendzo (2011) dice que la educación en DDHH tiene como objetivo fundamental formar al sujeto de derechos; constituyéndose en una obligación impostergable de las políticas públicas.

Se puede comenzar identificando que toda política surge a partir de la percepción de necesidad de acción por parte del Estado y el conjunto de la ciudadanía, en un territorio dado, siendo que esta percepción está referida a una determinada realidad, a una condición problemática o una ausencia de respuesta.

Es indiscutible que las políticas públicas participan en el proceso de desarrollo de la sociedad, pero lo que es fundamental es que generan conocimientos, redefinen y crean nuevos campos de saber, producen nuevas instituciones y modifican las prácticas.

Muchas veces cuando usamos la idea de política pública estamos buscando englobarla relación Sociedad-Estado en un proceso democrático y en un espacio público. Pensamos que esta relación delimita un marco general en el que entenderemos los problemas sociales como cuestiones que impactan en la vida de las personas y de la sociedad toda.

Oszlak y O'Donell (1976) dicen que la política pública es el conjunto de acciones y de omisiones provocadas por el modo de intervención que propone el Estado en relación a la demanda que le expresa como preocupación, interés o movilización la sociedad civil.

Vinculados a las políticas de niñez y adolescencia se congregan diferentes actores empoderados con diferentes discursos y prácticas que se constituyen en sujetos sociales y se asumen intérpretes de las necesidades e intereses del sector infanto-juvenil, que se enfrentan en supuestos y en creencias.

La construcción o el debate de las políticas públicas en infancia, adolescencia y juventud impelen a escuchar y analizar las miradas y los actores. Ver y ser vistos por otros; pero sobretodo pensarnos como actores participes y no como observadores de los escenarios donde acontecen las infancias y las adolescencias.

Es evidente que en los temas de infancia, adolescencia y juventud hay diversidad de pensamiento; los que adhieren a políticas de "tolerancia cero" con algunas variantes de forma pero no de fondo, los que añoran y reclaman las prácticas de judicialización de los problemas sociales, hasta aquellos que ponen en juego factores sociales y demandan un abordaje integral, múltiple y en base a la protección de derechos.

Retomando a Marín Díaz (2011), debemos reconocer la infancia como una construcción social y cultural históricamente localizable implica entender que ella es una noción que corresponde a determinada forma de ser del pensamiento y, por tanto, a determinados conocimientos y saberes; implica también, comprender que nuestras formas de pensar en ella están atravesadas, tanto por nuestras experiencias cotidianas con los niños y niñas, como por los debates y discusiones académicas, políticas y económicas actuales que circulan y recorren nuestras formas de pensar y actuar. Tales prácticas y saberes nutren un inmenso campo discursivo en torno al cual son acogidos, educados, protegidos y vinculados las niñas, los niños y los adolescentes.

No hay dudas, y también cierto consenso, que para abordar adecuadamente los temas de infancia, adolescencia y juventud con perspectiva de DDHH, se deben promover alianzas estratégicas que amplíen los escenarios de las intervenciones, así como perspectivas que demandan la articulación de prácticas sustentadas en programas diseñados con estrategias de incidencia; es decir, de actuar para cambiar.

Para lograrlo es imprescindible poner a las niñas, niños y adolescentes como meta de las acciones políticas.

Pero, el paso previo es interpelar y desnaturalizar representaciones sociales interrogando sobre lo obvio, lo habitual y lo socialmente aceptado para poder introducir nuevas respuestas de equidad y justicia. Esto es, reconocerlos como sujetos de derechos lo que significa que no se actúa sobre ellos (objeto de derecho) sino sobre las condiciones de vida en las que ellos se encuentran para que puedan gozar de su condición humana (equidad y justicia).

Como sostiene Valeria Llovet (2009) las representaciones sobre la infancia, sus necesidades morales, psicológicas, materiales; las representaciones sobre los actores naturales para satisfacer esas necesidades como son por ejemplo la familia bien constituida, la buena madre, la escuela socializadora; se conforman en la matriz desde la cual se negociará incluso la percepción de la realidad de cada niño concreto. Y sostiene que tanto la enunciación, como la interpretación de sus necesidades y como la interpelación de las identidades sociales; construye injustas diferencias y además las naturaliza como producción social.

Dice Marín Díaz (2011) que en el campo discursivo en el que vivimos, al que asistimos y que además contribuimos en su construcción, con muchas de nuestras actitudes y prácticas, emerge como núcleo la "quimera infantil" contemporánea. La inocencia, junto a otras características atribuidas a los niños al pertenecer al "colectivo infancia", aparece como una figura retórica excluyente usada y aplicada sólo a determinados niños y niñas; generalmente blancos, ricos y nativos de países "desarrollados'. Al contrario, los niños pobres, negros o latinos, son colocados más allá de los límites de la infancia y de la inocencia; esos "menores" son generalmente asociados a prácticas de delincuencia, sexualidad desenfrenada, violencia o uso de drogas, lo que los despoja de cualquier posibilidad de ser pensados como habitados por la inocencia y habitantes de la infancia.

Al decir de Olga Grau (2011) por el estado de saturación discursiva en el que nos encontramos, en un mundo con dificultades de organizar otras lógicas y estrategias políticas que incidan en transformaciones culturales, vale la pena detenerse reflexivamente y repensar tanto los enunciados como las prácticas referidas a la infancia y a las infancias.

Como a veces lo recursivo es necesario, volvemos a insistir en una diferenciación central. Por un lado, "menor de edad" es una categoría jurídica que concierne a todos los niños que no alcanzan la edad de mayor con independencia de su origen y condición, pero esta noción está cargada conceptualmente con las representaciones de una infancia adjetivada patentizada en la visión sarmientista que consideraba al niño como un menor sin derechos propios, un ser incompleto sometido a la decisión de los otros. Por otro lado, infancia hace referencia al infans, el que no habla; (originariamente referida a la fase de ausencia de lenguaje articulado), pero que inscribió a niñas y niños en una situación de dependencia, a la espera de su adultez, sin derechos de sujetos con voz propia. Así la palabra infancia habría señalado un lugar minusvalorado en una cultura que privilegia las palabras como constituyentes de sentido y significado, niños y niñas que no hablan y a quienes no se les da voz, todavía no parecen haberse constituido como personas; mucho menos pueden ser vistos como sujetos con derechos. Pero ocurre que no todos desarrollamos todas las capacidades de las que estamos dotados como humanos y de algún modo a todos nos alcanza y a la vez nos falta el lenguaje para decir lo que necesitamos decir y en estos sentidos somos o nos conservamos menores e infantes de la vida.

Llobet (2009) sostiene que en las prácticas discursivas sobre derechos de niñas, niños y adolescentes convergen perspectivas psicologistas, individualistas y morales que resultan implícitamente contradictorias de la propia perspectiva de derechos.

Este campo discursivo de la infancia marca un espacio de prácticas de diversos órdenes que alborotan la posibilidad de comprender la forma como se articulan y operan estos discursos en el campo de lo social.

Según Grau (2011) la inclusión de niños y niñas como sujetos de derechos modifica, los efectos de una cultura centrada en lo verbal y, sustancialmente en la dimensión protectiva. Planificar acciones estratégicas con enfoque de derecho pone en tensión representaciones que irremediablemente se expresan en el lenguaje y la sociedad.

La sociedad cambia y con ella el modo en que vamos nombrando las cosas y de qué modo expresamos lo que pensamos y lo que sentimos; así los valores que ordenan la vida de una sociedad se inscriben en el lenguaje y es el lenguaje el que refleja y refuerza los valores de cada sociedad. Con el lenguaje clasificamos, etiquetamos, interpretamos, establecemos abstracciones y también generalizamos. La realidad la construimos según la nombremos o el nombre que usemos para establecer las distinciones.

Y volvemos a retomar a Maturana (2009) porque nos dice que el lenguaje es una construcción social e histórica que influye en nuestra percepción de la realidad: condiciona nuestro pensamiento y determina nuestra visión del mundo.

Las palabras no son sin consecuencias, dice Graciela Frigerio (2011), una manera particular de nombrar produce siempre un efecto político y un efecto subjetivo. Y afirma que las palabras sin ser todopoderosas están lejos de ser neutras. Son los hacedores de cotidianeidad los que hacen de las palabras, palabras habilitantes o condenatorias.

En este sentido tres pensadores contemporáneos hacen proposición útil a nuestra reflexión. Bourdieu (2001) establece que en las instituciones sociales se objetivan en sentidos que son individualizados en habitus; las propias instituciones demarcan lo decible y lo pensable para cada situación social y para los actores involucrados y constituidos por ellas. Las instituciones estructuran y son determinadas por un campo de discursividad, actualizado mediante las estrategias desarrolladas por los actores.

Para Silvia Bleichmar, (1999) la subjetividad es un componente fuerte de la socialización, y ésta no puede establecerse sino sobre nuevos modelos discursivos, sobre nuevas formas de re-definir la relación del sujeto singular con la sociedad en la cual se inserta y a la cual quiere de un modo u otro modificar.

En el campo de lo discursivo otro buen aporte es el Foucault cuando dice que la primera cuestión a revisar es la que llama necesidades conceptuales, porque las conceptualizaciones no deberían estar fundadas en una teoría del objeto, ya que el objeto conceptualizado no es el único criterio para una buena conceptualización y además debería tenerse en cuenta las condiciones históricas que generan las conceptualizaciones siendo necesario una conciencia histórica de nuestras circunstancias actuales.

Esta trilogía puede unirse a los aportes de Bradford Keeney (1997) quien dice que nuestros supuestos epistemológicos nos permiten comprender más cabalmente cómo se percibe, se piensa y se actúa. Por eso que el cambio más profundo que los seres humanos somos capaces de manifestar, es el de incorporar una nueva epistemología cambiando las premisas básicas que subyacen en la acción y en la cognición, porque significa transformar la propia manera de vivenciar el mundo.

En la epistemología tradicional no hay preocupación en cómo observar sino como dar cuenta de lo observado, entonces el radical cambio epistemológico es que algunas propiedades que se suponía que radicaban en las cosas, de hecho radican en el observador; dice von Foerster (1998) que ésta es una posición de algún modo inusitada e impopular porque en el mundo de los científicos no es habitual dar cuentas de sí mismo.

Desde mi visión, la construcción epistemológica para sustentar el paradigma del enfoque de derechos, es la educación en DDHH como herramienta transformadora de actitudes y en consecuencia de realidades y que además solo es factible desde los procesos autorreferenciales.

En esta línea de pensamiento los supuestos (argumentos, criterios de clasificación, demarcación, registros, valoraciones y estrategias), que van implícitos en la forma en que las instituciones y sus agentes interpretan y definen los problemas para los cuales operan, se concretan las formulaciones políticas y se expresan los sentidos y representaciones sobre la infancia.

Si no se reflexiona adecuadamente sobre la cuestión, puede muy fácilmente cometerse el equívoco de interpretar el enfoque de derecho en las prácticas de niñez y adolescencia como un mapa teórico más y no como una cosmovisión epistemológicamente distinta.

Cuando pensamos en infancia son muchos los sentimientos evocados; ternura, protección y cuidado que surgen ante la imagen de inocencia, fragilidad e ignorancia; pero también se evocan emociones como temor, sorpresa y hasta impotencia que irrumpen cuando nos sentimos frente a infancia experta y vivaz, maliciosa, salvaje y hasta peligrosa. Ésa que reconocemos en los reportajes y noticieros como vinculados a las mayores pesadillas de descomposición y riesgo social, dice la autora. Tales sentimientos contradictorios parecen dar cuenta del desfase entre nuestras comprensiones adultas sobre lo que debe ser y hacer 'natural' y 'normalmente' un infante, frente a los comportamientos y experiencias "reales" de niños y niñas que nos muestran los niños. Recordemos aquel copete periodístico traído a varios textos sobre esta cuestión que decía: "un menor mató a un adolescente".

Otro punto de contradicción en las prácticas contemporáneas está dada por percepciones de infancia generada por discursos psicopedagógicos y fundamentada en las ideas de autonomía, libertad, interés, deseo y derechos que proponen una imagen de niño activo, creativo, que pregunta, que exige respeto de sus derechos, que cuestiona a los adultos, que escoge, que toma decisiones sobre qué vestir, comer, beber. Esos niños se nos esconden porque lo que buscamos encontrar y podemos abordar son niños y niñas obedientes, ingenuos, dóciles, maleables, conducibles que se muestren en los espacios sociales más cotidianos: los ámbitos familiares, las aulas escolares, los espacio comunitarios, etc. Pero muy a pesar de esa representación se nos ocultan; porque tenemos dificultad para visualizarlos porque el manejo de la tecnología y la información los está colocando en otra situación en la que los adultos tenemos restricción al acceso por circunstancias epocales.

Las concepciones de infancia hacen parte y sustentan una serie de prácticas relativas a los niños y niñas, gracias a las cuales se organizó todo un campo semántico consolidando una permanente tensión provocada por el desvanecimiento de la frontera entre los mundos infantil y adulto (Marín Díaz, 2011).

Estos análisis reflexivos de orden epistemológico que preceden sirven para enmarcar los debates en torno a temas nodales en el diseño de políticas públicas con enfoque de derecho. Violencia familiar, discapacidad, niños sin cuidados parentales, consumo de drogas, justicia penal juvenil, son temas de preocupación actual. Cada una de estas cuestiones es una arista de las problemáticas que se abordan en los territorios de las definiciones y de las prácticas de las instituciones sociales, de salud y de educación.

Por lo que decía, entiendo como importante traer a esta luz el pensamiento de Juan Linares (2012) quien dice que todos los personajes involucrados en un juego disfuncional deben responsabilizarse de las consecuencias de sus actos, aunque de diferentes maneras.

En los ámbitos donde se trabaja con violencia familiar, persisten las preferencias teóricas de la dicotómica posición víctima-victimario. Muy a pesar se reconoce que las diferencias de puntuación de los hechos originan narraciones radicalmente distintas de los mismos hechos y a veces los equívocos pueden ser trágicos; aunque para alivio de todos la mayoría de esos equívocos conforman una franja pintoresca en tanto que la gente continua por años viviendo en violencia relacional aunque las políticas de gobierno dispongan presupuestos para "erradicarla".

Es importante preguntarnos ¿cómo la erradicamos si no comprendemos la relación? Volviendo una vez más a Maturana, él dice que somos criaturas amorosas y enfermamos cuando el amor se nos interfiere. A esto Linares (2012) agrega que somos producto de la civilización y de su complejidad, donde amor y poder se entrecruzan en bucles infinitos y enriquecen las relaciones humanas de forma difícilmente renunciable. Puede ocurrir que el amor se interfiera por relaciones de poder y esto no es otra cosa que maltrato. Linares reformula la definición de Maturana diciendo; somos criatura primariamente amorosas y secundariamente maltratantes (y maltratadas) y como resultado del maltrato, enfermamos.

En el campo semántico el concepto amor acumula gran cantidad de atribuciones de significado y lo convierten en un concepto incómodo para ser usado en el campo de las ciencias.

Por eso, propone el autor referido, una definición multifactorial: el amor es un fenómeno relacional complejo que incorpora elementos cognitivos (el reconocimiento, que es la aceptación de la existencia del otro y la valoración, que es apreciar las cualidades del otro) y elementos pragmáticos (representados en la socialización que supone protección y normatividad) a los componentes emocionales (que son el cariño y la ternura). Existe un pensar, un sentir y un hacer amorosos que dirigidos hacia la persona objeto de ellos, deben ser percibidos por ésta como tales; al resultado de este proceso lo llama la nutrición relacional que la define como el percibir ser complejamente (con todos los elementos) amados.

De manera que el maltrato es una pauta relacional disfuncional que involucra a los miembros en relación, generando sufrimientos que comprometen el equilibrio psicológico y la salud mental de alguno de ellos o de ambos.

> "… cada vez que se produce una muerte de mujer a manos de su pareja, (…) los medios se apresuran a "explicar" lo sucedido culpando a alguien. Muy a menudo es la lesionada o muerta que "no denunció" o que "retiró la denuncia", como si tal conducta no fuera previsible en la pasional situación en que se desarrollan esos hechos. Antes existía, la violencia de género, pero ahora parece que nos acercamos al viejo aforismo: la solución es el problema. Si antes un maltratador estándar golpeaba a su mujer, ahora la mata y se suicida y si las cosas se le complican, se lleva

por delante a unos cuantos familiares y hasta, eventualmente, al juez. Y en lo referido a la violencia parento-filial, el panorama no es menos desolador (…) (Linares, 2012: 57-72).

En resumen, entendemos necesario detenernos en este planteo porque el problema de las violencias intrafamiliares se cobra vidas; el maltrato psicológico y/o físico es el elemento intermediario entre el bloqueo de los procesos de nutrición relacional y la psicopatología, de manera que si se interesan por resolver el problema debe instalarse otra pauta relacional, debe cambiar el modo de la relación violenta (de no reconocimiento, desvalorización, desprotección, desconocimiento o ineficaz expresión de la ternura y el cariño) por cultura del buen trato. La acción estratégica es instalar la cultura del buen trato ayudando a la expresión y reconocimiento del amor relacional, la emoción del amor vehiculizada a través del lenguaje, principal elemento para su comunicación. Re-instalar la palabra –la voz para desarticular la acción violenta.

Pensar en víctimas y victimarios es manejar en un plano dicotómico lo que es producto de una relación de pareja, para que la solución no sea el problema hay que superar la meta de "brindar apoyo y contención adecuada a víctimas". Abordarlos como víctima (por un lado)/ victimario (por el otro) es negar que entre ellos existe una relación y que esa los enferma a ambos; por lo tanto ambos deben recibir ayuda con igual foco e igual intensidad.

Deberían planificarse programas con estrategias de mejoramiento de la relación y abordando los sujetos como pareja humana entrampada en modos dañinos de interactuar.

La otra expresión que distinguimos para la reflexión es "discapacidad"; decimos que surge de la interrelación entre las deficiencias temporarias o permanentes de una persona y las barreras físicas, comunicacionales, culturales y actitudinal. No sería una cuestión de "necesidades especiales", ya que parecen surgir de los límites de los sistemas para ofrecer las satisfacciones. En este sentido no sería la discapacidad en sí lo que afecta, sino las consecuencias sociales que ésta tiene. Si lo comprendemos así, entonces el verdadero problema no es la discapacidad sino las barreras sociales que dificultan la inclusión de las personas con discapacidad y que existen en el entorno ambiental y en el contexto socio-económico y cultural, así lo expresa Comas Arnau (1999).

El paradigma de la autonomía personal sustenta la autodeterminación y contempla la supresión de todo tipo de barreras físicas y sociales, se focaliza en el ambiente a diferencia del modelo rehabilitador que pone la atención en el individuo.

La discriminación no está en el lenguaje, sino en la mente de las personas. Nuestra lengua tiene la riqueza y los recursos suficientes para utilizarla sin necesidad de excluir, invisibilidad o marginar y no sólo eso, puesto que, además, podemos usarla como un medio para cambiar una realidad que no nos gusta.

Cuando trazamos una meta de igualdad, estamos avanzando hacia una nueva concepción, un nuevo paradigma, que propicia el respeto a la diversidad, el reconocimiento de la heterogeneidad, de la pluralidad, del multiculturalismo, como camino que conduce hacia una sociedad que se sensibiliza y comprende que cualquier persona, independientemente de que tenga discapacidad o no, es ante todo persona, y que además como personas todos tenemos algún aspecto de nuestra integridad con menor desarrollo o habilidad o está bloqueada su mejor expresión.

Y si se habla de inclusión, toda la sociedad debe asumir la responsabilidad del cambio para lograr que todas las personas con discapacidad alcancen su potencial, respondiendo a la diversidad de cada uno.

La otra preocupación se vincula al consumo de drogas en jóvenes porque se ha transformado en un tema de gran relevancia en nuestro medio. Un estudio 10000 adolescentes entre 15 y 19 años de diferentes núcleos urbanos de la provincia de Córdoba realizado entre 1999 y 2007 mostraró que en el último año, en el horario escolar: el 30,7% de los adolescentes fumó cigarrillos, el 15,1% de los varones y 12% de las mujeres bebió alcohol, y el 10% fumó marihuana. En el último mes, se abstuvieron del consumo de: tabaco el 57%, alcohol el 24%, marihuana 86,40% y de cocaína, el 92% de los adolescentes (Barrón, 2010).

Estos datos nos indican dos factores interesantes, el interés por la experimentación en la época adolescente y la posibilidad del autocontrol como ejercicio de responsabilidad de los adolescentes; pero también abre al pensamiento de que el problema del uso y abuso de las drogas está más allá del mundo adolescente.

Dice Carlos Lamas que para comprender la adolescencia problemática se debe empezar por un salto conceptual que él lo propone de la siguiente manera: no hay adolescentes problemáticos, sino niños sufrientes que crecieron.

Según el autor, los adolescentes encuentran en los contextos sociales extrafamiliares cajas de resonancia para sus malestares, a la vez que hallan en esos mismos contextos nueva fuente de frustración al no saber poner en marcha estrategias relacionales funcionales, según este mismo autor.

El sufrimiento infantil se produce por la combinación de dos factores; una baja parentalidad y la inclusión del niño en dinámicas disfuncionales de adultos.

Cuando el problema es percibido como inmanejable en el entorno familiar se recurre a la ayuda de los servicios de salud o las instituciones sociales. Las expresiones de la demanda generalmente son: "no puedo más con esto..." o "no sé qué más hacer con él" o los más arriesgados dicen; "quiero que lo interne". Así, los modelos de "adultos" se ponen en evidencia que en lugar de ser previsibles, firmes, coherentes aparecen inconsistentes, confundidos o ausentes. Estas expresiones muestran que los problemas de adolescencia están siempre vinculados a una jerarquía incongruente (manda el cabo no el sargento) y esta disfunción es la primera a corregir.

Los adolescentes necesitan del respeto y el afecto para poder crecer responsablemente.

Intentar un abordaje con enfoque de derechos nos convoca a re-pensar las estrategias de ayuda al problema del uso o abuso de drogas (alcohol, tabaco, psicofármacos, inhalantes y las sustancias ilegales).

El paradigma de la complejidad nos invita a re-pensar y re-aprender con los padres estrategias de crianza y condiciones de parentalidad, para transformar el sufrimiento del adolescente en fuerza creativa, proponiendo una lectura histórica/relacional para que puede re-significar-se como superviviente y actor del entramado familiar disfuncional.

Mirta Videla (1998) sostiene que la comunidad define y resuelve los modos de enfermar y de curar organizando sus sistemas de cuidarse y de buscar salud. Desde este planteo prevenir sería ayudar a recuperar los recursos contenidos en la misma comunidad, para enfrentar las causas sociales de la enfermedad, el desafío es mirar al consumidor y a la cadena de la producción-comercialización siempre que el interjuego de los poderes (económico-político-cultural) lo habiliten.

Para poder abordar esta problemática es necesario saber que la prevención implica un proceso compartido de construcción de un cambio social y personal, a través de acciones y estrategias que permitan elegir lo que contribuye a mejorar nuestro bienestar y el de los otros.

Desde esta perspectiva la comunidad, y por ende todos los actores sociales involucrados, dejarían de ser "objeto" de políticas o intervenciones definidas por el Estado o las ONGs, para asumirse como sujetos activos en la definición de sus necesidades desde la perspectiva de los derechos y poniendo en marcha recursos propios en la prevención del consumo problemático de las drogas.

El desafío es recuperar la palabra y asumir protagonismo, haciéndolo extensivo a niños, niñas, adolescentes y jóvenes situados en los contextos sociales específicos de los cuales estos consumos son emergentes.

Plantearse las adicciones como problemática que nos afecta a todos, significa cambiar el paradigma tradicional, en donde el objeto droga es entendido como la causa del padecimiento del individuo, y pasar a una concepción en donde el sujeto responde a lo que la realidad le demanda continuamente desde su particularidad.

El consumo de sustancias no es sólo un problema "de los adolescentes", sino que ellos son la expresión del fenómeno que nos comprende a todos. La magnitud y complejidad requiere una respuesta intersectorial coordinada y de coherencia interna entre salud, educación, justicia, desarrollo social, familias y las organizaciones de la sociedad civil.

Al decir de Maturana (2009) lo que nosotros hacemos es movernos desde una mirada, es un invitar a reflexionar sobre el vivir y el convivir. Con esta visión se debería ofrecer a los jóvenes la oportunidad de implementar estrategias que encaucen no sólo al desarrollo de conocimientos, sino fundamentalmente, habilidades para el autocuidado de la salud a partir de un análisis crítico y reflexivo sobre valores, conductas, condiciones sociales y estilos de vida tóxicos.

Anticipamos otra preocupación en la cual nos disponemos ahora; los niños sin cuidados parentales. Esta es la denominación que reciben los niños, niñas y adolescentes que por diversas razones no viven con el padre o la madre y no están bajo el cuidado de estos, cualesquiera sean las circunstancias (O'Kane et al., 2006).

El paradigma proteccionista nos impulsa hacia la prevención del desprendimiento familiar promoviendo un cambio de actitud de los profesionales que fueron enseñados a observar las debilidades (o las desviaciones) de las familias de los niños a partir de un esquema de familia nuclear modelo, en lugar de observar las cualidades, las habilidades que ellas tienen cualquiera sea su estructura.

El rol profesional hoy no es sostener la defensa de diagnósticos de los errores familiares; sino trabajar mano a mano con la familia, tratando de conocer lo que ella sabe, aumentando su potencial, funcionalizando su dinámica y sus habilidades para resolver sus propios problemas.

Condiciones estructurales de orden económico, social, cultural y político influyen en la capacidad de la familia para brindar el cuidado a sus hijos e hijas y crear ambientes que permitan un desarrollo y protección integral, entendida ésta como la garantía plena de todos sus derechos. La pobreza, inequidad y exclusión son factores que disminuyen las capacidades de las familias e inciden en la violación de los derechos de los niños, niñas y adolescentes en contextos familiares y sociales.

Estamos exigidos a reconocer que el empobrecimiento de la población, afecta particularmente a niños, niñas, adolescentes y jóvenes cuyas familias se encuentran con sus capacidades de contención debilitadas por estar inmersas en procesos de exclusión y discriminación, profundizando su vulnerabilidad.

En una dimensión micro y desde la coherencia a las éticas disciplinares debemos reconocer que cuando los niños llegan a quedar sin cuidados parentales; representa la patética expresión que las estrategias de fortalecimiento familiar que se pudieron aplicar no tuvieron éxito y además el entramado social no fue capaz de sostener a esos padres en la función de cuidado y protección de los hijos.

Ya es conocido por todos que, la separación del niño de sus padres es una medida de último recurso, pero para evitarlo no es suficiente contar con compromisos políticos expresados en instrumentos jurídicos internacionales, nacionales y locales; es necesario políticas públicas concretas que generen condiciones de resguardo de la crianza parental de origen, asegurando el interés superior del niño.

Pero a la visión anterior debemos necesariamente incluir una apertura de focos para captar una perspectiva macrosocial y nos valemos de datos que dibujan esa otra real situación.

Según fuente UNICEF del año 2011 en el país hay 14675 niñas, niños y adolescentes sin cuidados parentales lo que representa el 0.12% de la población total. El porcentual puede entendérselo no significativo si se lo ve vinculado a la población total de niños, niñas y adolescentes; pero cobra otro sentido si se lo mira en el contexto de las normativas vigentes porque tenemos 14.675 niños, niñas y adolescentes que viven en instituciones y esto es alarmante porque indica en una asociación directa que las familias están en condición de pobreza.

Tomando datos del Indec para el año 2010; el 3.1% de la población argentina vive en hacinamiento crítico; un 10.6% de los en situación de pobreza y hay un 1.5% de niños, niñas y adolescentes en situación de indigencia. En cobertura de educación, los indicadores de eficiencia dicen que la tasa de sobreedad en el nivel primario es de 17.37% y de repitencia el 3.38% y en nivel secundario la tasa de sobreedad es del 33,72% y de repitencia 12.67%.

Según fuente del Ministerio de Salud de la Nación (2010) entre el 1,1% al 5,4% son madres sin instrucción o con primaria incompleta.

El 40.6% de niños, niñas y adolescentes no tiene cobertura por sistemas de obra social, prepago o planes del Estado; la tasa de mortalidad en menores de 5 años es del 12.1% y el 14.6% de nacidos vivos de madres adolescentes (Indec, 2011).

En relación al trabajo infantil el 14,6% de los adolescentes de 14 a 17 años de ambos sexos trabajaron; entre 5 y 13 años el 2,2% en el año (Indec 2012).

Si bien este puede ser un estilo agobiante de re-pensar el mapa de problemas de las familias para ejercer la crianza de los hijos, los datos nos muestran que los desgastes relacionales se provocan también por las condiciones en que trascurren las cotidianeidad de los niños y sus padres.

Es ineludible que la política pública debe avanzar en un propósito; exigir políticas de gobierno que garanticen la equidad social.

En el mientras tanto, el desafío es mejorarles aspectos relacionados con la accesibilidad en los centros educativos y asistenciales, ya que, a veces, se obstaculiza el ingreso adecuado, se plantean trabas a la relación y se dificulta la atención integral en forma voluntaria o involuntaria. En ocasiones, no hay acceso a la educación o al sector salud y otras veces sus necesidades no son cubiertas por los servicios ofertados.

La interrelación entre oferta de servicios y comunidad facilita la atención integral de niñas, niños, adolescentes y jóvenes y permite acciones de promoción y prevención; pero las representaciones sociales pueden ser factores obstaculizadores si se sustenten en diferencias culturales, sociales, políticas, religiosas, de edad o de género.

Finalmente, en el fuero penal la política pública fluctúa entre lo educativo y lo punitivo.

En el marco de las teorías de la minoridad; protección y castigo son dos caras de la misma moneda. Se castiga y encierra para "proteger" la infancia en peligro y como recurso para poner en marcha la "rehabilitación" y la "reinserción social".

Pero en este problema hay una particularidad, no pocas veces lo que se sanciona no es un delito, una falta o un crimen, sino un origen social, un estado de situación, una presunción de potencial delictivo (asignación de peligrosidad pre-delictual) que frente a la gestión punitiva de la pobreza hizo y hace de punto de partida y horizonte.

Los nuevos cuerpos normativos fundados en la Convención de los Derechos del Niño deben afectar por igual a todos los niños, niñas y adolescentes; pero ocurre según se hallen de un lado u otro de la frontera que los distingue como niños o como minorizados.

Un documento producido por la Oficina de Naciones Unidas para el Control de las Drogas y la Prevención del Delito da cuenta que hay grupos de niños "en riesgo" quienes a menudo entran en conflicto con la ley (y que por tanto pueden ser criminalizados de acuerdo a los sistemas legales locales): en especial niños de la calle, niños que escapan de familias abusivas, niños que han abandonado sus estudios, niños sin el cuidado de sus padres, niños migrantes, niños sometidos a explotación laboral o a trabajos de alto riesgo, víctimas del tráfico de personas, entre otros.

Otros, se ocupan de trazar un cierto perfil del grupo susceptible de sumarse como "casos" que se asisten en servicios vinculados a la justicia penal juvenil. Son niñas, niños y adolescentes susceptibles de sufrir carencias, falta de capacitación en general y deficitarias habilidades sociales, a lo que a veces se suman otras problemáticas que generalmente se vinculan con interacciones hacia dentro de las familias, dentro de las escuelas, hacia dentro de los barrios. Por lo general provienen de familias de clase media/baja que no cuentan con una red de apoyo social y en las que concurren a su vez situaciones de dificultad añadida como adicciones, desestructuración, disfuncionalidad, abusos, maltratos...o simplemente una falta de habilidades parentales.

Hay opiniones según las cuales los proyectos se inscriben en un fondo de ideologías des-subjetivantes de larga data, propias a un orden simbólico cuyos sentidos aún perseveran y de cuya carga imaginaria las instituciones que instituyen el llamado contexto de encierro no se han desmarcado.

Más allá de la necesidad de una nueva legislación que ofrezca las garantías de un proceso penal justo, es necesario pensar en prevenir desde una acción multidisciplinaria. Es en esas instancias, dice Laura Germain (2011), donde deben buscarse las soluciones contra la delincuencia y orientar la mayor parte de los recursos que hoy se gastan en un esfuerzo de prevención tardía.

Aunque la tradición asociativa vincula delincuencia, pobreza y drogas, creo que el desafío del enfoque de derecho orienta hacia la asociación de la transgresión a la ley penal con la educación.

La socioeducación es ese territorio capaz de incluir, de manera pertinente la amplia gama de sectores excluidos, promoviendo la equidad y posicionándose como un pilar central de la convivencia social. Pues toda posibilidad de educación otorga dignidad, inclusión social, autonomía y responsabilidad.

Debemos re-pensar y preparar la transformación de las instituciones de encierro, en centros de verdaderas prácticas socioeducativas posibilitadoras de habilidades resilientes.

En todo necesitamos una mirada constructora de futuros que potencie tanto las demandas como las autocríticas, la imaginación pedagógica y la toma de decisiones relacionadas con el cuidado, la protección y las prácticas de buen trato.

... el presente implica una visión del futuro,
... el asunto es que tiene que pasar de modo que haga yo cosas para que este futuro pueda aparecer.
Enseñar para el presente es entregar autonomía.
Es lo que me inquieta en este instante
lo que puede llegar a constituirse en un saber pertinente...

Humberto Maturana

Referencias bibliográficas

Alarcón, C. (2009). Educación y Derechos Humanos. Entrevista con Humberto Maturana e Ignacio Muñoz del Instituto Matríztico . Disponible en: https://www.academia.edu/1996211/Educacion_y_Derechos_Humanos._Entrevista_con_Humberto_Maturana_e_Ignacio_Munoz

Arza Porras, J. ; Comas Arnau, D. (1999). "El devenir de la prevención rumbo al próximo milenio". Disponible en http://www.ddnet.es/gid/
Barrón, M. (2010). "Adicciones a sustancias psicoactivas. Evolución de la conducta en los adolescentes de la provincia de Córdoba". En Barrón M. (comp). Adicciones nuevos paradigmas. Indagaciones en torno de los jóvenes y sus consumos. Córdoba: Editorial Brujas.

Bleichmar, S. (1999). "Los orígenes del sujeto psíquico", en Del mito a la historia. Buenos Aires: Amorrortu.

Bourdieu, J.P. (2001). Capital cultural, escuela y espacio social. México: Siglo XXI.

Carli, S. (1999). "De la familia a la escuela: infancia socialización y subjetividad" en La Infancia como Construcción Social. Argentina: Santillana. Disponible en: http://www.lazoblanco.org/wpcontent/uploads/2013/08manual/adolescentes/0010.pdf

Documento Visión del IIDH sobre los derechos humanos y la democracia y sobre su misión (1998). San José de Costa Rica: IIDH.

Foucault, M. (1988). El sujeto y el poder. Edición electrónica disponible en www.philosophia.cl

___________(2002). Vigilar y castigar. Buenos Aires: Siglo XXI.

Franch, C.; Follegati, L.; Pemjean, I. (2011). "La infancia. Una lectura desde la perspectiva del género". Cátedra UNESCO "Estudios de Género", Universidad de Chile. En en Cousiño Donoso, F.; Foxley Rioseco A. M. (Editores) (2011). Políticas Públicas para la Infancia. Comisión Nacional Chilena de Cooperación con UNESCO. Santiago de Chile. Disponible en: http://www.unesco.org/new/fileadmin/MULTIMEDIA/FIELD/Santiago/pdf/politicaspublicas.pdf

Frigerio, G. (2011). "Reflexiones sobre la (injusta) división de las infancias. Centro de Estudios Multidisciplinarios (Universidad Nacional de Entre Ríos de Argentina)". En Cousiño Donoso, F.; Foxley Rioseco A. M. (Editores) (2011). Políticas Públicas para la Infancia. Comisión Nacional Chilena de Cooperación con UNESCO. Santiago de Chile.
Disponible en: http://www.unesco.org/new/fileadmin/MULTIMEDIA/FIELD/Santiago/pdf/politicaspublicas.pdf

Germain, L. (2011). "Políticas transdisciplinarias para la violencia adolescente". Cátedra UNESCO, "Abordaje Interdisciplinario de la Violencia" Universidad de Chile. En Cousiño Donoso, F.; Foxley Rioseco A. M. (Editiores) (2011). Políticas Públicas para la Infancia. Comisión Nacional Chilena de Cooperación con UNESCO. Santiago de Chile.
Disponible en: http://www.unesco.org/new/fileadmin/MULTIMEDIA/

FIELD/Santiago/pdf/politicaspublicas.pdf

Grau, O. (2011). Representaciones sociales de la infancia discursos y prácticas Cátedra UNESCO "Filosofía" Universidad de Chile. En Cousiño Donoso, F.; Foxley Rioseco A. M. (Editiores) (2011). Políticas Públicas para la Infancia. Comisión Nacional Chilena de Cooperación con UNESCO. Santiago de Chile. Disponible en: http://www.unesco.org/ new/fileadmin/MULTIMEDIA/FIELD/Santiago/pdf/politicaspublicas.pdf

Keeney, B. (2007). Estética del Cambio. Disponible en: http:// espaciocounseling.com.ar/Bradford_Keeney_La_estetica_del_cambio.pdf

Lamas, C. (2007). "Para comprender la adolescencia problemática". En Revista REDES - Diciembre 2007. Disponible en: http://www.revistaredes.es/imagenes/pdf/Para%20comprender%20la%20adolescencia%20problem%C3%A1tica.%20C.%20Lamas.pdf

Llobet, V. (2005). La promoción de resiliencia con niños y adolescentes. Entre la vulnerabilidad y la exclusión. Buenos Aires: Novedades Educativas.

Llobet, V. (2006). Las políticas sociales para la infancia vulnerable. Algunas reflexiones desde la Psicología Rev. Latinoamericana de Ciencias Sociales, Niñez y Juventud. Vol. 4, N°1.

Llobet, V. (2009). Las políticas sociales para la infancia, la psicología y el problema del reconocimiento. Revista Investigaciones en Psicología. Año 14, Vol. 2.

Magendzo, A. (2011). "Educación en derechos humanos: Un desafío impostergable". Cátedra UNESCO. "Educación en Derechos Humanos". Universidad Academia de Humanismo Cristiano. En Cousiño Donoso, F.; Foxley Rioseco A. M. (Editiores) (2011). Políticas Públicas para la Infancia. Comisión Nacional Chilena de Cooperación con UNESCO.

Santiago de Chile. Disponible en: http://www.unesco.org/new/fileadmin/ MULTIMEDIA/FIELD/Santiago/pdf/politicaspublicas.pdf

Marin Díaz, D.L. (2011). Notas para pensar la constitución de un campo discursivo Académica Universidad de Río Grande Do Sul Brasil. En Cousiño Donoso, F.; Foxley Rioseco A. M. (Editiores) (2011). Políticas Públicas para la Infancia. Comisión Nacional Chilena de Cooperación con UNESCO. Santiago de Chile. Disponible en: http://www.unesco.org/ new/fileadmin/MULTIMEDIA/FIELD/Santiago/pdf/politicaspublicas. pdf

Oszlak O. ; O´Donell, G. (1976). Estado y políticas estatales en América latina: hacia una estrategia de investigación. Buenos Aires: Cedes.

Pantano, L. (1993). "La Discapacidad como problema social". Buenos Aires: Eudeba-Editorial Universitaria.

Rodino, A. M. (2003). "Educación superior y derechos humanos: el papel de las universidades ante los retos del siglo XXI. Visión y propuestas para la región". En: Seminario Internacional sobre educación superior en derechos humanos en América Latina y el caribe. México D.F: Organización de las Naciones Unidas para la Educación, la Ciencia y la Cultura (UNESCO).

Videla, M. (1998) "Prevención. Intervención psicológica en salud comunitaria". Buenos Aires: Cinco.

Vinyamata Camp, E.; Torralba, F.; Dumenió, R. (2009). Derechos humanos, nuevas realidades. Barcelona: Del Campus per la Pau. Von Foerster, H. (1998). Por una nueva epistemología. Metapolítica, vol.2, núm. 8. Centro de Estudios de Política Comparada. México D.F.

Trayectorias laborales de los jóvenes y políticas públicas de empleo

*Lidia Strasorier**
*Alicia Arias***

Introducción

Entre los diferentes problemas que afectan la inclusión social de los jóvenes, aquellos relacionados con la educación y el empleo representan uno de los más importantes desafíos para las políticas públicas, no sólo por sus implicancias sociales, sino también porque en esta etapa se definen cuestiones que suelen condicionar las posibilidades de desarrollo futuro. La no permanencia de los jóvenes en el sistema educativo y en el mercado de trabajo dificulta la creación y concreción de proyectos de vida y retroalimenta en ocasiones, procesos de exclusión social. En

* *Egresada de la Escuela de Ciencias de la Información, Facultad de Derecho y Ciencias Sociales, Universidad Nacional de Córdoba, trabaja como profesional técnico en la Agencia para el Desarrollo Económico de la ciudad de Córdoba y como investigadora adscripta en el Proyecto "La influencia de la dinámica familiar sobre el desarrollo de los adolescentes" dirigido por la Dra. Margarita Barrón – Universidad Nacional de Córdoba (UNC) y Centro de Investigaciones de la Facultad de Filosofía y Humanidades (CIFFyH). CE: lidiastrasorier@hotmail.com*

** *Estudiante de la Escuela de Ciencias de la Educación, Facultad de Filosofía y Humanidades, UNC, trabaja como Secretaria en la Dirección de Posgrado de la Universidad Tecnológica Nacional (F.R.C.) y como investigadora ayudante en el Proyecto "La influencia de la dinámica familiar sobre el desarrollo de los adolescentes" dirigido por la Dra. Margarita Barrón – CIFFyH, UNC. CE: aliciadelcarmenarias@ gmail.com*

palabras de Irene Vasilachis (2003), "las condiciones de pobreza, la falta de empleo decente, las manifestaciones de discriminación por género y raza, conforman la base social para la reproducción de las desigualdades sociales y la conformación de identidades sociales diferenciadas". Durante décadas en Argentina tuvo lugar una matriz de desarrollo expansiva en lo social y económico, a partir de la conjunción de una serie de factores tales como la apertura y acceso masivo a la educación para amplios sectores medios y populares y un gran impulso industrial que se tradujo en una mayor oferta de puestos de trabajo a partir de la valoración de las credenciales educativas promoviendo procesos de movilidad ascendente e intergeneracional para amplios sectores de la sociedad. Dicha dinámica ha sido analizada (Beccaria, 1978; Germani, 1955) para dar cuenta de la evolución del sistema de estratificación social en Argentina, a partir de ciertas diferencias estructurales favorables hacia la década de 1960 en relación con otros países latinoamericanos.

Ampliar el acceso a la educación contribuyó a conformar una estructura social con cierto nivel de integración, caracterizada por una relación positiva entre educación, ocupación e ingresos, a través de la formación de amplios sectores sociales de la población que obtuvieron las credenciales requeridas por la complejización del proceso de industrialización del país. Frente a esto, el Estado asumió un rol decisorio en la articulación de los diversos intereses económicos y sociales. Es en esa conjunción de factores donde numerosos sectores sociales conformaron su identidad a partir de la centralidad del trabajo como organizador de la vida cotidiana y las transiciones vitales desde espacios educativos a laborales, o desde la educación al trabajo y la reproducción en la vida familiar.

Cambios en el contexto histórico

Hacia mediados de los 70 el proceso socioeconómico se modifica en el marco de la reestructuración capitalista mundial y transita hacia un modelo neoliberal facilitado por la globalización del sistema financiero internacional y la disminución en la capacidad de decisión de los estados nacionales. Este cambio de paradigma erosionó las instituciones del Estado de Bienestar, provocó una creciente desigualdad en los ingresos y mayores niveles de pobreza e instaló la precariedad laboral como un problema estructural en el país, particularmente en la población joven. La aplicación de un conjunto de medidas tales como la privatización de empresas del Estado o mixtas y la apertura comercial para la importación de bienes trajo aparejado el cierre de numerosos establecimientos industriales y de servicios que operaban como tradicionales reguladores y tomadores de mano de obra disponible en el mercado laboral. Esto impactó de manera directa en la calidad y cantidad de puestos de trabajo, precarizando las relaciones laborales y fragmentando la estructura y lazos sociales, particularmente en la franja etaria que nos ocupa. Tal quiebre de la sociedad salarial (Castel, 1997) puso de manifiesto fisuras latentes en la relación educación/trabajo al verse interrumpido el proceso de expansión industrial con la consecuente contracción de la demanda laboral. En este contexto los jóvenes conformaron la población de mayor vulnerabilidad –lo cual se ha agudizado en la actualidad– por carecer de experiencia laboral, haber interrumpido la educación formal o recorrer trayectos laborales diferenciales.

Por otra parte, numerosos autores (Jacinto, 2004; Filmus, 2004) señalan que factores asociados a las condiciones de origen –por ejemplo, frágiles trayectorias laborales familiares, reducido capital social y educativo– conllevan dificultades para acceder de manera satisfactoria a una trama institucional o productiva, incluso para los jóvenes que han finalizado sus estudios secundarios. La precariedad laboral que frecuentemente transitan los jóvenes impide satisfacer sus necesidades y las expectativas vinculadas a la terminalidad educativa y la construcción de trayectorias laborales calificantes.

> "Los jóvenes, por lo general, tienen acceso a empleos inestables, sin protección laboral y con bajos salarios, aún cuando se inserten en el mercado formal de la economía. Los que completan la educación media llegan a ingresar al circuito de "nuevos empleos jóvenes" (cadenas de fast food, alquiler de videos, cines, vendedores de centros comerciales) dentro del sector formal, pero igualmente con bajos salarios y contratación precaria. Aquellos más educados, dependiendo también de su capital cultural y social, pueden aspirar a obtener puestos de mayor calidad, mejor

remunerados y con mejores condiciones de trabajo, pero muchas veces igualmente transitorios" (Jacinto, 2004).

Filmus, Miranda y Otero (2004) afirman que existe una estructura diferencial de oportunidades y accesos altamente desigual para los jóvenes en cuanto

> "la mayor heterogeneidad en los tránsitos por la condición juvenil, en conjunción con las tendencias hacia la reproducción de las diferencias de origen socioeconómico y las amplias dificultades de los jóvenes en el mercado laboral, significaron la conformación de una estructura de oportunidades ampliamente desigual entre aquellos que, formalmente, obtuvieron un certificado de valor análogo".

En este contexto la condición juvenil se encuentra atravesada por una marcada incertidumbre y heterogeneidad en el acceso a los recursos y oportunidades, y reproduce en numerosas situaciones condiciones de exclusión y vulnerabilidad social que imprimen huellas en las trayectorias biográficas, prácticas sociales y representaciones juveniles. De modo correlativo, las condiciones de incertidumbre y heterogeneidad promueven un desplazamiento o suspensión temporal de organizadores tradicionales de la vida cotidiana como el trabajo, por otras opciones más flexibles o que brindan objetiva y/o subjetivamente una mayor gratificación, tales como el acceso a nuevos modelos de consumo facilitados por la globalización de las nuevas tecnologías de información y comunicación (Castells, 2003). Se observa, en este sentido, que las inéditas formas de identidad se encuentran influenciadas por nuevos tipos de intercambios facilitados por la interconectividad y las nuevas formas de aprendizaje social juvenil que conllevan un cambio en la relación con el trabajo, al transitar desde una "ética del trabajo" que caracterizó a las generaciones precedentes, hacia una "ética del consumo" (Jacinto, 2004) en las nuevas generaciones.

En los actuales escenarios, la ruta para la construcción de las trayectorias vitales y laborales se caracteriza por la pluralidad de estrategias puestas en juego por parte de los jóvenes. Los actores sociales recorren a lo largo de sus vidas un continuo de experiencias que trazan itinerarios a veces más previsibles y a veces más aleatorios (Bourdieu, 1988). El recorrido que estos desarrollan desde la educación formal hacia la inserción laboral deviene en múltiples formas de vinculación con el mundo del trabajo. Ante un panorama tan diversificado, si bien se puede señalar (Cogliati, 2000; Jacinto, 2004) que el trabajo ha perdido su centralidad como eje de la organización personal, también es necesario resaltar que no todos los jóvenes establecen el mismo tipo de relación con respecto al trabajo, ya que la inserción laboral sigue siendo uno de los aspectos centrales en cuanto a la inclusión social:

> "...el énfasis de esta representación está puesto en su carácter de valor utilitario que les otorga la posibilidad de obtener dinero, con el consiguiente acceso al consumo y a una mayor autonomía del grupo familiar" (Jacinto, 2004, p. 191).

Las trayectorias laborales de los jóvenes en Argentina

En las últimas décadas la inserción social de los jóvenes ha dejado de ser un simple pasaje entre la educación o el mundo familiar y el trabajo, para convertirse en una transición larga y compleja, cada vez más prolongada y diferenciada. Por ende, los tradicionales conceptos de transición e integración social se revelan limitados, por lo cual necesario avanzar en la conceptualización y comprensión de los cambios que en los últimos tiempos han afectado a los ámbitos familiares, educacionales y laborales.

Las transiciones laborales constituyen procesos atravesados por condiciones macroestructurales, institucionales, familiares e individuales. En esta conjunción de factores tiene particular relevancia la subjetividad de los jóvenes para dar cuenta del desarrollo de estrategias de apropiación diferencial de los recursos económicos y simbólicos en sus prácticas sociales cotidianas "en términos de rupturas y continuidades (...) –momentos claves o 'nudos' en términos de Godard– en los que se entrecruzan múltiples dimensiones – no sólo la económica–" (Graffigna, 2005).

Desde esta perspectiva, se entenderá a la trayectoria laboral como el recorrido que pone en relación educación y empleo como forma de acceso al mundo adulto, en virtud de que

> "La heterogeneidad del tránsito entre la educación y el mundo del trabajo (...) nos pone frente a la evidencia de que el paso de la educación al empleo dejó de representar una autopista central mediante la cual los jóvenes constituyen su identidad" (Filmus, Miranda y Otero, 2004).

Uno de los rasgos predominantes del itinerario laboral juvenil está relacionado con la "combinación desempleo, subempleo, inactividad, contratos temporarios y/o autoempleo, muchas veces a nivel de supervivencia" (Jacinto, 2002). A diferencia de décadas pasadas, el trabajo no ofrece un pasaje relativamente lineal entre dos mundos (educativo y laboral) consecutivos y complementarios; sino recorridos diferenciales por distintos estados que comparten una motivación predominantemente instrumental, en cuanto a la posibilidad de obtener recursos económicos para la reproducción de la vida cotidiana y una mayor autonomía personal del núcleo familiar. Por otra parte, en el caso de las trayectorias laborales de los jóvenes de menores recursos y trayectorias educativas incompletas o fragmentadas, se observa una tendencia hacia una mayor precarización laboral, con oscilaciones entre situaciones de desempleo y subempleo. El tipo de formación recibida, como también el valor diferencial que adquieren las credenciales educativas en el mercado de trabajo, impactan sobre las características del trabajo al que pueden acceder. La segmentación laboral que se profundiza para este grupo etáreo, también se halla influenciada por aspectos socio-culturales tales como "la apariencia corporal, las actitudes, el lenguaje, el lugar de residencia" (Jacinto, 2004). A ello se suma la ruptura de los mecanismos de socialización laboral ocasionada en muchos casos, por la presencia de largos periodos de desocupación de los padres o la ausencia de un adulto que transmita "naturalmente" un conjunto de saberes y habilidades específicas para el desempeño de una actividad durante la vida adulta.

El impacto de la crisis económica sobre dichos mecanismos tradicionales de formación y sociabilización laboral, ha determinando formas indefinidas en el tránsito de los jóvenes hacia el mundo del trabajo. En este sentido Jacinto (2004) afirma que la relación de los jóvenes con el empleo asume frecuentemente características de precariedad de las inserciones laborales. Se asiste así a múltiples formas de recorridos, en los cuales las trayectorias educativas, las condiciones y características del mercado laboral y las propias expectativas dan lugar a una composición singular del pasaje del mundo escolar al laboral. Este "bricolaje" de momentos posibles puede ser visto como un proceso de cambio, entendiendo al mismo como un rasgo característico de lo juvenil que asume diferentes formas de apropiación a partir de los distintos modos de gestión y movilización de los recursos materiales y simbólicos vinculados al habitus de los jóvenes.

Si bien algunos autores (Pérez, 2008; Rose, 1984, 1998; Vincens, 1999) consideran que la noción de transición no es propia de los jóvenes sino que responde a la mayoría de los trabajadores activos en función de un inestable mercado de trabajo, en el caso de los jóvenes el trabajo no constituiría per se una "de las tradicionales vías de integración social juvenil" (Filmus, 2004), sino un recurso que los jóvenes movilizan en su participación social. Esta "desafiliación" conlleva prácticas y recorridos diversos y se encuentra vinculada a aspectos estructurales: condiciones precarias de trabajo, baja calidad de las ocupaciones, extensión de la jornada laboral, ausencia de seguridad social, entre las más frecuentes; tales variables obstaculizan la construcción de "trayectorias laborales calificantes" (Jacinto, 2004) que posibiliten trazar itinerarios significativos y complementarios en términos de habilidades, saberes y competencias satisfactorios tanto personales como del mercado laboral.

Desde esta perspectiva, se procurará dar cuenta de algunas características de las instancias de formación laboral de los jóvenes participantes del Programa "Jóvenes, con más y mejor trabajo", particularmente de aquellas relacionadas con la continuidad en la educación formal y el tránsito por dispositivos de capacitación laboral y formación profesional que el programa ofrece.

Políticas públicas de empleo para los jóvenes de 18 a 24 años

En Argentina, después de ocho años de sostenido crecimiento económico y mejoras en materia laboral, la desocupación entre los jóvenes casi duplica los registros entre la población adulta. En el segundo trimestre de 2013, del 54.3% de los jóvenes entre 18 y 24 años de edad que trabaja o busca trabajo, el 10.7% no lo encuentra –por eso son jóvenes desempleados–; el resto se distribuye entre jóvenes que declaran dedicarse exclusivamente a estudiar (29.5%), y un 5.1% de sujetos que no trabajan ni buscan trabajo ni estudian. De aquellos que consiguen trabajo, en el 45.7% de los casos se trata de empleo informal. En Córdoba la tasa de desempleo juvenil muestra un comportamiento similar al nacional, con una diferencia superior a los dos puntos para los jóvenes que no trabajan, ni buscan trabajo, ni estudian. De acuerdo con la Encuesta Permanente de Hogares (EPH), del 43.7% de los jóvenes entre 18 y 24 años de edad que trabaja o busca trabajo, el 10.5% no lo encuentra; el resto se distribuye entre jóvenes que declaran dedicarse exclusivamente a estudiar 40.2% y los que ni trabajan, ni buscan trabajo, ni estudian un 7.6%. De los que consiguen trabajo, en el 51.2% de los casos se trata de empleo informal.

Por otra parte, si se analiza la población de jóvenes por estado y género, se observa una diferencia de género mayor en relación a la población ocupada, siendo superior para los varones jóvenes, periodo 2012-2013. Esta situación puede indicar una tendencia a reproducir modelos domésticos tradicionales para las mujeres jóvenes.

Población de jóvenes según estado y género. Total País

	1 Trim. 2012	2 Trim. 2012	3 Trim 2012	4 Trim 2012	1 Trim 2013	2 Trim 2013
Ocupados	1.306.240	1.351.494	1.363.717	1.325.810	1.332.051	1.363.967
Varones ocupados	815.146	821.527	875.382	852.817	833.828	901.920
Mujeres ocupadas	491.094	529.967	488.335	472.993	498.223	462.047
Desocupados	298.443	308.726	347.515	266.417	329.719	323.366
Varones desocupados	142.606	180.298	163.698	129.905	176.583	183.467
Mujeres desocupadas	155.837	128.428	183.817	136.512	153.136	139.899

Fuente: EPH

Nota: Se considera jóvenes a los que se encuentran entre 18 y 24 años.

Población de jóvenes según estado y género. Aglomerado Gran Córdoba.
Valores trimestrales

	1 Trim. 2012	2 Trim. 2012	3 Trim 2012	4 Trim 2012	1 Trim 2013	2 Trim 2013
Ocupados	68.852	89.580	87.499	89.549	66.775	77.299
Varones ocupados	45.773	55.418	50.349	46.646	34.854	48.529
Mujeres ocupadas	23.079	34.162	37.150	42.903	31.921	28.770
Desocupados	18.422	21.354	22.936	18.048	21.320	29.007
Varones desocupados	10.361	9.400	12.825	9.582	11.660	14.596
Mujeres desocupadas	8.061	11.954	10.111	8.466	9.660	14.411

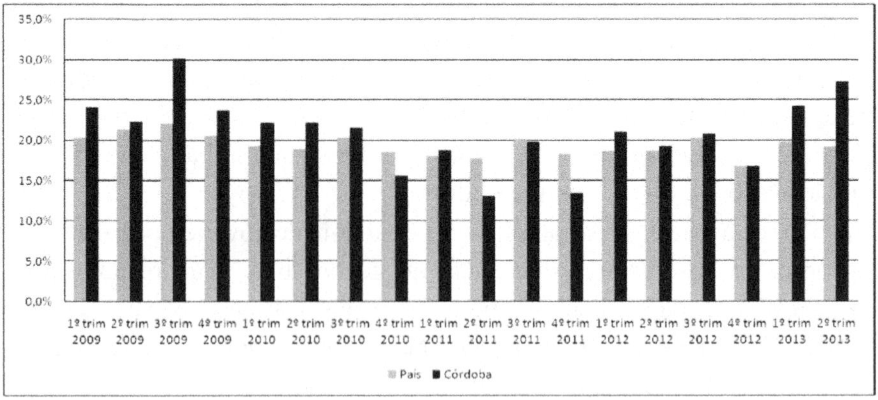

Fuente: EPH

Nota: Se considera jóvenes de hasta 24 años.

Si se analiza el periodo 2009-2013, se observa que la tasa de desempleo en relación al género es superior para las mujeres jóvenes a nivel nacional y para la provincia de Córdoba específicamente. El crítico sector de los jóvenes excluidos se integra por los jóvenes desempleados de baja escolaridad, los jóvenes inactivos (que no trabajan ni estudian) y las mujeres pobres, sobre todo adolescentes.

La desocupación y precariedad en los jóvenes argentinos representa no sólo un problema estructural del mercado laboral, sino una problemática social más amplia que afecta diversos aspectos de su desarrollo individual y social. La vulnerabilidad de este grupo poblacional compuesta por jóvenes inactivos (que no trabajan ni estudian) y mujeres pobres particularmente adolescentes, está presente en Argentina desde antes del estallido de la crisis de 2001-2002. Si bien los indicadores mejoraron desde el pico de 30% de desempleo joven alcanzado durante la salida de la convertibilidad, la diferencia entre las tasas de desocupación de jóvenes y adultos son persistentes y elevadas. En este contexto se observa en Argentina un pasaje en las políticas públicas de empleo, que transita desde políticas asistenciales o pasivas (Plan Jefas y Jefes de Hogar, 2003), orientadas fundamentalmente a brindar cierta contención económica a la población desocupada en el marco de la crisis del año 2001, hacia mecanismos y dispositivos de inclusión social y productiva a partir de intervenciones estatales más integrales.

Las denominadas "políticas activas" están actualmente orientadas a mejorar la calidad, cantidad y calificación del empleo a partir de la articulación de estrategias sectoriales y territoriales, programas universales y focales y formación en competencias básicas y específicas, en coordinación con actores públicos y privados. Dichas estrategias pueden ser pasivas –las que buscan asegurar un ingreso mínimo a los trabajadores desempleados o que se encuentran en la búsqueda de empleo– o activas –las que promueven la inserción de las personas en edad de insertarse en el mercado laboral y operan sobre la demanda de trabajo, buscando incrementarla, y sobre la oferta, disminuyéndola o redistribuyendo el empleo existente–. En este marco, desde el Ministerio de Trabajo, Empleo y Seguridad Social (MTEySS) se impulsó una iniciativa para la promoción del empleo y la inclusión social a través del Programa jóvenes, más y mejor trabajo (PJMMT) puesto en marcha a partir del año 2009 y orientado a jóvenes entre 18 a 24 años que no han finalizado los estudios primarios o secundarios y se encuentren desempleados. El PJMMT tiene como objetivo generar oportunidades de inclusión social y en el mercado de trabajo a través de acciones integradas para la orientación del empleo y formación con prácticas laborales calificantes en ambientes supervisados por tutores en coordinación con el MTEySS, brindando un estímulo económico para la finalización de los estudios formales y/o asistencia para el desarrollo de microemprendimientos. El diseño contempla una serie de prestaciones que permitirían alcanzar al universo de jóvenes en desventaja social por encontrarse desempleados y/o por no haber finalizado sus estudios formales. De acuerdo con la información brindada por el MTEySS, en el informe de mes de enero de 2012, 400.000 jóvenes participaron de una o más prestaciones del programa.

A los efectos de la presente indagación, se aborda el PJMMT en virtud de su formulación integral y alcance universal como política pública y en función de la diversidad en la trama institucional que lo conforma: actores locales, oficinas de empleo municipales, institutos de formación profesional, universidades y gerencias locales del Ministerio de Trabajo. Esta multiplicidad de actores redefine en sentido amplio, la política, al incorporar modos de hacer, idiosincrasias, intereses e institucionalidades diversas. A partir de este entramado institucional, se procurará identificar en estudios posteriores algunos aspectos en los que se materializa esa redefinición de la política pública desde la perspectiva de los sujetos y actores institucionales.

El vínculo educación y trabajo

En el mundo actual, la educación y el mercado de trabajo continúan siendo instituciones centrales en la asignación de "posiciones sociales", por lo cual la resolución de las tensiones y dificultades de articulación entre ambas instancias conforman uno de los mayores retos de las políticas públicas.

Dado que en la modernidad la integración social de los jóvenes se canalizó tradicionalmente a través de las instituciones educativas y las vinculadas al mundo productivo, se conformó progresivamente una visión naturalizada de los procesos de transición e integración sociolaboral, opacando las condiciones sociohistóricas que dieron lugar a dicha configuración. Esta visión se apoyó en la legitimación del capital cultural y social que adquieren las personas en su paso por las instituciones educativas, representado por las credenciales obtenidas.

Existe un conocimiento extendido sobre la potenciación de los niveles educativos en la inserción laboral; sin embargo, Dussel y Southwell (2012) advierten sobre los efectos de la marginación de los saberes específicos del mundo del trabajo en el currículum académico. Esta ausencia de saberes para el mundo del trabajo se halla presente desde la organización de la escuela común en el siglo XIX; tal relegación continúa vigente y contribuye a profundizar la falta de articulación entre la educación formal y el mundo laboral, al impedir la creación de itinerarios flexibles y progresivos entre la educación y la capacitación laboral (Redetis OIT, 2013). La segmentación de los itinerarios laborales de los jóvenes aparecería vinculada a la inadecuada interacción entre distintos campos: socioeconómico, un sistema educativo segmentado –en términos de calidades diferenciadas y desigualdad de oportunidades en la obtención de certificados– e instancias de formación profesional con escasa articulación; esos factores podrían condicionar las características del proceso de tránsito de la escuela al mundo de trabajo (Jacinto, 2004).

Hoy asistimos a un amplio debate sobre el lugar de la educación respecto de la formación de los jóvenes para insertarse en el mercado de trabajo. Durante la década de los 90, en Argentina predominó la orientación hacia los saberes y competencias generales, y se desplazó a la educación técnica como una alternativa curricular para los jóvenes. Si bien existe consenso sobre la importancia social de la educación en la formación y desarrollo inclusivo, también se observa que actualmente hay fragmentación, ya que la enseñanza secundaria dejó de habilitar para la obtención de un trabajo decente y dicha situación contribuye a generar un horizonte incierto e inseguro, dificultante de los procesos de transición hacia la vida adulta y la construcción simbólica de la mayoría de edad (Garcés, 2007).

La presencia de nuevos criterios de contratación más flexibles, la emergencia de nuevas ramas laborales que demandan competencias definidas, en términos de: herramientas para interactuar con el ambiente (habilidad para el uso del lenguaje, los símbolos y la escritura; la capacidad para utilizar el conocimiento, la información y el uso de la tecnología), comunicación e interacción con grupos heterogéneos (aptitud para relacionarse con otros en ambientes de trabajo, cooperar, manejar y resolver conflictos) y responsabilidad y autonomía (Castel, 1997, p. 409) han dotado de una complejidad creciente a los ámbitos laborales, convirtiendo a la educación formal en una etapa imprescindible aunque insuficiente en el trayecto hacia el primer empleo.

Puede señalarse también, que

> "el camino de la calificación, si no garantiza mecanismos de real distribución igualadora entre los distintos sectores sociales, puede producir efectos propiamente perversos cuando se contrata preferencialmente a los candidatos sobrecalificados y los solicitantes de empleo poco calificados quedan de hecho excluidos de esos puestos que estaban en condiciones de ocupar" (Castel, 1997, p. 41).

Tal heterogeneidad también se encuentra traspasada por el tipo de experiencia educativa que atraviesan los jóvenes. Actualmente se encuentra en el centro del debate (Filmus, 2004) qué tipo de experiencia educativa o de formación profesional podría reunir las condiciones para mejorar la empleabilidad de estos jóvenes en el mercado de trabajo, en qué condiciones organizativas, en qué contextos y con qué contenidos.

Consiguientemente

"políticas basadas exclusivamente en elevar el nivel de escolaridad general se convierten en pseudosoluciones del problema del empleo. Sin embargo, no por ello pueden descartarse las políticas que atacan el problema de la baja calificación ya que conllevan un objetivo esencialmente democrático al posibilitar la igualdad de oportunidades en el acceso a la formación a toda la población, simplemente debe tenerse presente que no se reducirán los desocupados sólo por elevar su nivel de calificación en un contexto de escasez de puestos de trabajo" (Castel, 1997, p. 41).

Jacinto (2004) afirma que las tendencias reproductoras priman por sobre las credenciales educativas, haciendo referencia a la relación entre educación y trabajo que establecen particularmente jóvenes provenientes de familias con menores capitales y recursos socioeducativos cuyos grupos familiares atraviesan largos periodos de desempleo, incidiendo en el habitus de los jóvenes, en tanto dificultad para incorporar a sus prácticas de vida cotidiana ciertas habilidades, comportamientos, rutinas y aprendizajes vinculados a la vida laboral.

Como se indicó, en nuestro país en décadas pasadas, era frecuente que los jóvenes aprendieran un oficio en colaboración con sus padres u otros miembros cercanos al núcleo familiar, en el marco de una división del trabajo por la cual los jóvenes desempeñaban determinadas tareas que les proporcionaban saberes y habilidades que, además de brindarles un lugar de pertenencia, actuaron como un marco organizador de la identidad y de la reproducción familiar.

El impacto de la crisis económica sobre los mecanismos tradicionales de formación y sociabilización laboral, han determinando una ruptura de los mismos y con ello, formas indefinidas en el tránsito de los jóvenes hacia el mundo del trabajo. En consonancia con ello Filmus (1995) hace referencia a la segmentación laboral del grupo etáreo, en el que existiría una estructura diferencial de oportunidades que se expresa mayormente en la relación entre escolaridad, mercado de trabajo y pobreza para los jóvenes.

Las trayectorias laborales desde la perspectiva de los sujetos

Indagar las representaciones de los jóvenes respecto del trabajo, de las posibilidades y dificultades de su inserción laboral, supone una determinada concepción respecto de las construcciones de sentido desde la cual éstos significan los ámbitos de formación y laborales, como también así respecto de su propia situación.

Vasilachis de Gialdino (2002, p. 40) afirma que frecuentemente se apela a la noción de mercado para conceptualizar las representaciones a cerca de los trabajadores, definiendo a partir de esa noción distintas condiciones en las que prima "aquello de lo que carecen: educación, competencias, habilidades, capacidad de adaptación. Difícilmente se los defina por el conocimiento que poseen, por su profesionalidad, por su destreza." Desde esa noción se omite la capacidad disponible para "reflexionar sobre su actividad y sobre el sentido de ésta en relación con su identidad y con la posibilidad de modificar el orden de relaciones sociales que impide y menoscaba el despliegue de esa identidad".

Algunas de estas representaciones, que los jóvenes van elaborando respecto de la inserción laboral se encuentran fuertemente asociadas a lo que se carece, en términos de demandas del mercado laboral y a la necesidad de capacitación, en un sentido amplio, para acceder a la "oferta" de empleos disponibles. Esta situación, aparece asociada a la escasez de modelos de inserción satisfactorios (Jacinto, 2004; Torrillo, 2009) que posibiliten una construcción integrada de sus trayectorias. La precarización de las relaciones laborales se presenta como un obstáculo que da lugar a la búsqueda de alternativas de trabajo fuera del sector formal, tal como refiere uno de los entrevistados:

> *L: Pasa que ellos...hay uno que entro a una heladería y bueno... como una explotación era... y bueno, y dejó, ahora está como yo, así... pero con tatuajes... Y bueno, está viendo a ver si estudia, no le llama mucho la atención... Y los otros si, pasa que la mayoría pide capacitación y eso...* (Entrevista L., 19 años)

Inestabilidad y fragmentación que, en la mayoría de los casos, mantiene una relación de continuidad con la etapa de educación formal.

Para una considerable cantidad de participantes del Programa, los servicios de apoyo en formación profesional, conjuntamente con el estímulo económico ofrecido, se configuran como instancias significativas y motivadoras desde una perspectiva instrumental para la finalización de la escolaridad primaria y/o secundaria. En este sentido, los jóvenes pueden apropiarse de tales instancias con la perspectiva de mejorar su situación.

L: Si... algunos siguieron, otros así como yo, hacían otra cosa, había varios que si estaban porque, en el sentido porque el curso ese seguía pagando si estabas cursando el secundario.
E: Ah, bien.
L: Por ejemplo, vos terminabas el curso, pero si vos tenías que terminar el secundario, el mismo plan te seguía pagando los 400 pesos, hasta 400.
E: Claro, ¿Y había muchos que tenían el secundario incompleto?
L: Y, bastante, hasta donde sé éramos yo y tres más que habíamos terminado el secundario.
E: Y a ellos les ayudaba a eso, a terminar el secundario.
L: Claro, contaba más como una ayuda
(Entrevista L., 19 años)

En la visión de algunos jóvenes participantes se encuentra presente la idea de que los requisitos para insertarse laboralmente van complejizándose de manera creciente; tienen la percepción de que las barreras de ingreso al trabajo son altas y demanda inversiones crecientes de recursos materiales y simbólicos. Ello va delimitando el conjunto de posibilidades laborales a las que los jóvenes pueden alcanzar, conformando una segmentación en los circuitos laborales. En el discurso de los entrevistados, esta situación es referida como condicionantes que deben tener en cuenta.

A: Sin capacitación está difícil, antes vos ponías el secundario completo, ahora se avivaron de que cualquiera pone el secundario completo, igual que vos ponés "conocimiento en computación: Word y Excel", ya también se avivaron que la mayoría de los que pone Word y Excel, es abrir el Word y Excel nomás, buscan algo mas.... Algo más... Si tenés más cursos y algo
mas...

E: Algo más específico, digamos, vos sabés de la necesidad de seguir capacitándote, para tener mejores posibilidades. A: Obviamente, tener un titulo de algo para respaldar..."
(Entrevista A., 20 años)

E: ¿Capacitación en qué les piden?
L: Y.... Por ejemplo a uno para una fábrica... como que cuesta que sea su primera vez una fábrica. Si es tu primera vez, por lo menos... había unos que rebotaron como ya... 2 veces....
E: Ah, bien, fue a buscar trabajo, se presentó y...
L: Si, es en una consultora, y ahí le dijo "mirá, como está la cosa, es difícil si es tu primera vez en una fábrica" y mas dependiendo de qué fábrica, "está
Renault, Volkswagen, ni pensés que vas a ir"
(Entrevista L., 19 años)

En esta idea aparecen fuertemente articulados, en la visión de los jóvenes, los contextos laborales y educativos. Dicha articulación es reconocida y promovida a través de las instancias de capacitación laboral del PJMMT; aunque dichas instancias formativas se encuentren supeditadas a la demanda de determinados perfiles laborales, que no en todos los casos contribuyen a la conformación de trayectorias laborales calificantes. Los recursos educativos proporcionados se relacionan también con conocimientos generales para afrontar situaciones de búsqueda de empleo y aquellas relacionadas con sus derechos laborales, los cuales son valorados positivamente por parte de los jóvenes.

"E: Claro ¿Y qué sentís vos que te aportaron las capacitaciones?
A: Y... Conocer más cómo manejarse en el mundo laboral, todo el tema legal, trabajo en blanco, trabajo en negro, todo, qué, más o menos, derechos tenés y eso, y bueno, como darse una entrevista...
E: ¿Sentís que eso podría servirte el día de mañana si tenés que ir a buscar trabajo?
A: Claro. Y... más que todo el manejo de los derechos laborales, cuánto, más o menos, es un sueldo, cuánto, más o menos, es la hora, y lo del tema de las horas extras, hasta acá, ¿cómo era que nos habían dicho...? El aguinaldo!"
(Entrevista A., 20 años)

Aunque es necesario remarcar que si bien existe una clara valoración de los recursos que el Programa provee, también es clara la limitación de las instancias formativas brindadas en la consideración de algunos participantes.

Se mencionaba en párrafos precedentes la interconexión entre aspectos macroeconómicos e individuales o subjetivos en la búsqueda de empleo; los intereses y motivaciones orientan la apropiación de los espacios formativos del Programa y actúan en algunos casos como facilitadores o impedimentos para la continuidad del dispositivo de formación.

E: ¿Vos porqué decidiste digamos... cual fue el motivo? Contame cómo fue eso de decidir "bueno, no sigo con el programa"
L: Bueno, como yo tenía más o menos... como ya calculaba los cursos. Yo esos no los iba a tener, porque quería algo más específico, por eso me dediqué más a lo mío...
E: ¿Vos preguntaste si había reparación de PC? ¿O no había?
L: Nos habían dicho, más o menos, que había Electrónica, todo eso... pero más básico, y yo lo que no quería era justamente eso, yo ya sabía desarmar computadoras, más o menos... lo básico. Yo buscaba algo más

amplio. E: Ah bien, ¿vos habías puesto eso en el currículum? Que tenías conocimiento de eso...
L: Claro, pero yo buscaba algo más amplio, reparación de notebooks... Eso no, porque ya eso... es más, para hacer un curso más especializado... Ya avisaban que los cursos que iba a haber eran básicos... Electrónica... no esperés aprender a hacer un robot, por ejemplo...
(Entrevista L., 19 años)

Ante una diversidad de expectativas, los dispositivos formativos no en todos los casos contemplarían la diversidad de intereses de los jóvenes respecto de sus saberes; guardando con ello una relación de continuidad con el sistema de educación formal. Frente a esto, las nuevas formas de aprendizaje interconectivas, adquieren mayor valoración ya que proporcionan "herramientas para armar" recorridos singulares.

E: ¿Y qué te pusiste a estudiar después de eso?
L: Y... Reparación de notebooks.
E: ¿Y eso fue un curso que vos hiciste en alguna institución privada o pública? L: No, de internet. Bajás de internet, en realidad toda la revista que es un curso, toda la revista es un curso, en realidad se paga, pero más o menos, ahora en internet la conseguís gratis, y después tenés que estudiar eso, sacás apuntes... E: Claro, entonces vos te pusiste por cuenta propia. ¿Te gusta aprender por cuenta propia?
L: Si (ríe)
(Entrevista L., 19 años)

Es en el lugar de las motivaciones y de los intereses, en los que el trabajo encuentra un lugar de concreción, ya que no sólo puede ser pensado desde la utilidad para el acceso a un consumo efímero, sino orientado hacia la obtención objetos significativos y significados por los jóvenes como representantes de un imaginario nuevo; donde lo que se expresa es la afirmación de lo propio, la independencia económica y subjetiva respecto del mundo adulto, para el cual la búsqueda de empleo conforma un momento singular.

E: ¿Y porqué salen a buscar trabajo?
A: En mi casa es independencia económica, no deberles nada (en referencia a sus padres, lo dice en tono de voz muy bajo).
E: Claro, la necesidad de independencia económica, ¿Y en el caso de los amigos? A: La mayoría para sustentarse sus estudios... o algún gasto extra, por ejemplo, ese chico, bueno, quería comprarse una maquina de tatuajes y para comprársela, tenía que trabajar.
(Entrevista A., 20 años)

Conclusiones preliminares

Los factores estructurales, institucionales y familiares actúan como condicionantes de acceso para la inserción plena de los jóvenes al trabajo decente y la conformación de trayectorias laborales significativas y calificantes; no obstante, dichos condicionantes se encuentran mediados por la subjetividad de los jóvenes y el modo de apropiación y gestión de los recursos disponibles; de tal forma que

> "recursos y condicionantes similares tendrán un impacto diferente según el individuo, su vida y el momento que está en su trayectoria; es más, la traducción misma del contexto en términos de recurso o de condicionante depende de la lógica de las trayectorias" (Jacinto, 2005).

Lo anterior, conduce a considerar a los jóvenes no sólo desde el déficit, asumiendo posturas hegemónicas que impidan sopesar sus potencialidades individuales y la movilización de sus capitales económicos y simbólicos, para impulsar estrategias de construcción de las trayectorias vitales y laborales en el tránsito hacia la vida adulta.

En este sentido, puede entenderse que programas integrales como el PJMMT contribuyen en la elaboración de un horizonte más inclusivo a través de la promoción de derechos ciudadanos, como el derecho a la educación y el trabajo decente. Resulta menester no obstante, avanzar en una reconceptualización de la cuestión juvenil, recuperando la palabra de los jóvenes acerca de sus prácticas y representaciones para superar la creencia que naturaliza las condiciones individuales y sociolaborales desfavorables; en virtud de que "el discurso no es sólo aquello que traduce las luchas o los sistemas de dominación, sino aquello por lo que y por medio de lo cual se lucha, aquel poder del que uno quiere adueñarse" (Vassilachis de Gialdino, 2002).

La palabra surge como expresión de lo emergente en la construcción de la identidad de los jóvenes, ya no de las identidades tradicionales, homogéneas y previstas institucionalmente, sino como fruto del interjuego de una multiplicidad de factores económicos, sociales, políticos, demográficos y, de la irrupción de nuevos paradigmas estéticos y educativos que caracterizan a la actual sociedad. Si bien se han modificado los tipos de vínculos que se establecen en torno al trabajo, se debe resaltar que el mismo continúa conservando su lugar en la sociedad actual para la inclusión social, tanto de jóvenes como de adultos. Por ello es necesario remarcar la pertinencia que asumen las políticas públicas orientadas a generar oportunidades de empleo para los jóvenes. Siguiendo a Stephen Ball (1994; 2001).

> "el diseño de las políticas es un proceso de bricolage, de oportunismo, desorden, negociación, retazos de ideas, disputas, compromisos y acciones no planificadas (ad hocery), flojamente acoplados, en los que no hay una sola dirección o flujo de información entre los mismos; son típicamente productos canibalizados de múltiples (pero circunscriptas) influencias y agendas. Las políticas son redefinidas a través de complejos procesos de influencia, producción del texto, diseminación y recreación/recontextualización en el contexto de la práctica".

De modo análogo, se observa que en los diferentes contextos de aplicación de un programa operan prácticas e intereses específicos de acuerdo al momento histórico y las condiciones sociales e institucionales en las cuales se deconstruyen.

Numerosos autores (Kessler, Espinoza, 2003) señalan que se asiste a una ruptura de la relación positiva entre educación y trabajo; por lo cual la terminalidad educativa aparece como uno de los mayores desafíos que deben abordar los decisores de políticas públicas. La demanda actual de mayores cuali-calificaciones para el mercado de trabajo, como resultado de la creciente complejización e innovación permanente del sector industrial, conduce a plantear la formación continua como requisito para el acceso y sostenimiento del empleo. En este escenario, educación formal, formación profesional y programas de capacitación e inserción laboral deberían funcionar como un continuo articulado e integral para facilitar la integración juvenil al trabajo y la sociedad en su conjunto. Se observa que, de forma incipiente, el PJMMT procura articular instancias educativas, formativas y emprendedoras para la construcción de trayectorias laborales calificantes para los jóvenes.

Se procurará identificar en estudios posteriores, si las diferentes instancias formativas y de intermediación laboral propuestas, promueven la elaboración de itinerarios laborales calificantes y significativos para los jóvenes, a partir de la incorporación de saberes y habilidades que pueden operar sobre las estrategias y recursos disponibles; o si por el contrario, actúan como reproductores de las condiciones socio laborales de origen.

Se considera que la producción de conocimiento a cerca de estos procesos puede contribuir a retroalimentar, en un sentido acotado, los contextos de reformulación de las políticas públicas de empleo juvenil, y en un sentido amplio, a la producción de información sobre los contextos de práctica local para cooperar en las intervenciones territoriales de los actores locales.

Anexo Estadístico: *Población de jóvenes según estado, género y nivel educativo* *Información País*

	Desocupados		Ocupados		Tasa de Desempleo		
	Varón	Mujer	Varón	Mujer	Varón	Mujer	Total
1° trim 2009	175350	164514	776587	555102	18,4%	22,9%	20,3%
2° trim 2009	184160	172999	823822	495362	18,3%	25,9%	21,3%
3° trim 2009	203268	165266	810749	489798	20,0%	25,2%	22,1%
4° trim 2009	178729	158693	828335	480151	17,7%	24,8%	20,5%
1° trim 2010	146356	170468	832529	492255	15,0%	25,7%	19,3%
2° trim 2010	163075	152843	839713	512685	16,3%	23,0%	18,9%
3° trim 2010	181236	152181	796623	508425	18,5%	23,0%	20,3%
4° trim 2010	161577	152452	861492	524850	15,8%	22,5%	18,5%
1° trim 2011	162493	125911	832139	475707	16,3%	20,9%	18,1%
2° trim 2011	159696	144108	855349	547444	15,7%	20,8%	17,8%
3° trim 2011	178782	153895	812283	505635	18,0%	23,3%	20,2%
4° trim 2011	151219	143754	821002	500459	15,6%	22,3%	18,2%
1° trim 2012	142606	155837	815146	491094	14,9%	24,1%	18,6%
2° trim 2012	180298	128428	821527	529967	18,0%	19,5%	18,6%
3° trim 2012	163698	183817	875382	488335	15,8%	27,3%	20,3%
4° trim 2012	129905	136512	852817	472993	13,2%	22,4%	16,7%
1° trim 2013	176583	153136	833828	498223	17,5%	23,5%	19,8%
2° trim 2013	183467	139899	901920	462047	16,9%	23,2%	19,2%

Fuente: EPH

Información Córdoba

	Desocupados		Ocupados		Tasa de Desempleo		
	Varón	Mujer	Varón	Mujer	Varón	Mujer	Total
1° trim 2009	15927	7435	43153	30296	27,0%	19,7%	24,1%
2° trim 2009	8100	13974	44898	31688	15,3%	30,6%	22,4%
3° trim 2009	17913	16261	47958	31248	27,2%	34,2%	30,1%
4° trim 2009	9761	12587	44890	26835	17,9%	31,9%	23,8%
1° trim 2010	9886	11927	46865	29583	17,4%	28,7%	22,2%
2° trim 2010	10662	10139	43916	29156	19,5%	25,8%	22,2%
3° trim 2010	10913	8378	39125	30896	21,8%	21,3%	21,6%
4° trim 2010	7891	7424	47899	35291	14,1%	17,4%	15,5%
1° trim 2011	10521	10255	61455	28103	14,6%	26,7%	18,8%
2° trim 2011	10102	5413	68515	34993	12,8%	13,4%	13,0%
3° trim 2011	8225	11335	43590	35956	15,9%	24,0%	19,7%
4° trim 2011	5858	6310	45482	32870	11,4%	16,1%	13,4%
1° trim 2012	10361	8061	45773	23079	18,5%	25,9%	21,1%
2° trim 2012	9400	11954	55418	34162	14,5%	25,9%	19,2%
3° trim 2012	12825	10111	50349	37150	20,3%	21,4%	20,8%
4° trim 2012	9582	8466	46646	42903	17,0%	16,5%	16,8%
1° trim 2013	11660	9660	34854	31921	25,1%	23,2%	24,2%
2° trim 2013	14596	14411	48529	28770	23,1%	33,4%	27,3%

Fuente: EPH

Jóvenes por nivel educativo. Total país

Nivel Educativo	Población	%
Primaria Incompleta	2.908.304	27,0%
Primaria Completa	283.872	2,6%
Secundaria Incompleta	3.065.709	28,5%
Secundaria Completa	805.199	7,5%
Superior Universitaria Incompleta	1.198.800	11,1%
Superior Universitaria Completa	138.538	1,3%
Sin instrucción	2.354.225	21,9%
Total	10.754.647	100%

Fuente: EPH

Jóvenes por nivel educativo. Total Córdoba

Nivel Educativo	Población	%
Primaria Incompleta	165.766	27,3%
Primaria Completa	11.160	1,8%
Secundaria Incompleta	134.001	22,0%
Secundaria Completa	54.899	9,0%
Superior Universitaria Incompleta	99.245	16,3%
Superior Universitaria Completa	18.825	3,1%
Sin instrucción	124.119	20,4%
Total	608.015	100%

Fuente: EPH

Referencia bibliográfica

Beccaria, L. (1978). Una contribución al estudio de la movilidad social en Argentina. Análisis de los resultados de una encuesta para el Gran Buenos Aires. Desarrollo económico (s/d).

Bourdieu, P. (2000). Cosas dichas. España: Gedisa [2ª reimpresión].

Castel, R. (1997). Las metamorfosis de la cuestión social. Buenos Aires: Paidós.

Castells, M. (2002). La dimensión cultural de Internet. Universitat Oberta de Catalunya. Ponencia impartida en el ciclo de debates culturales "Cultura XXI: ¿nueva economía?, ¿nueva sociedad?" organizado por la UOC y el Institut de Cultura del Ayuntamiento de Barcelona. Recuperado el 09/048/14 de: http://www.uoc.edu/culturaxxi/esp/articles/castells0502/castells0502.html

Cogliati, C., Kossoy, A. & Kremenchutzky S. (2000). El trabajo de los jóvenes. Jóvenes, Revista de Estudios sobre Juventud, Nueva Época (México), Año 4, N° 12, (junio-diciembre).

Dussel, I. & Southwell, M. (2012). La relación entre trabajo y educación. El Monitor de la Educación,14. Recuperado de: http://elmonitor.educ.ar/ secciones/dossier/la-relacion-entre-trabajo-y-educacion/ el 09/04/13.

Filmus, D., Miranda, A. & Otero, A. (2004). La construcción de trayectorias laborales entre los jóvenes egresados de la escuela secundaria. En Jacinto, C. ¿Educar para qué trabajo? Discutiendo rumbos en América Latina. Buenos Aires: red Etis (IIPE-IDES), MTCyT, MTEySS, América. Buenos Aires: La Crujía.

Garcés, L. (2007). ¿De la escuela al trabajo? La educación en el futuro laboral de los jóvenes en tiempos de globalización. Buenos Aires: El Signo.

Germani, G. (1963). La movilidad social en Argentina. En Lipset, S. & R. Bendix. Movilidad social en la sociedad industrial. Buenos Aires, Eudeba.

Jacinto, C. (2004). ¿Educar para qué trabajo? Discutiendo rumbos en América Latina. Buenos Aires: Red Etis (IIPE-IDES), MTCyT, MTE y SS, América. Buenos Aires: La Crujía.

__________(2002). Los jóvenes, la educación y el trabajo en América Latina. Nuevos temas, debates y dilemas. En De Ibarrola, M. (coord.).

Desarrollo local y formación: hacia una mirada integral de la formación de los jóvenes para el trabajo. Montevideo: Cinterfor – OIT. Recuperado de: http://www.oitcinterfor.org/sites/default/files/file_publicacion/ ibarrola.pdf el 14/07/14.

__________(2005). Jóvenes, precariedades y sentidos del trabajo. 7° Congreso Nacional de Estudios de Trabajo. Asociación Argentina de Especialistas en Estudios de Trabajo. Recuperado de: http://www.aset. org.ar/congresos/7congreso.htm el 09/04/14.

__________(2008). Políticas públicas, trayectorias y subjetividades en torno a la transición laboral de los jóvenes. En Pérez Sosto (Ed.). El Estado y la reconfiguración de la protección social. Buenos Aires: Instituto Torcuato Di Tella y Siglo XXI. Recuperado de: http://www.redetis.org.ar/ node.php?id=100482&elementid=6468 el 14/07/14.

Kessler, G. & Espinoza, V. (2003). Movilidad social y trayectorias ocupacionales en Argentina: rupturas y algunas paradojas del caso de Buenos Aires. Serie CEPAL Políticas Sociales N° 66 Mayo 2003.
Recuperadao el 09/04/14 de: http://www.eclac.cl/cgi-bin/getProd. asp?xml=/publicaciones/xml/4/12504/P12504.xml&xsl=/dds/tpl/p9f. xsl Madoery, O. (2011). Programa CEA-OIT. Más y mejor trabajo para todos. Del programa jefes de hogar al programa jóvenes. Políticas activas de empleo, Argentina 2003-2010. Sistematización y análisis integrado. Buenos Aires: OIT.

Ministerio de Trabajo, Empleo y Seguridad Social de la Nación (2012). Programa Jóvenes con Más y Mejor Trabajo. Informe mensual. Recuperaado de: http://www.oitcinterfor.org/sites/default/files/PJMMT_ ene12.pdf el 09/04/14.

Miranda, A. (2007). La nueva condición joven: educación, desigualdad y empleo. Buenos Aires: Fundación Octubre.

Miranda, E. (2001). Una "caja de herramientas" para el análisis de la trayectoria política educativa. La perspectiva de los ciclos de la política (Policy Cycle Approach). En Miranda E. & Paciulli Bryan N.A. (Eds.), Repensar la educación pública: Aportes desde Argentina y Brasil. Córdoba: Facultad de Filosofía y Humanidades, Universidad Nacional de Córdoba.

Organización para la cooperación y el desarrollo económico (OCDE-USAID). La definición y selección de competencias clave.
Resumen ejecutivo. Recuperado de: http://www.deseco.admin.ch/bfs/deseco/en/index/03/02.parsys.78532.downloadList.94248.DownloadFile.tmp/2005.dscexecutivesummary.sp.pdf el 09/04/14.
Pérez, P. (2008). La inserción ocupacional de los jóvenes en un contexto de desempleo masivo. El caso argentino entre 1995 y 2003. Buenos Aires:
Miño y Dávila.
Redetis OIT (2013). Trabajo Decente y Juventud en América Latina 2013. Políticas para la acción. Informe. Recuperado de: http://www.ilo.org/ wcmsp5/groups/public/---americas/---ro-lima/documents/publication/ wcms_235577.pdf el 09/04/14.

Vassilachis de Gialdino, I. (2002). Trabajo e identidad: reflexiones epistemológicas a partir de una investigación empírica. Revista Sociología del Trabajo, 44. Madrid: Siglo XXI.

Educación Sexual Integral desde una perspectiva de género: Pensarnos para el placer, la igualdad y la singularidad

*Equipo de Educación Sexual Integral de la Escuela Musical Collegium**

El desafío: educación y sexualidad

Como resultado de una serie de discusiones públicas y disputas políticas, en octubre de 2006 se sancionó en Argentina la ley de Educación Sexual Integral (N° 26.150) que establece como propósito primordial la responsabilidad del Estado de hacer válido el derecho de niños, niñas y jóvenes a recibir Educación Sexual Integral (ESI) en todos los establecimientos públicos de gestión estatal y privada (art. 1). Quedó consagrada así, con fuerza de ley, una definición que disputa a la Iglesia la pretensión de atribuir al Estado un rol subsidiario en materia de educación sexual, en atención a la centralidad que tendría la familia en la tarea educativa de sus hijos (Torres, 2009: 38). Sin embargo, como resultado del proceso de discusión y negociación, la ley garantiza a cada comunidad educativa el respeto de su ideario institucional y de las convicciones de sus miembros (art. 5). De esta manera, el sentido y alcance del aspecto más fecundo de la ley –la consagración explícita del derecho de niños, niñas y jóvenes a la educación sexual integral y el correlativo deber estatal de hacer efectivo ese derecho– queda abierto y

** Equipo multidisciplinar que trabaja en el Nivel Medio de la Escuela Musical Collegium (Cuidad de Córdona, Argentina), integrado por profesores, psicóloga, directora del Nivel e investigador invitado de la Universidad Nacional de Córdoba. Ver detalles al final de artículo. CE: mariatatian@gmail.com*

debe ser disputado aún a través de la realización de las experiencias educativas concretas.

Es precisamente al calor de estas experiencias que se conformó el Equipo de Educación Sexual Integral en el Nivel Medio de la Escuela Musical Collegium. En este espacio, los integrantes del equipo fuimos encontrando algunas convicciones compartidas, muchas preguntas y ciertas pistas, siempre atentos a dejarnos interpelar tanto por las experiencias de sexualidad y género de jóvenes en el marco de la escuela como por la escucha atenta de l*s estudiantes con quienes compartimos nuestra tarea de enseñanza-aprendizaje. Quienes han conformado el equipo, que lleva ya algunos años trabajando como tal, poseen diversas trayectorias y perspectivas: la directora (que es también docente de Ciudadanía y Participación), la psicóloga, un preceptor, los profesores de Lengua, Biología y Química, Antropología, Psicología, Teatro, Filosofía, Geografía, Historia de la Música, además de un investigador invitado con formación en Estudios de Género de la Universidad Nacional de Córdoba. Esto hace que nuestras intervenciones sean el resultado de un trabajo colectivo de aprendizaje mutuo que se vuelve posible gracias a cierta interdisciplinariedad sostenida por la convicción compartida de la no especialización –aunque pueda parecer contradictorio–: la mayoría de nosotr*s no somos especialistas en materia de educación sexual y ninguno pretendería administrar un saber experto en ese sentido. Sin embargo, tod*s y cada un* estamos atravesad*s por nuestros diversos modos de significar la sexualidad y la educación –porque, si algo tenemos en común en nuestro ser docentes, es el deseo de pensar y hacer en común nuestras prácticas educativas–. En este sentido, cada una de las intervenciones pensadas para y con l*s estudiantes es, además de una nueva ocasión para disputar los sentidos y alcances de la ley, una oportunidad para poner en juego las experiencias y las (in)quietudes de cada quien y aprender a hacer con eso, en la elaboración del relato propio y en la escucha atenta del relato del otro –nunca del todo ajeno–.

La apuesta: educación sexual integral con perspectiva de género

En el mismo primer artículo de la ley que consagra el derecho de niños, niñas y jóvenes a la Educación Sexual Integral y el correlativo deber estatal de hacer efectivo ese derecho, se establecen ciertas definiciones para entender en qué debe consistir ese carácter integral: "(…) a los efectos de esta ley, entiéndase como educación sexual integral la que articula aspectos biológicos, psicológicos, sociales, afectivos y éticos". El modo en que se articulan tales aspectos dista de ser simple y unívoco; problematizarlo es una de las tareas cardinales de la labor educativa en materia de sexualidad. De ahí la importancia de preguntarse cuál es el enfoque que ha de adoptarse al momento de proyectar una educación sexual que se pretenda integral. De ahí, también, que ésta haya sido una de las principales apuestas del equipo, elaborada en cada intervención, al decidir trabajar las múltiples dimensiones que hacen a esa integralidad desde una perspectiva de género.

En ese sentido, sirvió como guía la conceptualización que ha hecho Graciela Morgade de los diversos enfoques disponibles en la heterogénea trama de nuestro sistema educativo. Convencida de que todo enfoque tiene su correlato práctico –ya que supone *qué* hacer en educación sexual, *cómo* hacerlo y *quiénes* deben hacerlo (Morgade, 2006: 40)–, la autora distingue diversos modelos en la educación sexual escolar, no siempre apropiados y no siempre explicitados, y a ellos opone un enfoque de género que sería superador de las tradiciones anteriores. Así, entre los "modelos dominantes", Morgade enumera:

1) El *modelo biologista* hace centro en los aspectos anatómicos y fisiológicos de la reproducción humana, temáticas que deben ser abordadas en el marco de las ciencias naturales. Se reduce así la educación sexual a la simple explicación de un proceso biológico sin dar cuenta de cualquier significación emocional o social que podría recibir el cuerpo sexuado.

2) El *modelo biomédico*, en sintonía con el anterior y en el marco de la educación para la salud; propone trabajar el ámbito de la

sexualidad de manera "preventiva" con el objetivo de evitar "flagelos" como el embarazo adolescente o las enfermedades de transmisión sexual. No se contemplan, en este modelo, contenidos vinculados con los efectos deseados/deseables de una vida sexual plena.

3) El *modelo moralizante*, característico de las instituciones educativas confesionales, partiendo de una perspectiva (hetero)normativa, enfatiza sobre factores vinculares y éticos que sustentarían las expresiones de la sexualidad. Su intervención suspende la experiencia de los y las jóvenes para acentuar un "deber ser" considerado "natural". Para este modelo, los espacios curriculares propicios son la formación catequística o la formación ética.

Entre las "vertientes más novedosas", Morgade distingue otros dos modelos:

4) El *modelo sexológico*, si bien aporta una nueva visión en cuanto a la exploración personal o compartida de la propia sexualidad, interpreta que la educación sexual debe enseñar "buenas prácticas" sexuales y prevenir disfunciones o contrarrestar creencias erróneas. Dado el carácter "terapéutico" propuesto por este modelo, la autora considera que no se vincularía estrictamente con una tarea docente, sino con una consejería sobre relaciones sexuales.

5) El *modelo judicial* enfatiza el abordaje de situaciones de acoso, abuso o violación a los que pueden verse sometidos niños, niñas y jóvenes en el ámbito doméstico, escolar o público. Constituye un aporte que debiera ser tenido en cuenta desde el nivel inicial para la detección de los casos antes mencionados, así como también para la formación docente, a los fines de posibilitar un adecuado abordaje y derivación de estas situaciones. Sin embargo, si bien proporciona contenidos imprescindibles, de ser tomado como modelo general, circunscribiría la educación sexual a la prevención de riesgos asociando así la sexualidad a algo exclusivamente amenazante.

Finalmente, la autora propone otro modelo que superaría los déficits de los modelos precedentes:

6) El *enfoque de género* sobre educación sexual se construye "a la luz del análisis histórico y cultural de los modos en que se han construido las expectativas respecto del cuerpo sexuado y los estereotipos y las desigualdades entre lo femenino y lo masculino" (Morgade, 2006: 43). Según la autora, en la situación actual los condicionamientos sociales y culturales limitan nuestra percepción hacia lo "adecuadamente" femenino y lo "adecuadamente" masculino, y a su vez determinan las relaciones jerárquicas, asimétricas y opresivas que presuponen los roles sociales de género. Ante esto propone un nuevo enfoque a partir del cual se valore y subraye la existencia de diversas formas de vivir el propio cuerpo y de construir relaciones afectivas, las cuales deben encuadrarse en el respeto de sí y de los demás. Esta perspectiva supone también, en el marco de la construcción de una cultura de derechos humanos, la inclusión igualitaria de la diversidad.

Este nuevo modelo no desconoce la necesidad de transmitir ciertos conocimientos, "no se trata de eliminar el estudio de las dimensiones biomédicas de la sexualidad y, menos aún, de eliminar las oportunidades de niños/as, jóvenes y adultos/as de cuidar su salud. Sin embargo, se propone su tratamiento en un marco más amplio que repone su sentido social" (Morgade, 2006: 44). Atender a este propósito no estaría estrictamente vinculado con una intervención especializada que resulte ajena a la tarea docente (v.g., consejerías en sexualidad o asistencia legal). Por el contrario, "el gran desafío de la incorporación de cuestiones de sexualidad en la escuela parece ser la posibilidad de *construir situaciones de confianza y respeto por las experiencias de los/as alumnos/as*" (Morgade, 2006 : 44-40; cursivas nuestras).

La perspectiva de género, que toma nuestro equipo de trabajo como piedra fundacional, implica la construcción de un espacio donde se pueda vivir, pensar y celebrar la propia manera de desear, de sentir, de habitar el propio cuerpo y relacionarnos con l*s demás en nuestro cohabitar un mundo que compartimos. Eso supone apostar por una singularidad con otros, por una singularidad situada, como un territorio por construir, por delimitar, por cartografiar cada vez un poco mejor. Y esto, a su vez, supone un reto mayor, que es poner en tela de juicio todas esas situaciones en las que el reconocimiento de ciertas formas de ser (las que se consideran socialmente productivas, respetables, deseables, integradas) implica el desconocimiento, la negación o la eliminación violenta de otras formas de ser (consideradas socialmente improductivas, indeseables, abyectas, inasimilables). Por esta razón las intervenciones del equipo pretenden, a través de las más diversas estrategias, posibilitar un espacio de sensibilización reflexiva respecto de la propia singularidad y la de los demás, en el intento de vivir la experiencia educativa como una desnaturalización de las desigualdades existentes, y a la vez como la invención de un espacio en donde cada quien pueda desplegar, pensándose junto con otros, su "propia" sexualidad.

Contar nuestras experiencias

En un intento de sistematizar la diversidad de las intervenciones que fuimos proponiendo como equipo a lo largo de estos años, podríamos señalar tres ejes: **1) Actividades especificadas según los lineamientos curriculares; 2) Actividades en respuesta a necesidades detectadas o demandas comunicadas por l*s estudiantes; 3) Actividades propuestas por el equipo docente en torno a ciertos temas o problemáticas emergentes.**

En primer término, muchas de las actividades planeadas se han desprendido de los lineamientos curriculares establecidas por el Programa Nacional de Educación Sexual y las actividades propuestas en cuadernillos que brinda el Ministerio de Educación de la Nación. En este marco se han realizado encuentros específicos por cursos sobre algunas temáticas, más allá de lo sugerido para cada área curricular específica. Por ejemplo, se decidió trabajar sobre temas como cambios en la pubertad, menstruación, masturbación, con primer año del Ciclo Básico; se realizaron también talleres sobre el uso de preservativo en segundo año del Ciclo Básico (intervención que comienza con la nota que se manda a las familias pidiendo que l*s estudiantes traigan preservativos para ese taller), entre otras actividades. Estos talleres se realizan de manera sistemática y sostenida todos los años desde el 2009.

Por otro lado se desarrollaron actividades en relación a necesidades detectadas por parte del equipo y/o demandas comunicadas por l*s mism*s estudiantes. En las escuelas ocurre una multiplicidad de situaciones que abren posibilidades –lo que en los cuadernillos del Programa Nacional ESI se denomina como "acontecimientos que irrumpen"–. Lo que acontece puede tomarse o dejarse pasar, puede abordarse desde lo previsto por la institución escolar o puede ser una oportunidad para permitirse reinventar modos de hacer con eso. Lo que una escuela toma de lo que ocurre allí da cuenta de sus posibilidades de manejarse con el imprevisto, el emergente, lo incalculable, la incertidumbre. En este sentido, trabajar con un equipo que mira lo que acontece desde una perspectiva de género acarrea que cualquier situación que aparezca pueda ser leída en esta clave y abordada a partir de esta lectura.

Así, por ejemplo, entre nosotros se abrió la posibilidad de revisar los sentidos en los que descansa la regulación de la vestimenta, la manera en que somos nombrados por nuestra apariencia, lo que se podría decir o no a otro que me interpela desde su imagen y que excede el abordaje previsto por la reglamentación en relación al uso de uniforme. En este punto reconocemos cómo las regulaciones con respecto a la vestimenta en las distintas instituciones de la sociedad prescriben de manera diferenciada "cuánto se puede ver" de un cuerpo de mujer o de varón y nos propusimos trabajar esto junto a l*s jóvenes y al equipo docente, especialmente con los preceptores. Este trabajo consistió especialmente en atender a los modos de comunicar y sostener los acuerdos al respecto establecidos previamente en asamblea de Nivel Medio.

Podemos mencionar otro ejemplo significativo de los episodios que irrumpen en la escuela: En el año 2013 algun*s estudiantes abrieron una cuenta en una red social en la que se publicaban "chismes" sobre docentes y estudiantes. Se podría entender que eso acontece en un "afuera" de la escuela, que no hay nada por decir en relación a eso y que excede los límites de lo abordable desde el quehacer docente. Sin embargo, cabe la posibilidad de tomarlo reconociendo que, al nombrarnos, impacta en el colectivo y hace evidente sus efectos en la alteración del estar de l*s estudiantes en la escuela, ya que estos están constantemente atentos a sus celulares para saber quién sería el próximo en ser expuesto. En este caso se decidió tomar ese emergente en la medida en que l*s estudiantes nos buscaban, individualmente, para decirnos lo que se decía de ell*s, en un intento de ver si nosotros sabríamos cómo manejarlo. Este acontecimiento motivó numerosas reflexiones sobre la virtualidad, la relación entre lo público y lo privado y sus límites difusos en situaciones de este tipo. Tal como desarrollaremos en la próxima sección, el cuidado del otro apareció como reverso necesario de la intimidad de cada quien.

Por último, algunas intervenciones han tenido que ver con temas propuestos por el equipo docente, como una necesidad de interpelar a l*s estudiantes a partir de nuestro sentirnos interpelados por algunas problemáticas sociales puestas de manifiesto por ciertos emergentes. Por ejemplo, cuando decidimos trabajar sobre violencia de género, con el foco puesto especialmente en la violencia hacia las mujeres, recogimos así nuestro profundo atravesamiento y dolor ante los femicidios ocurridos en estos tiempos –especialmente en atención al tratamiento dado por los medios de comunicación a casos como el de Melina Romero y Paola Acosta–. Muchas de las propuestas del equipo surgieron de esta manera, a partir de sentir que hay algo que es necesario repensar y problematizar con l*s estudiantes, ya que es en la escuela donde nos asomamos y tenemos las primeras experiencias en relación al ejercicio de la ciudadanía, la participación, la organización social y política.

Metodología y dinámicas de trabajo

En cuanto a la metodología de trabajo del equipo, podemos mencionar las reuniones periódicas, la conformación de una caja de materiales para docentes, la comunicación a través de un aula virtual para el intercambio de recursos digitales, la preparación de instancias de formación con otr*s docentes y preceptores y la articulación de lo trabajado como equipo con los contenidos curriculares de las asignaturas.

En lo referido a las dinámicas de trabajo con l*s estudiantes, resultó de un valor especial el trabajo con grupos heterogéneos. La mayoría de las dinámicas que hemos elegido para trabajar por fuera de las asignaturas han intentado desarmar la lógica organizativa del abordaje por cursos. Algunas veces hemos decidido trabajar con tod*s l*s estudiantes del Ciclo Básico por un lado y con l*s estudiantes del Ciclo Orientado por otro. Otras veces, hemos propuesto una dinámica de talleres diferenciados, en la que l*s estudiantes se inscribían según su deseo o interés, rompiendo completamente con la organización tradicional escolar. Estas decisiones descansan en la creencia de que el trabajo entre jóvenes de diferentes edades, con diferentes experiencias y sentidos en relación a sus prácticas, siempre potencia aprendizajes más significativos. Hay diferencias que allí se ponen en juego, aparecen y abren la posibilidad de *un hacer con eso*. Estas decisiones del dispositivo son siempre acompañadas y sostenidas por el equipo, atendiendo al clima de trabajo, a la circulación de la palabra, a la escucha atenta, al cuidado y al respeto del otro.

Este año decidimos darle lugar a otra posibilidad: hacer una experiencia de grupos diferenciados de mujeres y de varones. Se trabajó con segundo año, con diferentes dinámicas en relación a estereotipos sobre ser varones y ser mujeres y en relación a los efectos que tienen éstos sobre la experiencia de sí. En principio, dentro del equipo se planteó cierta duda sobre la pertinencia de este recurso. Nos interpelaba la pregunta de si una propuesta así no profundizaría un abordaje binarista, el que permanentemente intentamos evitar y problematizar. Pero no queríamos desconocer el hecho de que a veces resulta más liviano hablar de algunas cosas entre varones o entre mujeres, atendiendo a las experiencias históricas de trabajo que apuntan a propiciar la circulación de la palabra, fortaleciendo la sororidad (hermandad entre mujeres), el trabajo sobre la autoestima/amor propio/filautía, la expresión de situaciones de violencia, entre otros. Por otro lado, y concretamente en relación a grupos de mujeres, nos convocaba la idea de favorecer un horizonte de vínculos solidarios y de cuidado entre ellas; de aceptación, de registro entre mujeres y de invención de modos de estar que cuiden y den lugar a la alegría y la risa como un modo de hacer con lo que ocurre en la vida cotidiana, que cuide del atravesamiento en soledad de lo cotidiano. Apuntalar este tipo de vínculo favorece, desde nuestra perspectiva, una crítica en ruptura con cierta forma de relación que propone un vínculo de competencia y/o de juicio entre mujeres. De esa inquietud despertada por la experiencia de la sororidad, surgió luego un espacio, también fecundo, con el grupo de varones, para reflexionar sobre otras formas posibles de vivir la propia masculinidad.

En un análisis posterior sobre este trabajo en grupos diferenciados, se plantearon nuevamente discusiones dentro del equipo de trabajo que retomaban los riesgos de caer en una mirada binarista y reivindicatoria de la identidad excluyente de cada grupo (varones y mujeres). Entendimos entonces que este tipo de actividades resultaban necesarias si teníamos en cuenta el contexto de las experiencias concretas de l*s alumn*s: esto es, por ejemplo, la naturalización de que las mujeres son competitivas y críticas entre sí y que los hombres deben definir su masculinidad en oposición a la femineidad. Coincidimos, entonces, en que esta propuesta era un primer paso que nos permitía trabajar luego con esas naturalizaciones y estereotipos, pero de ninguna manera esto implicaba que dejáramos de tener en mente que nuestra búsqueda era trascender ese binarismo y proponer espacios en donde los alumn*s pudieran abrirse a la posibilidad de pensar diversas maneras de desear un mundo que amplíe el límite del *nosotr*s.*

Más allá de las dinámicas grupales, una herramienta de enorme utilidad para orientar los temas a trabajar con l*s estudiantes fue el buzón de preguntas anónimas. Este dispositivo permitió hacerse y comunicar todas aquellas preguntas que quizás son explicitadas sólo al grupo de pares, y abrió así la posibilidad de ser tomadas y trabajadas por el equipo docente. De esta manera, se hizo posible brindar información en relación a estas dudas pero, por sobre todo, acoger sin juicios de valor –corriéndonos de las respuestas en relación a la normalidad o no de las inquietudes– aquello que l*s estudiantes sienten, piensan y desean, aquello que hacen y lo que les ocurre, aquello sobre lo que se están preguntando.

A partir de esta dinámica se organizó una primera jornada escolar sobre sexualidad para poner en común las inquietudes anónimas y pensarlas colectivamente (ya que la palabra fue tomada tanto por estudiantes como por docentes), despejando algunas de las dudas a partir de la información disponible o del relato de diversas experiencias y de la reflexión sobre esa diversidad. Llamó particularmente la atención del equipo el diagnóstico de l*s alumn*s en torno a que la suya era una "generación que se está formando en sexualidad con el porno". En esta misma línea, el buzón contenía gran cantidad de preguntas "sexológicas". En la propuesta de pensar colectivamente las preguntas del buzón, nuestra postura como equipo fue la de compartir algunas preguntas que ell*s planteaban a modo de interrogantes, como una estrategia para desmarcarnos de ciertas formas normativas de vivir la sexualidad y de saberes expertos que suelen ser correlativos a esas formas normalizadas. Por otro lado, resultó interesante en esa primera jornada cómo al principio, mientras l*s docentes tomaban la palabra y orientaban la discusión hacia una perspectiva de cuidado de sí y del otro, los alumn*s nos interpelaron, reclamando que ell*s querían hablar de sexo y no de lo que estábamos hablando. El equipo docente acompañó esa propuesta de discutir y compartir las preocupaciones que ell*s planteaban y, finalmente, l*s propi*s alumn*s terminaron preguntando justamente sobre cuidado del otro en el acto sexual.

Luego de esta primera jornada en torno a sexualidad, realizamos otra jornada escolar sobre diversidad –durante la semana correspondiente a la celebración del Día del Respeto a la Diversidad Cultural–. Esta vez, se trabajó con un primer momento de sensibilización-problematización de la diversidad a partir de una "sala de los sentidos" en donde se mostraba a distintos grupos de estudiantes, videos, lecturas, canciones, fotografías, textos e inscripciones que planteaban el problema de la diversidad en general (y, como una arista más de esa diversidad que somos tod*s, la diversidad sexual y de género). Como segunda parte de la jornada, se realizaron talleres de producción artística (fotonovela, murga, clown, taller literario, animación) invitando como coordinadores a padres, madres, familiares, docentes y allegad*s a la escuela. El producto de esos talleres fue expuesto ante la comunidad escolar como cierre de la jornada –esta vez, sin más debate que el que se había dado en los grupos de trabajo en los talleres[1].

Al momento de organizar una tercera jornada escolar sobre violencia de género, especialmente interpelados por las distintas formas de violencia hacia las mujeres, trabajamos a partir de una muestra de imágenes y textos a través de un recorrido que iba desde situaciones cotidianas de violencias más sutiles e invisibilizadas (y por eso naturalizadas) hasta las más extremas y evidentes expresiones de la violencia física. Cerraban la muestra el tratamiento sexista de los femicidios, tal como aparecía en noticias de diarios, comentarios de lectores, fragmentos de conversaciones oídas al azar o leídas en las redes sociales. Hacia la mitad de la muestra, ciertos carteles intentaban poner en relación las violencias sutiles y extremas que en nuestra sociedad sufren las mujeres en tanto que mujeres, y las violencias generalmente sutiles con que los hombres son enseñados a ser hombres. Luego de que cada curso hiciera el recorrido, siguió una instancia de puesta en común y debate sobre lo sentido y pensado a partir de ese confrontarse con la violencia explicitada en imágenes, textos y frases.

Otro aspecto de las dinámicas de trabajo al que le prestamos especial atención es la vinculación y articulación con otros espacios por fuera de nuestra escuela. En ese sentido se propuso, como culminación de la

[1] El concepto de sororidad es trabajado por la intelectual feminista mexicana Marcela Lagarde, quien la define como "la amistad entre quienes han sido creadas por el mundo patriarcal como enemigas". Desde esta perspectiva se apunta fundamentalmente a la creación de espacios donde las mujeres "puedan desplegar nuevas posibilidades de vida", además de denunciar y luchar contra un sistema que las oprime. En este sentido se vuelve central desarticular la "enemistad histórica mujer-mujer" y promover acciones y reflexiones que aporten al reconocimiento personal de las otras que nos rodean (Lagarde 1988).

jornada sobre violencia de género, que l*s estudiantes proyectaran intervenciones fuera del espacio áulico, ya sea en los otros niveles de la escuela o fuera de la misma. También se habilitó una instancia de educación entre pares, en la que alumn*s de otra escuela, quienes (como parte de un proyecto de formación de promotores de salud) dictaron un taller sobre métodos anticonceptivos y enfermedades de transmisión sexual a l*s alumn*s de tercer año.

Pensar nuestras experiencias

Como ya hemos referido anteriormente, una marca distintiva de nuestro equipo es el trabajo horizontal y colectivo, en el que no existen unas voces más expertas que otras, sino voces diversas, atravesadas por variadas experiencias. En ese contexto no sólo hemos planificado y llevado adelante los proyectos que antes relatamos, sino también, con posterioridad a cada jornada y actividad, hemos reflexionado sobre lo acontecido. Es en estas discusiones en donde evaluamos principalmente la metodología que se llevó adelante cada propuesta, pero también qué nos proponemos y hacia dónde queremos dirigir nuestra próxima intervención. De estas discusiones han salido lineamientos vinculados a cómo debemos intervenir como docentes. Discutimos, por ejemplo, sobre la importancia de que nuestras intervenciones en los debates no obturen, sino que habiliten el pensamiento y la expresión individual de l*s alumn*s, fomentando el juicio propio. También definimos que, como docentes, debemos brindar información oportuna, completa y certera siempre que se pueda (principalmente en relación a la salud), pero, a su vez, debemos corrernos del lugar de expertos ya que no somos los portadores de la verdad acerca de cómo vivir la sexualidad. Por el contrario, a partir de nuestras propuestas de trabajo nos fuimos pensado y definiendo como facilitares de experiencias. En ese contexto, la voz del docente se convierte en una voz más, que, aunque es consciente de la asimetría inevitable, puede habilitar a l*s alumn*s un espacio para la expresión, estando atento a la emergencia de esta en sus variadas formas. Mucho hemos discutido sobre el riesgo de "bajar línea" con nuestra intervenciones, clausurando de esta manera la libertad para que lo*s alumn*s compartan y problematicen sus experiencias. Es por eso que nos propusimos evitar aquel lugar de quien enuncia y cuida la idea de que hay una forma correcta de vivir la sexualidad. A la vez, con la misma firmeza, nos propusimos problematizar tanto aquellos discursos normalizadores como aquellas prácticas que sí "bajan línea" y que, al normalizar, violentan a quien no encaja en sus parámetros. Nos propusimos, en definitiva, dar lugar a aquellos discursos que amplían la mirada hacia el derecho a la diversidad.

Del cuidado a la singularidad

Planteado ya nuestro marco teórico inicial y algunas de las experiencias e intervenciones que acontecieron en la implementación de la ESI en Collegium, nos interesa destacar algo que fue ocurriendo a lo largo de dicho proceso: en nuestras discusiones como equipo de trabajo, se produjo un intercambio dialógico que suscitó, en la tensión entre marco conceptual y experiencias vividas, una manera particular de percibir y desarrollar la propuesta que veníamos llevando a cabo.

En primer lugar, nuestra conversación como equipo nos hizo necesario esclarecer un punto de partida: tal como lo venimos delineando en este texto, no proponíamos una moral sexual normativa, sino más bien una *ética del cuidado*. Es decir, en el trabajo conjunto con l*s jóvenes y entre nosotr*s no buscábamos definir y reproducir un determinado conjunto de normas, orientadas a prescribir el modo preciso de vivir la sexualidad, de encarnar el género o de expresar los afectos. En todo caso, pensando a la ESI como un laboratorio crítico de experiencias de diverso origen (la vida familiar, los medios de comunicación, la vida cotidiana escolar, etc.), entendimos que era preciso privilegiar una ética del cuidado que supusiera no el "cuidarse de" algo que resultara peligroso o que implicara riesgo alguno (por caso, la sexualidad), sino más bien un "cuidado con", un vínculo de uno con uno mismo y con los otros. Si se supone con Judith Butler que como seres humanos compartimos una vulnerabilidad común, resultado de nuestra exposición corporal a los otros, y suponemos también que tal condición no es sinónimo de dañabilidad, entonces es posible pensarnos como sujetos que pueden cuidar y que necesitan ser cuidados (Butler, 2010; 2006) –y en tal caso, que la vida sexo-afectiva es un lugar privilegiado en el que tales vínculos de cuidado pueden ocurrir–.

En este sentido, se puede hacer de la ESI un lugar propicio para pensar el modo como queremos ser tratados por otros y el modo como debemos/podemos tratar a los demás. De este manera, sólo nos proponemos elaborar juntos con otr*s docentes y con los jóvenes una ética mínima y conjetural que asegure la cohabitación, que favorezca el propio florecimiento, que diluya miedos y prejuicios a fin de permitir una pluralidad de formas de vida, es decir, un variable repertorio de maneras de vivir la propia corporalidad, la propia identidad y el propio deseo.

Con ocasión del episodio de la página de chismes en la red social que antes mencionáramos, se nos volvió necesario repensar esta *ética del cuidado*. Una evaluación apresurada de lo acontecido podía imponer una *moral del pudor* que volviera a instalar el miedo a los riesgos que supondrían nuestra sexualidad, nuestra afectividad, nuestra exposición corporal. Con "pudor" nos referimos a aquello que señala cualquier diccionario: "Vergüenza de exhibir el propio cuerpo desnudo o de tratar temas relacionados con el sexo" o "Sentimiento que mueve a ocultar o evitar hablar con otras personas sobre ciertos sentimientos, pensamientos o actos que se consideran íntimos". Contra cualquier sentimiento vergonzante respecto del cuerpo o la sexualidad creímos que era preciso plantear los términos de una *ética de la intimidad.* Desafiando cualquier frontera ficticia entre un ámbito pretendidamente privado y otro genuinamente público, nuestra perspectiva de género nos alentó a reapropiarnos de otra ficción que podía resultarnos estimulante: el espacio de lo íntimo. Más allá de las objeciones teóricas que puedan oponerse a tal noción, cierto es que como ficción narrativa parece guardar algunos recursos que permiten pensar el vínculo de cada un* consigo mism*. Es decir, entendimos que resultaba desafiante e interesante favorecer un espacio de contención y diálogo en el que docentes y jóvenes pudiéramos aprender a trazar siempre de nuevo los límites porosos de la propia intimidad. Una intimidad que en sentido estricto no es propia porque siempre supone el vínculo más o menos estrecho con otr*s; una intimidad que está sujeta a cambios, cuyas fronteras se amplían o fortalecen de diverso modo, en distintas circunstancias, pero que parecen contribuir a ese relato acerca de quiénes somos, y que contamos con otros/frente a otros. Con lo cual, hacer uso de una retórica de la intimidad no pretendía proponer una zona de clausura sino más bien el bosquejo de un escenario que uno quiere compartir con otros bajo ciertas condiciones y reglas que tenemos el derecho de proponer(nos).

Proponer un marco de intimidad-con-otr*s, no sólo supuso apartarnos de una gramática inhibidora del riesgo, sino también buscar construir un vocabulario común que decline de diversos modos el vínculo entre placer y afecto. Es decir, entendimos que había que instalar la diversidad no sólo como un contenido curricular sino como una condición inicial para favorecer la edificación de una(s) experiencia(s) sexo-afectiva(s) en la(s) que placer y afecto pudieran tener un lugar "propio", en la(s) que hubiese lugar para el disfrute del cuerpo, para el vínculo responsable con otro(s), para la exploración y el cambio gozoso de sí y para el intercambio amoroso. En otras palabras, así como entendemos que no hay que dejar el significante "vida" en mano de los movimientos Pro-vida que cercenan a las mujeres el derecho al aborto libre, seguro y gratuito, otro tanto hay que hacer con el significate "amor": la ESI puede ser un lugar en el que puedan proponerse y elaborarse muchas formas de "educación para el amor". Contra la hegemonías fáciles que regulan qué y cómo amar, "amor" puede ser tratado como un significante vacío, como un término disponible a sucesivas y gozosas resignificaciones por fuera de las matrices heteronormativas, monogámicas y reproductivas.

En suma, la elaboración, ardua pero fecunda, de una ética del cuidado que se comprenda como cultivo de la intimidad-con-otr*s es una manera de proponer una *ética de la singularidad*. En alguno de sus ensayos, Giorgio Agamben ha entendido que la ética supone la realización de la propia existencia como posibilidad o potencia. Es decir, no conlleva el cumplimiento de algún destino biológico o de ciertas expectativas sociales; en su lugar, la tarea ética a la que deberíamos vernos invitados –y creemos que la aplicación de la ESI puede contribuir a eso– es la de "ser la propia potencia", la de "existir la propia posibilidad" (Agamben, 2006). Sin desconocer las dificultades que supone semejante propósito, un programa tal esboza como prioridad favorecer un escenario dialógico y afectuoso en el que se haga posible (para todos los que formamos la comunidad de Collegium) la tarea ética de vivir la-propia-vida-sexoafectiva-con-otr*s. Sabiendo que singularidad no nos compromete con la postulación de un individuo propietario y soberano sino más bien con la edificación de horizontes que permitan el florecimiento propio-conotr*s, la ESI nos permite completar y contribuir al proyecto educativo de Collegium, es decir a una iniciativa educativa que apuesta a la creatividad, al compromiso cooperativo y a la cultura de los DDHH.

Equipo de Educación Sexual Integral en el Nivel Medio de la Escuela Musical Collegium:

Agustina M. Beltrán Peirotti (Coordinadora del proyecto)
Soledad Ducasse (Psicóloga)
Ernestina Garbino (Profesora de Teatro)
Hernán García Romanutti (Profesor de Filosofía y Ciudadanía y Política)
Ana Dolores González Montbrun (Profesora de Lengua y Literatura)
Cecilia Lazarte (Profesora de Química y Biología)
Eduardo Mattio (Investigador del CIFFyH, UNC)
Paula Sarachú Laje (Profesora de Psicología y Formación para la Vida y el Trabajo)

María Julia Tatián (Directora y Profesora de Ciudadanía y Participación) **Referencias bibliográficas**

Agamben, Giorgio. (2006). La comunidad que viene. Valencia: Pretextos.

Butler, Judith. (2006). Deshacer el género. Barcelona: Paidós.
______________(2010). Marcos de guerra. Las vidas lloradas. Barcelona: Paidós.

Lagarde, Marcela (1988). Enemistad y sororidad: Hacia una nueva cultura feminista. PDF disponible en: http://e-mujeres.net/sites/default/files/Enemistad%20y%20sororidad.pdf

Ley 26.150 (2006). Programa Nacional de Educación Sexual integral. Disponible en: http://portal.educacion.gov.ar/files/2009/12/ley26150.pdf

Morgade, Graciela. (2006). "Educación en la sexualidad desde el enfoque de género. Una antigua deuda de la escuela", en Novedades educativas, n° 184, abril de 2006. pp. 40-44.

Torres, G. (2009). "Normalizar: discurso, legislación y educación sexual", en Íconos. Revista de Ciencias Sociales, nro. 35, septiembre 2009, pp. 3142.

Juventud unida. Una perspectiva etnográfica sobre la ocupación de espacios sociales en Córdoba

*María Cecilia García Sotomayor**

Introducción

En este capítulo presento la experiencia vivida por un grupo de jóvenes, pobladores de un barrio popular de la ciudad de Córdoba en relación a la ocupación de espacios sociales, físicos y simbólicos, configurados en torno a sus trayectorias de vida poniendo el acento en los modos en que los miembros de este grupo generaron y recrearon dichos espacios luego de la muerte de uno de sus integrantes. Desde mi perspectiva las formas de vivir y de ocupar espacios sociales exceden la pertenencia a una clase social y se encuentran, en principio, relacionadas con posiciones sociales construidas por el desarrollo de mecanismos de adaptación a –o en defensa de– las condiciones estructurales y objetivas de vida (Valentine,

* *Licenciada en Trabajo Social por la Facultad de Derecho y Ciencias Sociales, Magister en Antropología por la Facultad de Filosofía y Humanidades, ambas graduaciones de la Universidad Nacional de Córdoba. Se desempeña como investigadora en el Museo de Antropología de la misma casa de estudios. En los últimos años se ha especializado en el estudio etnográfico de la muerte de personas en sectores empobrecidos. Se desempeña laboralmente en la Secretaría de Políticas Sociales, Cooperativas y Mutuales de la Provincia de Córdoba. CE: ceciliagarciasotomayor@hotmail. com*

1970). En esta línea de argumentación la consideración de la clase social es importante para destacar que los pobres "ocupan un determinado estrato socioeconómico en esa sociedad y sus patrones de comportamiento económico, social e ideológico se derivan de una estructura social que ellos son los últimos en controlar" (Lomnitz, 1975). Tales afirmaciones conducen, por una parte, a llamar la atención sobre la interpretación del comportamiento homogéneo y previsible de los pobres y por la otra, a imponer la revisión de determinados conjuntos de prácticas específicas de un sector social cuya complejidad cultural suele ser encasillada bajo el rótulo de "cultura" o "subcultura", tal como fue la construcción del concepto de "cultura de la pobreza" (Lewis, 1970) o el de "cultura de la muerte villera" (Leferink, 2002). Para acceder a la comprensión de estas prácticas es necesario comprender la trama de relaciones que subyace a los procesos de organización social; por eso propongo reflexionar sobre las formas en que los protagonistas, inscriptos en su vasta red de relaciones sociales, preservaron determinados espacios sociales, físicos y simbólicos preexistentes y crearon otros –que describiré etnográficamente–.

Aspectos metodológicos

Mi relación con estos pobladores data de 1996 cuando me desempeñaba laboralmente como trabajadora social en una institución de asesoramiento técnico de Córdoba, tarea que se extendió hasta el año 2003. A partir entonces, comencé a trabajar en el Ministerio de Desarrollo Social de la provincia de Córdoba y a pesar de dejar aquella primera institución, mi relación afectiva y de servicio continuó: los pobladores siguieron consultándome para trámites o por alguna gestión ante el Estado u otros organismos y sobre asuntos vecinales o personales; seguí siendo invitada a eventos especiales (festejos de cumpleaños, bautismos, despedidas de año) y esperada en situaciones adversas como disolución de parejas, enfermedades y fallecimientos.

La información que comparto en este capítulo es parte de mi trabajo de tesis de Maestría en Antropología, para la cual llevé a cabo un trabajo de campo antropológico de tres años (2007 a 2010) durante los que asistí regularmente a sus ámbitos cotidianos, implementé la observación participante y generé entrevistas no directivas, en el marco de un enfoque etnográfico con el cual intento dar cuenta, siguiendo los lineamientos de Gurber (2001), de cómo es el mundo para ellos. Desarrollé estas tareas fundamentalmente en su asentamiento de origen –sobre la ribera del río Suquía, en el nuevo barrio cooperativo, en localidades aledañas, en el centro de la ciudad de Córdoba y en barrio General Paz, entendiendo que el campo no es un espacio geográfico definido por sus límites naturales sino por el investigador en relación a sus interlocutores y a la problemática estudiada. Los nombres propios utilizados en el capítulo son ficticios, con objeto de resguardar la privacidad de los protagonistas.

Camino a La Esperanza, un barrio de la ciudad de Córdoba

Hasta el km 13, Camino a la Esperanza es parte de la ciudad de Córdoba, es decir, parte del segundo centro urbano de la Argentina, ya que cuenta con una población de 1.329.604, según datos publicados por el Instituto Nacional de Estadísticas y Censos (año 2010), y un ejido urbano de 576 km2, lo que lo convierte en el más extenso del país. Se trata de un camino de tierra que nace al finalizar el barrio Pueyrredón, el último del sector este de la ciudad, y se extiende hasta el llamado Puente Angosto, en el sitio conocido como "kilómetro 13". Siguiendo la ruta, el poblado que se encuentra luego es la localidad Villa Corazón de Jesús en el kilómetro 18. Aunque la extensión real del trazado hasta el puente es de 11 km, quienes lo habitan aseguran que son 13 km y definen su propio domicilio como La Esperanza o Camino a La Esperanza acompañado del número del kilómetro donde está construida su vivienda.

Tal como otras zonas de la ciudad de Córdoba, este sector se pobló desde principios del siglo XX con personas oriundas de localidades del interior provincial –Cruz del Eje, San Francisco, Villa de Soto– y de otros barrios de las zonas sur y este de la ciudad –General Paz, Pueyrredón, Yapeyú, San Vicente–, quienes fueron desplazándose por razones económicas, particularmente por la imposibilidad de afrontar el alquiler de una vivienda. Estas tierras les ofrecían un lugar transitorio que con los años se fue transformando en un sitio de radicación definitiva. Las comunidades están conformadas por unidades domésticas (Jelin, 1987) que incluyen hogares formados por parientes y no parientes, con una economía en común y relacionados entre sí por lazos de amistad, confraternidad y/o corresidencia transitoria, de conformación no exclusivamente consanguínea. Dichas unidades levantaron sus viviendas sobre terrenos fiscales a la vera del río Suquía, a ambos lados del camino. Las viviendas de tipo "rancho" fueron construidas con distintos materiales como chapas de zinc, maderas, ladrillos comunes asentados en barro, adobe y paja.

A pesar de pertenecer al ejido urbano de la ciudad de Córdoba esta población no ha contado con las usuales prestaciones de servicios por parte del Estado; salvo la escuela, el club, la estafeta postal, las canteras de extracción de materiales áridos del río y dos o tres viviendas erigidas en terrenos privados a lo largo del camino, los habitantes obtuvieron luz a través de conexiones caseras al tendido eléctrico. También el alumbrado público ha sido inexistente, lo cual genera oscuridad nocturna. Con respecto al servicio del agua, la desprovisión fue suplida por pozos cavados en la tierra en proximidades al río y por aljibes. Las unidades domésticas con mayor poder adquisitivo compraban agua potable y la almacenaban en tanques a nivel del suelo o en cisternas.

El mantenimiento del camino ha quedado a cargo de los dueños de las canteras para asegurarse el tránsito de sus propios camiones en el traslado de materiales, por lo que la traza ha estado siempre en buenas condiciones. No ocurría lo mismo con calles del sector que en temporada de lluvia dificultaban el egreso de algunas viviendas. A ello se agregaban las consecuencias de las detonaciones de las canteras vecinas y la propia acción del río que, con los años, fue socavando las orillas. En época de precipitaciones estos factores aíslan a algunas familias, problema frente al cual los vecinos han ofrecido ayuda para satisfacer necesidades alimentarias, cuidar a los niños o ayudar a reparar las viviendas de los damnificados. La cercanía al río ha derivado también en el padecimiento de enfermedades gastrointestinales, fundamentalmente en los niños, por el consumo del agua no potable; y en algunas muertes por ahogo, tanto en circunstancias de crecida como en momentos de esparcimiento.

Ante tal panorama, en 1992 los vecinos del sector formaron "Vecinos Unidos", una organización bajo la forma legal de cooperativa de vivienda integrada por 70 unidades domésticas residentes a orillas del Camino a La Esperanza desde el km 7 hasta el Puente Angosto. Su objetivo era generar mejores condiciones de vida para los vecinos, fundamentalmente para los niños de la comunidad e hijos de los adultos que integraban la organización. Esta mejora se lograría, en primer término, con la resolución del problema de la vivienda y luego con el acceso a los servicios de agua potable, energía eléctrica y transporte público. Por entonces funcionaba en Córdoba la Mesa de Concertación de Políticas Sociales, un espacio de diálogo y negociación entre el gobierno provincial y una entidad de 2° grado, la Unión de Organizaciones de Base por los Derechos Sociales, que nucleaba organizaciones barriales como Vecinos Unidos para la gestión y obtención de fondos públicos destinados a solventar proyectos de interés comunitario, como la compra de terrenos con destino a la edificación de viviendas, el tendido de redes para la provisión domiciliaria de agua potable y energía eléctrica, y la apertura de calles, entre otros.

Luego de su conformación legal, el primer proyecto de la cooperativa fue la compra de los terrenos para levantar las viviendas. El plan fue gestionado ante el Ministerio de Desarrollo Social de la Provincia de Córdoba, y financiado con fondos estatales. Así, a fines de 1992 los vecinos compraron un predio compuesto por 105 lotes de 1000 m cada uno, escriturados individualmente a nombre de algún miembro del grupo familiar. Es importante destacar que muchos de ellos registraron el lote a nombre de sus hijos –en ese entonces menores de 21 años–, incluyendo a su padre o madre como tutor hasta que cumplieran la mayoría de edad, a modo de previsión por posibles disoluciones de parejas u otros problemas legales y también con el objeto de resguardar la propiedad del inmueble. El nuevo predio estaba ubicado 500 m al norte de la ribera del río, a la altura del km 9 ½ del camino, por la Av. San Cayetano en dirección hacia la ruta 19.

Desde 1994 estas unidades domésticas comenzaron el proceso de construcción de sus viviendas y se mudaron progresivamente. Siguiendo la usanza previa, el nuevo barrio fue llamado Camino a La Esperanza km 9½, por la referencia del km sobre el camino donde está emplazado el loteo. También es llamado Vecinos Unidos, en virtud del nombre de la cooperativa.

Mi relevamiento de población, realizado en 2007, muestra que un loteo habitado por 78 unidades domésticas –integradas por 332 personas: 161 mujeres y 171 varones–, de las cuales ocho unidades domésticas adquirieron sus lotes individualmente, sin intermediación de la cooperativa, con posterioridad a la compra colectiva de terrenos, quedando a esa fecha 27 lotes baldíos. En esta nueva localización se registra mortalidad por diversas causas; así lo muestra una revisión de los 13 decesos ocurridos entre 2000 y 2010 que, según los pobladores, obedecieron a las siguientes causas: tres a suicidios de adolescentes, tres a accidentes (con armas o armas blancas), tres a cardiopatías, dos a la afección de cáncer, una por diabetes y una por ahogo en una cisterna con agua. Estos motivos difieren de los publicados por el Ministerio de Salud de la Provincia de Córdoba para la ciudad capital en 2009, según las cuales las principales causas de estas muertes son taquicardia, neumonía, insuficiencia cardíaca e infartos.

La cooperativa Vecinos Unidos

Tal como expresé, conocí a estos pobladores en 1996 por mi desempeño como trabajadora social de una institución que prestaba servicios en la cooperativa Vecinos Unidos. Este servicio profesional me permitió relacionarme en los espacios de funcionamiento formal de la cooperativa tales como reuniones de Consejo de Administración, reuniones de socios y asambleas. La cooperativa estaba compuesta por setenta personas asociadas a la organización en representación de sus unidades domésticas y con la facultad de tomar decisiones en nombre de Vecinos Unidos. Algunos socios integraban, por elección de la mayoría, los órganos de funcionamiento de la cooperativa: el Consejo de Administración como órgano de representación y ejecución –formado por cinco socios– y la Sindicatura como órgano de fiscalización –formado por un socio. En las reuniones del Consejo se trataban diversos temas: la compra de terrenos para la construcción de viviendas y del salón comunitario, la elaboración y gestión de proyectos para el acceso al agua potable, la energía eléctrica, el transporte público y la apertura y el mantenimiento de calles. Los socios titulares participaban de reuniones generales en las que los miembros del Consejo informaban al resto de los socios el avance de las gestiones, como la obtención de agua potable en el nuevo loteo. Por estas cuestiones y por la presentación de un proyecto luego de sucesivos años de gestión ante el Estado provincial, la cooperativa obtuvo el financiamiento del Ministerio de Desarrollo Social de la provincia de Córdoba para la realización de una perforación de 100 m hasta una napa de agua potable en el lote de la sede cooperativa. A raíz de este proyecto, los miembros del Consejo se relacionaron con otros órganos del Estado provincial como la Dirección Provincial de Agua y Saneamiento –DIPAS– para las aprobaciones formales correspondientes y con instituciones privadas para la contratación de estudios de potabilidad del agua extraída de aquella perforación. En numerosas oportunidades el proyecto requirió la opinión y el apoyo de los socios para ejercer presión ante el Estado por demoras en la aprobación de la obra de perforación, en los análisis del agua o en el financiamiento de los gastos, lo cual se manifestaba en la presencia masiva en reuniones con los funcionarios provinciales o en la realización de cortes de la calle frente a DIPAS en la ciudad de Córdoba o de la ruta provincial n°19, que permite el acceso por la zona este de la ciudad.

Tanto las asambleas de Consejo como las de socios se realizaban en el salón comunitario, la sede de la cooperativa, construida en un lote de 2000 m2, en el sector central del loteo previsto por los socios con ayuda de familiares y allegados. Durante las gestiones por la compra de los terrenos se realizaron numerosas reuniones en las que el Consejo compartía información con el resto sobre las alternativas de terrenos a comprar, los precios y el estado de las tratativas por el financiamiento. A través del mecanismo del voto se tomaban las principales decisiones; así fue como por unanimidad eligieron el terreno actual donde se encuentra su sede central. A fin de formar parte de la cooperativa, cada grupo familiar a través de alguno de sus miembros –mayor de 18 años de edad– debía incluirse como "socio titular", condición que otorga al grupo familiar derechos sobre la vivienda adquirida por la gestión cooperativa.

Juventud Unida

En 1998, a instancias de los adultos de la cooperativa, principalmente los consejeros, y con el apoyo técnico de la organización de asesoramiento, un grupo de adolescentes hijos de socios intentó generar en el barrio un espacio propio de reunión al que decidieron llamar "La Juventud Unida". La palabra "juventud" fue tomada del lenguaje adulto, ya que no estaba en discusión si ellos eran jóvenes o adolescentes. Esta palabra respondía a la consigna de los adultos que proponía el armado de "un grupo de jóvenes" y así fue aceptado. La palabra "unida" hacía referencia por un lado, a la propuesta de estar juntos y unidos, pero también a la continuidad de la cooperativa, siempre con la premisa de que solo estar juntos les permitiría resolver determinadas situaciones. Decir "Juventud Unida" era dar expresión a una nueva generación con respecto a los fundadores de "Vecinos Unidos".

Definido el nombre, pasaron a establecer su primer proyecto: la construcción de un playón deportivo en el lote de la cooperativa, donde ya estaba levantado el salón comunitario. Para ello, los materiales habían sido financiados por medio de un proyecto y los chicos y sus padres aportarían la mano de obra. Con el patrón de funcionamiento de los adultos en la cooperativa, los miembros Juventud Unida componían un listado con los temas que tratarían en cada encuentro, se turnaban para hablar y votaban cuando no había acuerdo. Los asuntos tratados en una primera instancia fueron la definición del nombre del grupo, la organización de las actividades del playón deportivo, el festejo del Día del Niño, del Estudiante y de la Primavera. Los temas sin agenda se referían a las situaciones conflictivas vividas en sus hogares, en sus noviazgos o en la escuela; situaciones que solían motivar también encuentros extraordinarios, ya que frente a algún problema personal se reunían en el salón comunitario. A fin de expresar su presencia en el salón comunitario hicieron un mural con su nombre "Juventud Unida", acompañado por un dibujo de manos tomadas formando una ronda.

"El accidente"

El 29 de julio de 2000 Tomás (integrante del grupo de jóvenes e hijo de la tesorera de la cooperativa), de 15 años, protagonizó un accidente con un arma de fuego. Según el relato vecinal de 2007, él volvía de juntar leña por encargo de un vecino, junto a Luis, su hermano mayor –en ese momento de 17 años– y Eduardo, un amigo –de 19–. Caminando de regreso, Eduardo sacó un arma para hacer alarde. Un inexplicable juego de manos los envolvió; Tomás se asustó y en un momento fatal, a sólo una cuadra de su casa, se escapó un tiro que lo hirió en la zona abdominal. Tomás cayó derrumbado en la calle.

Angélica, su madre, contaba (también en 2007) que ella estaba durmiendo la siesta cuando escuchó el disparo pero que no imaginó que se trataba de su hijo. Alguien gritó ¡Es Tomás! y salió corriendo. Rápidamente ella, Omar (padre de Tomás) y Luis partieron hacia el Hospital de Urgencias, al que Tomás llegó con vida. Angélica cuenta que Luis estaba "shockeado", que en el momento dijo que una bala perdida había encontrado el cuerpo de su hermano, que venían caminando los tres y que, de repente, escucharon el disparo y el cuerpo de Tomás quedó en el suelo. Omar, su esposo, aseguraba que el disparo provino de la conducta irresponsable de algún cazador furtivo.

En la historia clínica del Hospital de Urgencias quedó registrado a las 16:25 hs del sábado 29 de julio, el "ingreso en estado de gravedad de un paciente con herida abdominal por un accidente casual". A las 17:30 se inició la intervención quirúrgica que terminó a las 21:30 y a las 22:00 el paciente sufrió un "paro cardiorrespiratorio, intentos de reanimación, no responde". A las 22:15 "Fallece. Pase a morgue judicial". Recién al día siguiente sus familiares pudieron recibirlo para el velorio.

Angélica dice no recordar casi nada de lo sucedido en el hospital y de lo que hizo en ese momento, sabe que su hijo estaba muy grave, que lo operaron durante un tiempo que se le hizo eterno, que era la noche cuando le dijeron que había muerto, que lloró con desesperación y que creyó morir. Este episodio marcó el comienzo de una etapa de especial significación para esta comunidad, no sólo por requerir un arduo proceso de reorganización social en la unidad doméstica y en la comunidad local, sino también por la particularidad que adoptaron las relaciones sociales en diferentes espacios en los que Tomás desarrollaba su vida cotidiana.

Tras el accidente el grupo de jóvenes quedó como paralizado. Sólo estaban juntos abrazados, llorando, acompañándose. Cuando ocurrió el hecho, el grupo estaba recaudando dinero para organizar el Día del Niño en el barrio. La noticia de Tomás, publicada en La Voz del Interior, tuvo eco en un grupo de alumnos de un colegio secundario de Alta Córdoba que se acercó a Juventud Unida para ofrecer su colaboración en la jornada en forma de donación de juguetes, leche, chocolate, azúcar y facturas, y la presencia de algunos de ellos en el festejo. A partir de esa experiencia y durante varios años, alumnos de aquella escuela se acercaron cada año para colaborar con el grupo.

La gruta

Al mes de sucedido lo de Tomás, los miembros de Juventud Unida levantaron en su nombre y con ayuda de algunos adultos, una pequeña construcción que denominaron gruta, ubicada en el lugar del accidente. La gruta de Tomás, como veremos, adquirió un sentido particular. Como la mayoría de su género, tenía un sentido conmemorativo y fue construida en nombre de Tomás; sin embargo, al cabo de unos días los chicos comenzaron a sentir la presencia de Tomás en ella, lo cual parecía reforzar la unión dentro del grupo, por lo que la adoptaron como lugar de encuentro, reemplazando transitoriamente a la sede cooperativa. A fines del 2000, el juicio iniciado para encontrar al responsable de la muerte de Tomás, no concluía y el grupo decidió emprender acciones para "presionar al juez"; estamparon remeras con una foto de Tomás que fueron adoptadas como emblema de Juventud Unida, de manera que el rostro de Tomás estaba presente en toda actividad grupal y en todos sus espacios: reuniones, campeonatos de fútbol, bailes y actividades solidarias como el festejo del Día del Niño. Los chicos decían que así Tomás se mantenía vivo y presente. Luciendo las remeras, el grupo hizo marchas para pedir públicamente el esclarecimiento de su muerte. Las caminatas comenzaban en la gruta, atravesaban el barrio y daban un recorrido de poco más de 10 cuadras por el entorno, tomaban por la Avenida San Cayetano hasta el barrio contiguo y conocido como Cooperativa Santa Rita y regresaban a la gruta, siempre vestidos con las emblemáticas remeras con la cara de Tomás.

Con esa indumentaria como forma de asentar presencia, decidieron volver al espacio original de la sede cooperativa y reservaron la gruta para ocasiones especiales como el Día del Amigo o el aniversario del accidente. Dejarle algún objeto a Tomás se convirtió, con el tiempo, en una práctica habitual de los chicos: una entrada al baile, la calcomanía de un cuadro de fútbol, una foto de la novia o del novio, la libreta de la escuela, alguna carta. En consecuencia, la gruta, custodiada o habitada por las fotos de Tomás, se fue convirtiendo en un cofre de reliquias de los miembros de la Juventud Unida.

Jóvenes, reciprocidad y prácticas cooperativas

Planteaba en la introducción la necesidad de revisión de determinados conjuntos de prácticas específicas, en este caso de jóvenes, que son usualmente consideradas sólo por la búsqueda de relación entre datos empíricos y las formas ya estandarizadas de interpretarlas. Sin embargo, el análisis de los hechos que he presentado requiere una actitud epistemológica de apertura que no descarte estos datos por irracionales o intangibles y provoque, en cambio, una disposición a la comprensión de sus significados.

Es importante destacar en primer término que la "realidad social" es un conjunto de relaciones invisibles, como lo afirma expresamente Bourdieu (1996) y esas relaciones generan vínculos, espacios sociales, determinan posiciones y relaciones entre estas posiciones, que son construcciones de naturaleza intangible que muestran también otra cara al materializarse en una gruta o en un rostro estampado en una remera y hacerse de este modo evidentes en espacios y ámbitos de la vida cotidiana. El esfuerzo de los investigadores radica justamente en advertir que lo visible, lo inmediatamente dado, no esconda lo invisible que lo determina, tal como sucede con las relaciones sociales que subyacen a esa materialidad. Por eso es que expresé anteriormente que para aproximarnos a la comprensión de los modos en los que este grupo de jóvenes creó y recreó los espacios sociales descriptos es necesario acceder a la trama de relaciones sociales que subyace a sus procesos de organización social.

La población de Camino a La Esperanza está organizada en 78 unidades domésticas que ellos llaman "familias", basadas en relaciones de parentesco consanguíneo y de formación de nuevas familias. Más allá de ello existen otras formas de relación que generan parentesco por la cual las personas se consideran familiares a partir de la consustancialidad, como se explica en Holy (1996). Estas relaciones trascienden el "parentesco natural", que se reduciría exclusivamente a las ya mencionadas relaciones consanguíneas o de formación de parejas.

En 1992, sobre la existencia de estas trayectorias previas surgió la cooperativa que si bien representó una nueva forma de organización social, las recreó y les dio continuidad, representando un espacio basado en la concepción de compartir recursos entre personas en condiciones sociales y económicas similares, intentando así sobreponerse a circunstancias que los impactarían significativamente si actuaran aisladamente, como se explica en Lomnitz (1975).

En distintos niveles la participación en la cooperativa les permitió a sus participantes continuar compartiendo vivencias, desarrollar perspectivas y generar diversos beneficios formando también, en algunos casos, nuevas relaciones de parentesco siguiendo lo planteado por Ladislav Holy.

Esto se evidencia claramente en el vínculo construido por los adolescentes de la Juventud Unida, en cuyas unidades domésticas de origen la cooperativa representó un ámbito cotidiano de especial significación. Sus actividades en el grupo y el modo de vivirlas dan cuenta del impacto generado por los aprendizajes cooperativos a lo largo de sus trayectorias de vida, la mudanza a sus actuales viviendas, la apropiación de espacios sociales y barriales, etc. Este modo de funcionamiento cooperativo les implicó abandonar sus precarias viviendas a orillas del río, tener acceso a agua potable, energía eléctrica y otros servicios como la posta sanitaria, una línea de transporte de pasajeros, como así también gestionar beneficios colectivamente, relacionarse con otros, etc.

La cooperativa como espacio social institucionalizado con personería jurídica y controlado por el Estado, también es "una red de intercambio entre parientes y vecinos", como se explica en Lomnitz (1975); ya que al ser un espacio social implica la construcción de posiciones que permiten entre otras cosas, la circulación, interacción y obtención de distintos tipos de capital.

Tal es el caso de la ocupación de cargos en el Consejo de Administración, ámbito de deliberación y definición sobre temas de interés colectivo. En todos los casos la ocupación de estos cargos había sido definida en asamblea, por el mecanismo del voto de los vecinos en su carácter de socios. De tal manera, las consejeras habían recibido el voto del resto, como la expresión de la confianza de los demás depositada en ellas.

La confianza como "la variable que nos permite predecir predisposición al intercambio", como lo afirma expresamente Lomnitz

(1975, pp. 209), es un rasgo cultural que en cada situación debe describirse etnográficamente y permite medir la capacidad y voluntad de al menos dos contrayentes para intercambiar favores. Vista en una red social más amplia, la confianza es fundamental para que exista un alto nivel de intercambio. Que exista confianza depende de diversos factores tanto objetivos como subjetivos que permiten el desarrollo de valores comunes y la confianza como sustento de la relación: la proximidad social, la cercanía física y socioeconómica, el conocimiento mutuo, etc.

En el análisis que nos ocupa quisiera poner el acento en la construcción de confianza en relación al conocimiento mutuo por la existencia de valores compartidos. Con respecto a esto y al interior de la cooperativa, es importante reconocer que la relación de intercambio recíproco establecida entre los socios y las consejeras, incluye "la obligación y el interés económico que subyace a la relación aparentemente libre y gratuita establecida en la relación de intercambio", como lo afirma expresamente Mauss (1991, pp.157). En ella, los vecinos "daban" el voto y esperaban que las consejeras defiendan sus intereses, en particular los relacionados con los objetivos y el sentido de la cooperativa.

Tomás por su parte, formaba parte de esta red de relaciones familiares y de vecindad. En la comunidad local era conocido y reconocido, en primer término, como hijo de Angélica, valorada por su participación en la gestión cooperativa. Su madre participaba de las relaciones sociales sosteniendo su lugar en la reciprocidad, cumpliendo con el encargo que como consejera le habían encomendado los vecinos, mostrándose dispuesta e involucrándose en lo que estaba a su alcance. Esto la transformaba en "alguien confiable", a quien los vecinos entregaban el escaso recurso del dinero. Lo que mantenía "unidos" a los socios de la cooperativa era, entonces, la confianza entre personas igualmente necesitadas. Por eso, al ser hijo de Angélica, el prestigio de ella se extendía a él y lo convertía, también, en "alguien confiable". Él ingresaba en estas relaciones de reciprocidad cumpliendo los encargos, siendo además tan sociable y comunicativo como su madre.

La construcción de esta posición social es el marco de referencia desde el cual es posible comprender cómo se vivió la muerte de Tomás en el grupo de jóvenes y especialmente, como se crearon y recrearon los espacios sociales descriptos.

En el barrio, la construcción de la gruta representó la creación de un ámbito abierto y accesible que posibilitó dar continuidad al temperamento sociable y comunicativo que siempre lo caracterizó y con el cual participaba en las relaciones de intercambio. Quienes formaban parte de estas relaciones podían encontrarlo y hablar con él en la gruta, en particular sus pares, los chicos del grupo de jóvenes que de este modo construyeron la posibilidad de continuar compartiendo con él las vivencias propias de su adolescencia: sus primeras salidas, las primeras experiencias de pareja y de relación con el mundo adulto, la nueva generación de Vecinos Unidos, actividades como el festejo del Día del Niño, etc.

Afirma expresamente Turner (1997, pp.105-106) que "en cuanto miembros de una sociedad, la mayor parte de nosotros vemos sólo lo que esperamos ver, y lo que esperamos ver no es otra cosa que aquello para lo que estamos condicionados, una vez que hemos aprendido las definiciones y clasificaciones de nuestra cultura". Los chicos del grupo de jóvenes esperaban ver la continuidad de las relaciones recíprocas que integraban y de las que se nutría su capital social, y que Tomás habitaba; por eso es que luego del accidente Tomás era visible para ellos y la generación de estos nuevos espacios les garantizaba ubicarlo en un lugar que les permitía continuar funcionando como grupo, con él adentro.

Tomás no estaba vivo, pero tampoco estaba muerto. Su desaparición física fue suplida por estos nuevos espacios –la gruta, la remera estampada con su rostro– presentes en sus ámbitos cotidianos de interacción que les garantizaba la continuidad en la relación de reciprocidad. Efectivamente luego del accidente él continuó participando de ellas ya que aportaba unidad al grupo, un espacio de encuentro y reunión de amigos y de esta manera continuaba existiendo en esta red de relaciones vecinales.

El final de esta existencia social post mortem tuvo lugar cuando el grupo de jóvenes también llegó al fin de su ciclo vital, debido a que sus integrantes ingresaron a la adultez, ya sea laboral o por la fundación de sus propios grupos familiares. En este nuevo estado los espacios de encuentro se hicieron menos frecuentes hasta convertirse en ocasionales y esporádicos y ya no fue posible mantener ese espacio de comunicación con Tomás.

La Cooperativa como organización social regulado por el Estado puede institucionalizar, y por lo tanto reforzar relaciones sociales recíprocas enmarcando a los grupos familiares en la normativa jurídica de las organizaciones, creando e instaurando categorías propias del Estado en la organización social local: grupos familiares beneficiarios, modelos de conducción del Consejo de Administración, Asambleas como mecanismo de debate, y luego como producto de estas trayectorias la creación y funcionamiento de la Juventud Unida, con lógicas y mecanismos de funcionamiento análogos.

Sin embargo, lo central en este desarrollo organizativo es que las organizaciones sociales que aquí presenté se construyeron, además, sobre un valor que es parte de la supervivencia de los pobres: la reciprocidad. Montarse sobre esa reciprocidad como valor central en las relaciones sociales le permitió a Vecinos Unidos y a la Juventud Unida ser empresas exitosas, cumpliendo los objetivos que motivaron su fundación, consolidando estructuras de funcionamiento dirigidas a la igualdad y al desarrollo de prácticas democráticas y es en ese contexto que Tomás pudo continuar su existencia social luego del accidente. De tal manera, la cooperativa instituía la reciprocidad y la extendía a los jóvenes, en cuya formación organizativa se hace visible el intento de dar continuidad a Vecinos Unidos con la Juventud Unida.

En este esquema organizativo Tomás siguió acompañado por sus relaciones sociales y participando en ellas hasta que todo el proceso de cambio de status (de joven adolescente a adulto) se completó en él mismo y en sus congéneres.

Referencias bibliográficas

Lomnitz, L. (1975). Cómo sobreviven los marginados. México: Siglo Veintiuno.

Bourdieu, P. (1996). Cosas dichas. España: Gedisa.

Guber, R. (2001). La Etnografía. Método, campo y reflexividad. Bogotá: Grupo Editorial Norma.

Hermitte, E. y Herran C. (1970). ¿Patronazgo o cooperativismo? Obstáculos a la modificación del sistema de interacción social en una comunidad del noroeste argentino. En: Revista Latinoamericana de Sociología, Vol. 6, N° 2: 293 – 327.

Holy, L. (1996). Anthropological perspectives on kinship. Londres: Pluto Press.

Jelin, E. (1987). Familia y unidad doméstica: mundo público y vida privada. Buenos Aires: CEDES.

Leferink, S. (2002). Los pobres no pueden morir. La cultura de la muerte y marginalización en Argentina. Holanda: Thela Latin America Series.

Lewis, O. (1970). Una muerte en la familia Sánchez. México: Joaquín Mortiz.

Mauss, M. (1991). Sociología y antropología. Madrid: Tecnos.

Skarveit, H. (2009). Ángeles populares. La formación social y espiritual de Gilda y Rodrigo. Buenos Aires: Antropofagia.

Turner, V. (1997). La selva de los símbolos. Aspectos del ritual ndembu. España: Siglo Veintiuno.

Valentine, C. (1970) La cultura de la pobreza. Crítica y contrapropuestas.
Buenos Aires: Amorrortu Editores.

Hábitat informal y estrategias populares de acceso al suelo urbano. Una mirada desde el enfoque de derechos

*Marco Antonio Galán**

Introducción

En el presente trabajo partimos del reconocimiento de los jóvenes como actores sociales protagónicos en las estrategias de acceso al suelo con destino a vivienda, ya sea porque forman parte de las familias que sufren la falta de vivienda propia y el hacinamiento, o porque conforman nuevos hogares a más temprana edad. En tal sentido y como lo afirma Carolina Tkachuk (2004) es necesario identificar a los jóvenes como actores urbanos y analizar la relación que establecen con su territorio, en función del hábitat específico en la ciudad que se genera desde los propios actores y que a la vez se configura sobre un conjunto de características inherentes a ellos, tales como la relación entre la reproducción

** Lic. en Trabajo Social, Mgter. en Administración Pública y Doctorando en Administración y Políticas Publicas por la Universidad Nacional de Córdoba. Docente por concurso en la Escuela Trabajo Social, Universidad Nacional de Córdoba. Investigador para la Secretaría de Ciencia y Técnica. Docente de posgrado en la carrera de Especialización en Abordaje Integral en Ámbito Comunitario. Cofundador de la Mutual Carlos Mugica (1987) y de la Radio Comunitaria la Ranchada (1989). Actualmente Director de la Radio Comunitaria La Ranchada, donde coordina programas de capacitación en comunicación popular destinados a jóvenes que realizan pasantías y prácticas en corresponsalías populares, programas de economía solidaria y asesora a organizaciones en hábitat social. CE:*
marcogalan1539@yahoo.com.ar

socioeconómica, el espacio y las distintas formas de asentamientos en relación con el suelo y la vivienda. Siguiendo a Tkachuk, esto da lugar a la generación de identidades que guardan una estrecha vinculación con el espacio que se habita, lo que nos permite entender al territorio como un espacio trascendental que representa la identidad de sus actores y que supone una condición de reproducción de grupos específicos, ya que la autoidentificación de los individuos está relacionada con el lugar que ocupan.

El contexto socio-histórico

Desde mi perspectiva –histórica y crítica–, el contexto dista de ser un telón de fondo en una escena en la que no desempeña protagonismo alguno; por el contrario, es constitutivo de los procesos que se analizan, al intervenir activamente en la construcción de los sujetos que interactúan en el desarrollo de nuestra sociedad y la construcción de la Nación. Argentina, al igual que el resto de los países latinoamericanos, se encuentra en la categoría de estados "subdesarrollados" o del "Tercer Mundo", que han atravesado a lo largo de su historia luchas por liberarse de la dependencia de los países centrales, primero de España, con la luchas por la independencia nacional a partir de 1810, y posteriormente de Inglaterra y Estados Unidos, países imperialistas que obstruyeron el desarrollo autónomo de un proyecto nacional integrado al resto de América Latina.

En este modelo capitalista dependiente, como lo afirma expresamente Cárdenas (2002: 125) "se fue produciendo una adaptación de nuestras estructuras sociales a las sucesivas dominaciones y un desarrollo desigual y desequilibrado dependiente de la sociedad industrial en su etapa más adelantada". En tal sentido la última gran adaptación al orden internacional imperial se produce desde la dictadura militar de 1976, continuada por los gobiernos democráticos desde 1983 hasta el año 2003, mediante las transformaciones del papel del Estado y la estructura socioeconómica que se enmarcaron en las prescripciones del "Consenso de Washington", caracterizado por Cordera (2000: 26-27) como:

"I) la disminuida autonomía de las políticas nacionales, por la complejidad e internacionalización de las relaciones entre políticas, mercados y agentes; II) la mayor dependencia de las condiciones de gobernabilidad, de lo que ocurre en otros estados; III) la inestabilidad interna producto de la aplicación del modelo propiciado por el Consenso de Washington; IV) la apertura de las economías nacionales vía liberalización, privatizaciones y desregulación, lo cual acentúa la vulnerabilidad interna; V) los mecanismos de cohesión política y social afectados, en los que se da simultáneamente un demanda ciudadana de autonomía y una apelación a la intervención del Estado como proveedor de bienes públicos, compensación y seguridad social".

Entre otros impactos las políticas sociales limitaron su accionar según las disposiciones de organismos multilaterales de crédito tales como el Banco Mundial, el BID, el FMI produciendo una reducción de recursos gubernamentales asignados a combatir la pobreza, la focalización de la población destinataria, la descentralización, la desconcentración operativa de los organismos estatales responsables de la acción social y la tercerización de algunas funciones estatales. De esta forma, el modelo neoliberal provocó el paso del modelo de Estado de Bienestar sostenido en políticas universales y una concepción de ciudadanía ampliada, a diferentes modelos de ciudadanía según el lugar de los agentes en las relaciones de producción. Como lo expresa Svampa (2005), se consolidó el modelo de ciudadanía patrimonialista que se expande dentro de las clases altas, medias altas y medias en ascenso, producto del proceso de mercantilización de los bienes básicos (educación, salud, seguridad, etc.). El segundo modelo denominado "ciudadano consumidor" se manifiesta dentro de un nuevo paradigma donde el individuo es definido como consumidor-usuario de bienes y servicios que provee el mercado, que se fortalecerá con la privatización de las empresas públicas de servicios. Por último, asistimos al modelo asistencial-participativo que se plasma en políticas sociales focalizadas, participación en redes comunitarias y fuerte presencia del Estado como herramienta de control social, generando un modelo de ciudadanía restringida. Entre los impactos del modelo neoliberal, según Gabriel Fernández (2003), podemos ver el causado sobre los jóvenes argentinos que enfrentaron un número creciente de problemas derivados de las condiciones impuestas por un régimen de regulación social que alteró la calidad de vida de la población. Si bien estos problemas se manifestaron en la totalidad de los ámbitos que componen la vida social, uno en particular fue perjudicado ostensiblemente: la satisfacción de las necesidades de vivienda. Los jóvenes con dificultades de inserción en el mercado laboral y afectados por requerimientos de cualificación que subestiman los saberes adquiridos en los niveles medios y superiores de la educación formal, se encontraron en condiciones desventajosas para acceder a su primera vivienda. Estas políticas comienzan a tener un proceso de reversión con el gobierno nacional de Néstor Kirchner (mayo de 2003), durante el cual se inició un proceso tendiente a suplantar, en algunas de sus características, el proyecto neoliberal instaurado desde 1976. En tal sentido, se puede resaltar la política de derechos humanos, la recuperación del rol del Estado en los procesos de regulación de la economía, la reestatización de empresas cuasi-quebradas por los grupos económicos (como el caso del Correo Argentino, Aerolíneas Argentinas y demás), la estatización de los fondos de las AFJP con la consiguiente universalización de la seguridad social, la asignación universal por hijo, la política de integración regional –MERCOSUR y UNASUR–, entre otras acciones que marcan el inicio de una estrategia con políticas autónomas en pos de la integración latinoamericanas, con distribución del ingreso en términos más inclusivos en el marco de un importante proceso de crecimiento económico.

Las políticas de hábitat social desde la perspectiva de los derechos humanos

En el campo del hábitat, las demandas de las mayorías populares se han expresado históricamente en términos de acceso a la tierra y la vivienda, luchas que han marcado significativamente la identidad y la historia de los movimientos sociales, y que han pugnado por el reconocimiento de estas necesidades como derechos humanos fundamentales. A nivel internacional y nacional, estos procesos se vieron plasmados a partir de 1948 en la Declaración Universal de los Derechos del Hombre en su artículo N° 25: "Todo hombre tiene derecho a un patrón de vida capaz de asegurar para sí y para su familia salud y bienestar, inclusive alimentación, vestimenta, vivienda, cuidados médicos y servicios sociales indispensables". En esta perspectiva se ubica la vivienda conjuntamente con otros derechos humanos que permiten visualizar una concepción del hábitat integral, donde se incluyen el acceso a la salud y a la alimentación, entre otros. En tal contexto internacional, las Naciones Unidas realizaron la primera Conferencia de Hábitat –Vancouver, 1976– sobre los Asentamientos Humanos (Hábitat). Posteriormente se llevó a cabo la II Conferencia de Naciones Unidas sobre los Asentamientos Humanos (Hábitat II) –Estambul 1996– donde se aprobó un Plan de Acción Mundial, el Programa de Hábitat, y una Declaración que recogió las directrices para la creación de asentamientos humanos sostenibles durante el siglo XXI teniendo en cuenta su relación con el medio ambiente, los derechos humanos, el desarrollo social, los derechos de la mujer, la población y otros temas. En dicha conferencia los representantes de 171 gobiernos acordaron un conjunto de cláusulas destinadas a alcanzar el acceso de la vivienda a toda la población en el marco de un desarrollo humano sustentable; a tal fin, los gobiernos se comprometieron a formular planes dotados de los recursos financieros que les permitan alcanzar en el año 2020 las metas propuestas.

Entre los foros y eventos internacionales que han aportado a instituir una perspectiva de derechos, es necesario tener en cuenta la Declaración del Milenio que fue aprobada por la ONU. Esta declaración establece pautas y valores que deberán regir las relaciones de los países y el desarrollo humano en el siglo XXl.

Entre los documentos que se promovieron se encuentra "La Carta por el Derecho a la Ciudad", que en su Preámbulo afirma, entre otros aspectos, que

> "El Derecho a la Ciudad amplía el tradicional enfoque sobre la mejora de la calidad de vida de las personas centrado en la vivienda y el barrio hasta

abarcar la calidad de vida a escala de ciudad y su entorno rural, como un mecanismo de protección de la población que vive en ciudades o regiones en acelerado proceso de urbanización. Esto implica enfatizar una nueva manera de promoción, respeto, defensa y realización de los derechos civiles, políticos, económicos, sociales, culturales y ambientales garantizados en los instrumentos regionales e internacionales de derechos humanos".

Según lo expuesto, el siglo XX se caracterizó por llevar al plano de los pactos internacionales y de las constituciones nacionales y provinciales, un conjunto de derechos humanos que se expresan en los derechos económicos, sociales y culturales, instalando así un constitucionalismo de carácter social que en Argentina alcanzó su mayor desarrollo con la Constitución Nacional sancionada en 1949, derogada a partir del golpe militar del año 1955 por la llamada Revolución Libertadora. A pesar de su proyecto antipopular, "la Libertadora" tuvo que reconocer un conjunto de derechos sociales que quedaron reflejados en el artículo 14 bis de la Constitución Nacional de 1958, que garantiza el acceso a la vivienda digna. En la reforma Constitucional del año 1994 se incorporaron una serie de pactos internacionales que ampliarán la perspectiva integral de los derechos humanos que el Estado Argentino se compromete a sostener y promover. En el caso de la Constitución de la Provincia de Córdoba, a partir de la reforma de 1985 se establece en la declaración de derechos, los vinculados a la familia, explicitando en su artículo 34 que reconoce el derecho al bien de familia; en cuanto al derecho al acceso a la vivienda, este queda garantizado en el artículo N° 58 que fija la responsabilidad del estado provincial como garante del mismo, mediante la fijación de políticas que van desde la regulación del uso del suelo con fines sociales y no especulativos hasta el financiamiento de políticas de vivienda a sectores sin recursos para acceder al mercado.

Si bien es necesario identificar un avance en el reconocimiento del derecho al hábitat digno como parte de los derechos humanos, también es necesario decir que este avance no se ha plasmado en legislaciones y

políticas públicas que garanticen a las mayorías populares, la satisfacción de sus necesidades de vivienda, servicios, titulación, trabajo y asistencia social. Muy por el contrario, las políticas públicas de desarrollo urbano y vivienda han generado en las últimas décadas nuevas formas de privatización de la ciudad y de segregación urbana y social que incrementan la exclusión y la brecha entre los diferentes sectores. Esta situación es reafirmada en el Preámbulo de La Carta por el Derecho a la
Ciudad que sostiene que

> "los modelos de desarrollo implementados en la mayoría de los países empobrecidos se caracterizan por establecer niveles de concentración de renta y de poder que generan pobreza y exclusión, contribuyen a la depredación del ambiente y aceleran los procesos migratorios y de urbanización, la segregación social y espacial y la privatización de los bienes comunes y del espacio público. Estos procesos favorecen la proliferación de grandes áreas urbanas en condiciones de pobreza, precariedad y vulnerabilidad (...) Las ciudades están lejos de ofrecer condiciones y oportunidades equitativas a sus habitantes".

Los avances en el derecho internacional y en las legislaciones nacionales y provinciales, son un referente y un punto de partida para fundar y legitimar las demandas de las mayorías populares por la construcción de una sociedad donde sean efectivamente respetados y garantizados los derechos a un hábitat digno. En tal sentido es importante recuperar el documento del Movimiento por la Reforma Urbana de Argentina de 2007, que sostiene entre otros aspectos que

> "no existe en Argentina aún una política de vivienda, que supere el incentivo al sector empresarial de la construcción, que sea descentralizada, que articule los recursos locales, que contemple la integralidad del hábitat y que favorezca los esfuerzos comunitarios de construcción de ciudad".

Hábitat informal y segregación

En primer término es necesario aclarar a qué se hace referencia con la expresión del hábitat informal; en tal sentido, primero se definirá el concepto de hábitat, para lo cual debe evitarse la utilización de nociones que lo reducen a la unidad física individual, unidad edificio –lote de terreno–, superponiendo meramente la noción de vivienda/ hábitat. Por ello, desde una visión integral y como lo afirma expresamente Buthet (2004, p.26) entenderemos por hábitat urbano "la totalidad de las relaciones entre las circunstancias físicas, los recursos naturales y las características y actividades socio-culturales de la población, todo lo cual constituye el medio ambiente en el cual se reproduce la vida social urbana". En este marco conceptual definiremos el hábitat informal desde Clichevsky (2000, p.15), quien lo caracteriza a partir de dos aspectos:

a) Desde el punto de vista dominial: ocupación de tierra pública o privada en "villa", favela, callampa, barriada, asentamiento, toma, ocupación de lote individual, loteos clandestinos o "piratas", loteos irregulares, propiedad horizontal aplicada a la tierra urbana, venta de lotes rurales, como partes indivisas, "casas tomadas", "equipamientos tomados", hoteles-pensiones, corticos, tugurios, casas de vecindad, conventillos; ocupación de áreas públicas (plazas, etc.), propiedad de origen social (ejidos o comunidades indígenas) incorporada al área urbana por medio de ventas ilegales, cooperativas agrícolas transformadas en "urbanas". Es decir: se trata de ocupaciones directas que realiza la población a través del mercado informal del suelo y la vivienda, algunas de ellas de muy compleja forma de producción. Según la autora, en la ocupación directa por parte de la población se diferencian los asentamientos o tomas de las villas porque los primeros son organizados, con asesoramiento técnico, poseen un trazado regular de terreno y se desarrollan con un patrón urbano similar a los barrios de loteos legales; mientras que los segundos generalmente no poseen organización previa y comienzan por una o varias familias, a las cuales se van agregando, a lo largo de un tiempo más o menos largo, otras, hasta configurar algunas de más de 50.000 habitantes.

b) Desde el punto de vista de la urbanización: ocupación de tierras sin condiciones urbano ambientales para ser usadas como residenciales, inundables, contaminadas, cercanas a hornos de ladrillos y basurales clandestinos, sin infraestructura, con dificultosa accesibilidad al transporte público, centros de empleo (aunque ello esté relativizado por los cambios producidos en la estructura económica), educación primaria, servicios primarios de salud, construcción de viviendas por fuera de la normativa existente, densidades extremas (tanto altas, que significan gran hacinamiento de personas y hogares, como muy bajas, lo cual tiene relación con los altos costos de infraestructura y la menor accesibilidad). En palabras de Clichevsky (2000, p.16-17), "existe dificultad en determinar la magnitud de la informalidad según tipos, pues los censos no los registran como unidad de análisis; por las características mismas de la informalidad (cómo cuantificar los loteos clandestinos, por ejemplo); porque desde la investigación urbana, sólo se han realizado estudios de caso".

El hábitat informal está vinculado a la segregación, y en tal sentido como lo afirma Clichevsky (2000) "esta relación entre sociedad y espacio urbano/territorio metropolitano, posee implicancias en las formas de analizar e intervenir sobre el mismo, o sobre algunas manifestaciones, como son la segregación urbana, el hábitat informal y las políticas destinadas a su regularización".

Las nuevas configuraciones urbanas: los procesos migratorios rurales e intraurbanos

Los procesos migratorios y de concentración poblacional en las ciudades se han visto agravados a partir de la industrialización del siglo pasado, la constante incorporación de tecnologías a la producción rural y el avance del monocultivo sojero, según lo que informa el trabajo de la Red Agroforestal (publicado en el diario Página 12 del 22/2/10) "en los últimos años amplias zonas del NEA y NOA se sumaron a la producción de oleaginosas, especialmente de soja y fueron incorporadas de este modo al esquema modernizante de agricultura pampeana. Para lo cual se arrasaron decenas de miles de hectáreas de monte, se eliminaron cultivos tradicionales, se cambió el destino de terrenos dedicados a la ganadería y se modificó la estructura de tenencia de la tierra (...) la modernización agrícola agravó el deterioro de los ecosistemas, empeoró las condiciones de vida y aceleró las migraciones de pequeños productores".

Dentro del mismo informe desarrollado sobre Argentina por la Cátedra UNESCO, en el apartado sobre el modelo agropecuario denominado "Conflicto étnico territorial; imposición de un modelo cultural y agroindustrial" se plantea que

"el 82% de los productores del país son familias campesinas, comunidades indígenas y trabajadores rurales que ocupan sólo el 13% de la tierra, en cambio, sólo el 4% de las llamadas explotaciones agropecuarias se ha adueñado de casi el 65% de la tierra utilizada para la producción, más de 200.000 familias fueron expulsadas a causa de la fiebre neoliberal de los noventa que las desplazó a los barrios marginales de las grandes ciudades.

En los últimos 25 años la concentración de tierra en pocas manos agravó las profundas desigualdades sociales en el campo".

Asimismo, el informe plantea que

"Córdoba es tomada como ejemplo de concentración de tierras, ya que en los departamentos del norte provincial las explotaciones agropecuarias de más de 3.000 hectáreas representan el 11% de los productores, pero cuentan con el 70% de la superficie, en tanto, los pequeños productores, el 89%, detentan solamente el 30% de la superficie. La situación de los desalojos en su gran mayoría violentos, tienen relación con la situación precaria de la tenencia de la tierra, según un relevamiento del Movimiento Campesino de Córdoba, el 60% de los campos del norte provincial carecen de títulos, a pesar de poseer la tierra por más de veinte años y estar protegidos por leyes nacionales".

El agravamiento de la concentración demográfica a nivel nacional y provincial se expresa en el constante aumento de la población urbana, pasando de un 62,25% para 1947 a un 89,31% (35.8 de 40.1 millones, según el Censo 2001) de la población nacional que vive en centros urbanos de más de 2.000 habitantes. Son las poblaciones jóvenes quienes masivamente han migrado desde las áreas rurales a los centros urbanos. Por otra parte, el país pasó de tener 55 centros urbanos con 50.000 habitantes en 1991, hasta alcanzar el número de 65 ciudades de ese mismo tamaño en 2001. En la actualidad, el 70% de la población está concentrada en el 28% de la superficie total del país; y solamente en la Ciudad Autónoma de Buenos Aires y el Conurbano Bonaerense habitan más del 50% de la población total del país, mientras que en Córdoba, hay 3.221.001 habitantes (censo 2001 INDEC) de los cuales el 84.47% vive en centros urbanos y sobre el total de la población el 41% reside en la ciudad Capital. En 2005 la Subsecretaría de Tierras para el Hábitat Social, dependiente de la Jefatura de Gabinete de Ministros del Gobierno Nacional, estimó que 13.599.393 personas tenían problemas para acceder al suelo en el país. De esta cifra, solamente el 37%, corresponde a hogares en villas y asentamientos irregulares. Algunas de las razones por las cuales a los sectores populares y trabajadores se les dificulta el acceso a la tierra y al goce del derecho a una vivienda digna son:

- el acelerado y desmedido incremento de los precios de los inmuebles en los centros urbanos (en los últimos años el aumento de los valores inmobiliarios y de la tierra, fue de un 30% en promedio anual a valor dólar);
- la especulación inmobiliaria y financiera sobre el uso del suelo:

- la falta de regularización urbana y rural sobre el mercado de tierras y suelo;
- la financiación inadecuada para los sectores populares y trabajadores;
- la falta de implementación adecuada de los programas de regularización dominial urbana y rural;
- el alto déficit habitacional y su repercusión en los sectores de más bajos recursos, el derecho a la propiedad visto como derecho absoluto sin consideración de su función social y la necesidad de un rol más activo por parte de los distintos estamentos del Estado (informe Habitar Argentina, 2010).

En tal contexto los costos de la tierra urbana han quedado librados a la lógica del mercado sin ningún tipo de regulación estatal, lo cual afecta la vida cotidiana de los sectores populares, ya que la recuperación del salario no ha acompañado los costos de los terrenos y la construcción de viviendas; quedan así amplias franjas, no ya de pobres estructurales, sino de trabajadores, profesionales y sectores de ingresos medios excluidos de las operatorias bancarias e inmobiliarias, situación que se agrava, sin lugar a dudas, por la ausencia de políticas públicas sobre la cuestión. Esta acuciante crisis habitacional indica la necesidad de mayor regulación, planificación, intervención por parte del Estado (en todos sus niveles y organismos), y mayor complementariedad estratégica con las organizaciones y movimientos sociales, a fin de no dejar la posibilidad de acceso a un hábitat digno librado al mercado y a los especuladores financieros e inmobiliarios.

Principales expresiones del hábitat informal urbano en Córdoba. Antecedentes de villas de emergencia y asentamientos irregulares

El origen de algunos de estos asentamientos, que posteriormente serán nombrados como "villas de emergencia", se puede rastrear desde la década del 30 y del 40, cuando la incidencia sobre el total de la población era relativamente baja, ya que los procesos de ascenso social generados en la década del 50 y las políticas masivas de vivienda del gobierno peronista 1946-1955, promovieron el acceso a este bien a numerosas familias por medio de políticas públicas y a través del acceso al trabajo y la distribución del ingreso. Posteriormente, con el proceso de desarrollo industrial más tardío de las décadas del 50 y 60, en Córdoba se produce una atracción de gran cantidad de la población rural de áreas deprimidas en el norte de la provincia, como así también de familias provenientes de otras provincias y de países limítrofes (Zilocchi, 1987). Este proceso migratorio generó una relocalización de población en asentamientos irregulares o villas, ya que la ciudad carecía de infraestructura habitacional y de servicios para absorber a esta población. El quiebre de este proceso de crecimiento a partir del golpe de Estado de 1976 y su profundización en la década del 90 agravó esta situación y marcó un fuerte crecimiento de la población villera. Se trató fundamentalmente de familias no propietarias que al quedar desempleadas no pudieron pagar alquiler y pasaron así a engrosar las villas y los asentamientos. Es así como el proceso migratorio del interior y de otras provincias fue sustituido por una gran migración intraurbana. Según datos consultados en estudio diagnóstico de villas producido por el Servicio Habitacional y Acción Social – SEHAS– para el Ministerio de Desarrollo Social (1993), el 75% de las familias que habitan en villas provienen de la propia ciudad de Córdoba. Además de este fenómeno, comienza a observarse en la década del 90 una migración cada vez más sostenida de países limítrofes como Bolivia y Perú, incentivada por la convertibilidad en relación al valor de la moneda de sus países y el peso/ dólar argentino.

Los estudios sobre el surgimiento de los asentamientos villeros y su desarrollo encuentran una primer sistematización a partir del estudio de Gustavo Zilocchi, quien reconstruye el proceso tomando como punto de partida el censo de 1970, que reconoce 47 villas con 16.004 habitantes (unas 3500 familias aproximadamente); dicha cifra representaba el 1,99% de la población total de la ciudad, compuesta por 801.771 habitantes. Otro dato citado por Zilocchi es el del Instituto

Provincial de la Vivienda (IPV) del año 1973, que identifica a 52 villas con 19.459 habitantes que conformaban 4.437 familias. Posteriormente, según el mismo autor, se realizó un censo por parte de la Secretaría de Estado de Promoción y Asistencia Social (1978), en el que se registran 32.000 personas que conforman 6.500 familias. En 1980 la Municipalidad –en el marco del programa de Erradicación de Villas de Emergencia y Promoción Social– dará cuenta de la existencia de 61 villas con 7.500 familias y 35.000 habitantes. En el mismo año, el censo del INDEC arrojó una población de 990.968 personas para la ciudad de Córdoba, con un 3,5% de la población viviendo en asentamientos villeros contra el 1,99% de 1970. Finalmente, algunos organismos especializados como el SEHAS, durante 1992 y 1994 continuaron con el diagnóstico del sector a partir de convenios con el entonces Ministerio de Desarrollo Social de la provincia. En 2004, el SEHAS publica un informe realizado con participación de la Municipalidad de Córdoba y el Gobierno Provincial sobre la situación del sector, donde se reconocen 158 villas y 21.700 personas. Según datos del ex Ministerio de la Solidaridad (2003), en 2002 existían 134 villas con 18.900 familias aproximadamente. Si consideramos la línea base establecida por el INDEC de 1970, la cantidad de villas creció en un 185%, (periodo 1970-2002) y la cantidad de familias aumentó en el mismo periodo de 3.500 a 19.000, lo que representa un incremento de más del 450%, mientras que en igual periodo la población total de la ciudad aumento el 60%. Por otra parte, la proporción de población en asentamientos, pasó del 1,99% sobre el total de la población (1970), al 8,5% aproximadamente en 2002. Esto demuestra el aumento de la pobreza urbana expresado en un hacinamiento cada vez mayor en las villas ya existentes y no en un gran surgimiento de villas nuevas.

Las villas tienen una densidad poblacional que va desde 10 familias hasta más de 1.000, como es el caso de Villa la Tela o el Asentamiento General Savio. Según un estudio del Ministerio de Desarrollo Social de Córdoba (2003), 70% de las villas están asentadas "de hecho" en terrenos fiscales y en el resto de los casos en forma mixta público-privado.

Otras manifestaciones de hábitat informal

A partir de la década del 80 se van a desarrollar otras estrategias para acceder a la tierra que se motorizan a partir del fenómeno de la relocalización de la pobreza urbana dentro de la misma ciudad. Ya no son centralmente sectores provenientes del interior provincial, de otras provincias, o de países limítrofes; ahora se trata de familias de la propia ciudad que por razones económicas producto del modelo neoliberal se ven excluidas. En estas tres últimas décadas comienzan a ocuparse de manera más contundente lotes individuales, baldíos, casas y se realiza la ocupación colectiva de terrenos con factibilidad de urbanización, edificios, venta ilegal de tierras en los llamados loteos fraudulentos, etc. A partir de tales procesos se reconocen las siguientes estrategias de acceso al suelo urbano:

- **Ocupaciones colectivas de tierras:**

En esta situación se identifican un conjunto de asentamientos generados a partir la década del 80. La característica principal de estas ocupaciones es que son estrategias colectivas organizadas y llevan una impronta de planificación, respetando patrones de urbanización existentes y tratando de quedar vinculadas a la traza urbana con calles que les sirvan de vías de acceso y comunicación con el entorno, además de la marcación de lotes que intenta garantizar una distribución de los terrenos según pautas que posteriormente puedan ser reconocidas por el municipio. Algunas ocupaciones no pudieron consolidarse como producto del desalojo judicial que fue seguido por negociaciones con el estado provincial mediante la conformación de cooperativas que gestionaron y obtuvieron finalmente las tierras. Durante 2009 se produjeron tres tomas de tierras, una en Villa Libertador llevada adelante por la Agrupación Tupac Amaru (200 familias), otra en Barrio Cabildo promovida por la Agrupación Aníbal Verón- Comunidad Marta González, (200 familias) y otra a en Barrio Parque República (250 familias). Durante 2010-11 se han hecho públicas en la Ciudad de Córdoba y el Gran Córdoba varias ocupaciones, como en la localidad de Juárez Celman con 300 familias, que luego del desalojo y de la toma se organizaron en una Cooperativa de vivienda e iniciaron una negociación con el propietario de la tierra, la Comisión Nacional de Tierras y el Municipio local. Otra toma de terrenos que se encuentra en proceso de consolidación es la de Argüello Norte, lindando con la Villa Hermana Sierra, (250 familias) que está en gestión para que el estado provincial intervenga y expropie.

- **Ocupación individual de lotes:**

Otra forma de acceso al suelo urbano es la ocupación de lotes ya subdivididos de manera individual en barrios consolidados con loteos aprobados. En estos casos es más difícil identificarlos, ya que se entremezclan en la trama urbana y tampoco existe un registro oficial, a pesar de la adhesión formal a la ley N° 24374 de regularización dominial que realizó la Legislatura Provincial mediante la ley N° 9150, y la ley 9811, que prevén resolver al menos parcialmente estas situaciones. Sí se pueden identificar algunas zonas de la ciudad como la Seccional 11, donde producto de un trabajo de relevamiento de la Cooperativa Unión Latinoamericana, en los Barrios San Roque, Villa Martínez y zonas aledañas se han identificado 3.000 ocupaciones de lotes, obteniendo así en 2009 y luego de varios años de gestiones, las primeras resoluciones de reconocimiento de la posesión legal de los terrenos ocupados.

- **Ocupación de edificios y casas:**

Entre los casos reconocidos públicamente de ocupaciones de edificios sin terminar, se pueden citar el de Villa El Esqueleto, ubicado sobre la costanera del Río Suquía y hogar de 20 familias.

- **Venta ilegal de terrenos-loteos fraudulentos:**

Otra situación de naturaleza distinta es la de las estafas producidas a familias que compraron de buena fe lotes en zonas rurales, llamados posteriormente "loteos fraudulentos". Entre los casos más conocidos se encuentran los asentamientos conocidos como Nuestro Hogar 1, 2 y 3.

Bajo la figura de una Cooperativa, formada por los propios dueños de los terrenos, se pusieron en venta 80 hectáreas con cerca de 2.400 lotes de una tierra que estaba destinada al uso rural por el patrón de uso del suelo establecido por las ordenanzas vigentes; también se encuentran en esta situación los casos de los loteos Dorotea y Parque Universidad.

- **Estrategias de Producción de suelo urbano por organizaciones comunitarias:**

  Desde la década del 80 diversas organizaciones de base de gestión han hecho reclamos ante el Estado logrando acceder a terrenos para planes de vivienda social; entre las experiencias más importantes de destacar se encuentra la "Mesa de Concertación de Políticas Sociales" (19921995). Una de las modalidades impulsada por organizaciones de base se materializó mediante expropiaciones para regularizar terrenos ocupados como el caso de las villas Barranca Yaco, Bajo Pueyrredón, General Savio, El Libertador y otras. Por otra parte, se conocen experiencias de compra comunitarias de tierras mediante organizaciones de base, con ahorros de las familias o en forma mixta con subsidio público.

Principales legislaciones en torno a la regularización urbano-dominial en Córdoba

La provincia de Córdoba dispone de una serie de legislaciones para atender la cuestión de los asentamientos irregulares, entre las que se destacan:

- **Ley provincial Nº 5288**

  Conocida como "Ley de villas" o "Plan de promoción integral de villas de emergencia", fue dictada mediante un decreto del gobierno militar en 1972 y posteriormente ratificada por diferentes gobiernos democráticos. Esta ley entiende por promoción integral de la población a toda acción coordinada en las áreas de organización comunitaria, vivienda, salud, educación, capacitación de oficios, fuentes de trabajo, deportes y recreación, que afecten a los habitantes de las villas de emergencia y cuenten con la participación activa de los mismos. Cabe destacar que el artículo 5 indica que podrán declarar de utilidad pública o expropiarse los terrenos del dominio privado que se considere necesario para la realización de los programas de ejecución del plan. Además establece que los terrenos pertenecientes al Estado, ocupados por villas de emergencia, deben quedar "afectados para el realojamiento de sus habitantes o como recurso financiero para la ejecución del plan". Esta ley, cuya vigencia se mantiene, fue utilizada en proyectos de expropiación como de las villas Barranca Yaco, Bajo Pueyrredón, General Savio, Villa Renault y el Asentamiento Inaudi realizados entre 2006 y 2010.

- **Ley Nº 9150 de Saneamiento de Títulos**

Surge como respuesta a la situación de irregularidad en la ocupación de tierras y el reclamo de saneamiento de títulos rurales en toda la provincia y con su decreto se creó un organismo llamado "Programa Tierra para el Futuro" dependiente de la Secretaría de Justicia. A pesar de la decisión política de no intervenir en las zonas urbanas, mediante esta ley numerosas familias interpusieron trámites a los fines de alcanzar tales beneficios; entre los casos más significativos se encuentran los de las familias del asentamiento Villa La Maternidad, que no aceptaron la propuesta de relocalización del Estado Provincial, y el de las familias habitantes en los Barrios San Roque, avalados por la Cooperativa Unión Latinoamericana.

- **Ley Provincial Nº 7688. Escrituración a partir de Convenios de Negocio Fiduciario**

Surge como una iniciativa del área social del gobierno provincial en la década del 90 con el fin de "proteger" el título de propiedad de terrenos destinados a la construcción de viviendas pertenecientes a organizaciones sin fines de lucro ante el riesgo de que entre el tiempo que transcurre desde la adquisición del terreno por parte de la organización y la escrituración efectiva de las viviendas a favor de las familias se produzca alguna situación que haga peligrar la titularidad dominial, tales como la disolución de la organización, embargos, etc. Por eso esta ley autoriza al Poder Ejecutivo de la Provincia a celebrar relaciones jurídicas a efectos de adquirir y transferir el dominio imperfecto, en su carácter de fiduciario para la promoción de loteos con destino a viviendas económicas para personas de escasos recursos. El estado provincial en las últimas décadas concretó una importante cantidad de escrituraciones en el marco de esta ley, ya sea porque varias organizaciones adquirieron terrenos con esta modalidad o porque en otras situaciones las organizaciones no tenían su escritura y necesitaban regularizar su situación dominial para acceder a programas de viviendas.

- **Ley provincial Nº 9811 de Escrituración Gratuita**

Fue sancionada en 2009 y tiene como antecedente a la Ley Nº 8689 que surgió como producto de la lucha de la Coordinadora de Loteos Indexados. Los beneficios establecidos en esta ley permiten realizar la escritura pública traslativa de dominio de vivienda de interés social mediante la Secretaría de Inclusión Social del Ministerio de Desarrollo Social. Otro aspecto importante de esta ley es que ratifica la adhesión a la Ley Nacional Nº 24374 y sus modificatorias, con lo que la provincia puede intervenir sobre ocupaciones pacíficas realizadas previas a enero de 2006. También queda establecido que pasados los diez años de reconocida la posesión, este trámite administrativo prevé el otorgamiento de la escritura definitiva, soslayándose de esta manera el juicio de usucapión.

- **Ley Nº 9453**

Sancionada en diciembre de 2007 bajo la línea de facilitar los procesos de aprobación de loteos, permite que los loteos de interés social –que en gran medida incluyen a planes de vivienda iniciados por cooperativas, mutuales y asociaciones civiles– conformados a partir de población proveniente de villas de emergencia y barrios populares, sean eximidos del pago del impuesto inmobiliario mientras dure el proceso de aprobación de loteo y se inicie la escrituración individual. Durante la generación y aprobación legislativa, participaron activamente organizaciones comunitarias y ONGs con trayectoria en programas de hábitat social.

- **Ley Nacional Nº 23967**

Crea la Comisión de Tierras Fiscales Padre Carlos Mugica establecida por la ley nacional, que se propone como objetivo la regularización dominial de terrenos fiscales ocupados, con factibilidad de ser urbanizados. Opera sobre las tierras pertenecientes al Estado Nacional, sus empresas y entes descentralizados o de otro ente donde el Estado Nacional tenga participación total o mayoría de capital o en la formación de las decisiones societarias. Dichas tierras, ocupadas por viviendas permanentes o variantes aptas para el desarrollo de planes sociales de tierra y de vivienda que no sean necesarias para el cumplimiento de su gestión o función, serán transferidas a los Estados Provinciales o municipios, para su posterior venta a los actuales ocupantes o para la incorporación a los planes provinciales de vivienda social, para familias de recursos insuficientes. Por otra parte, la Nación también puede afectar tierras libres de su propiedad para realojar a familias que no se puedan consolidar en los terrenos que ocupan.

En lo referido a las políticas de regularización urbano-dominial, se identificó un importante dispositivo legal para la intervención en los asentamientos irregulares y demás expresiones del hábitat informal y con situaciones pendientes de regularización dominial, pero lamentablemente no se registraron los avances que demanda la atención de esta cuestión social. Es necesario remarcar que estas leyes no han operado como un programa integral, ya que cada una de ellas ha tenido diferentes unidades ejecutoras, sin un espacio de articulación formal y transversal. Por otra parte no se desarrolló una política comunicacional que difundiera estos derechos garantizados en las legislaciones. También es necesario notar que el Estado provincial y el Estado municipal han carecido de políticas activas de acceso al suelo urbano y de producción de lotes con servicios destinados a viviendas familiares para sectores excluidos de las operatorias bancarias e inmobiliarias, salvo algunos casos excepcionales. Otra insuficiencia en la materia es la falta de políticas de regulación del mercado inmobiliario vinculado al uso del suelo para la provisión de viviendas que frene la especulación como establece el Art. 58 de la Constitución Provincial.

Recomendaciones en torno a la producción social del hábitat

En el marco de los avances demostrados en las legislaciones internacionales, nacionales y provinciales; y de los antecedentes de intervención pública, se considera necesario tener en cuenta los siguientes aspectos para el desarrollo de una política que se proponga abordar la cuestión del hábitat informal urbano mediante políticas públicas activas que conciban al hábitat de manera integral y no reducido a la obra pública tradicional, para lo cual se deberán incorporar componentes de mejoramiento barrial, de regularización dominial, de acceso al suelo urbano y de construcción de viviendas nuevas y/o completamientos, por modalidad cooperativa y gestión asociada con municipios. En tal sentido es necesario:

- Generar una nueva institucionalidad que canalice la participación de las organizaciones sociales, el Estado en sus tres niveles y las instituciones relacionadas con la cuestión, a los fines del diagnóstico, la definición de prioridades y los diseños de estrategias para abordar las expresiones del hábitat informal, promoviendo políticas universales en el marco de garantizar derechos de ciudadanía que superen la lógica de los programas focalizados.
- Crear un área a nivel provincial de "acceso al suelo urbano y de regularización dominial", que incluya las diferentes leyes y programas sobre la cuestión, con personal idóneo, presupuesto permanente y un Consejo de Consultivo que cuente con presencia de los municipios, las organizaciones de base, las ONGs y Unidades Académicas.

- Que el municipio de la Ciudad de Córdoba –junto con actores locales– asuma un rol activo en la planificación urbana en la cuestión del hábitat social y diseñe políticas públicas, afectando presupuestos propios y con esta centralidad reclame a los gobiernos provincial y nacional su involucramiento.
- La creación de Bancos de Tierras, a nivel nacional (puesta en vigencia del decreto N° 835/2004 y activación de los mecanismos establecidos por ley N° 23.967 y ley N° 24.146), provincial y municipal con terrenos fiscales que sean declarados prescindibles y pasibles de ser loteados. Los Municipios y el Estado provincial deberían aceptar donaciones, cobrar deudas receptando terrenos para afectarlos al Banco de Tierras, aplicar los mecanismos previstos en la Ley nacional de Prescripción Administrativa e incorporar tierra vacante en cada área urbana con posibilidades de urbanizarla para la producción de programas de lotes con servicios con el objeto de intervenir en la regulación del mercado de tierras.
- Implementar una política tributaria que grave a la tierra ociosa y especulativa del mercado y a los sectores sociales de mayores ingresos cuando se benefician con obras de infraestructura o se cambian los patrones de uso del suelo para ser urbanizadas nuevas zonas rurales/ industriales y con este plusvalor, constituir fondos para la inversión en programa de hábitat social.
- Asesoramiento desde los estados provincial y municipal a la población acerca de los terrenos que se ofrecen en el mercado a los fines de evitar la adquisición de terrenos que se venden ilegalmente y de la acción generada por los loteos fraudulentos.
- Implementar las políticas de las tarifas sociales de agua, luz, gas, impuesto inmobiliario y tasas municipales con participación de las organizaciones sociales vinculadas al hábitat para garantizar el acceso inmediato de las poblaciones a estos derechos, que reducen los costos de institucionalización.
- Destinar presupuestos a los fines de desarrollar una política habitacional para la construcción de viviendas, como así también

para la ampliación, el mejoramiento y/o el completamiento de unidades habitacionales recuperables para familias con ingresos informales que poseen terrenos y/o viviendas deficitarias y que por su situación socioeconómica no acceden a políticas como el PROCREAR (Programa de Crédito Argentino para la Vivienda Única Familiar).

- Promover la derogación de la figura de usurpación como delito penal por su carácter represivo y antidemocrático ya que se encuentra en contradicción con derechos ciudadanos garantizados en las constituciones nacional y provincial, en los casos de posesiones de terrenos individuales y de las familias que habitan asentamientos informales.
- Promover legislaciones que prohíban la construcción de barrios cerrados por su carácter segregacionista y antisocial. En este sentido es importante tomar como referencia la Ordenanza N° 1988/12 de la Ciudad de Río Ceballos.
- Apoyar con políticas públicas activas, las iniciativas comunitarias de autogestión desarrolladas por organizaciones de base en el acceso al suelo urbano y la producción por gestión cooperativa de planes de vivienda.
- Suscitar un rol educativo y de sensibilización social por parte de los medios de comunicación, en el marco de la Ley de SCA N° 26.522, para promover la inclusión social desde la perspectiva de los derechos, frente a la discriminación y segregación social en torno al hábitat informal.

Para poner en marcha estas iniciativas será necesario pasar de las lógicas neoliberales que imperaron en la década del 90 –y que aún perduran en lo que se refieren a la producción de suelo urbano con destino a vivienda– a una política en la que el Estado sea garante de los derechos ciudadanos; en tal sentido afirma Chiara que "el desarrollo de una política en este sentido exige un cambio en el paradigma que orientó el desarrollo de capacidades institucionales en la década pasada; esto es, tenemos que pasar del desarrollo de capacidades para que la sociedad se haga cargo de lo que antes se hacía cargo el Estado, a fortalecer las capacidades de gobierno" (2003, p.124). En el mismo orden de cosas señala Yujnovsky que una política en esta dirección está relacionada con el "derecho a la vivienda como un objetivo social y político, pero también ético de justicia social, que persiguen las sociedades realmente democráticas" (1984, p.18).

La institucionalización de una política habitacional que incluya a jóvenes desde una perspectiva amplia y multidimensional forma parte del concepto de ciudadanía, estrechamente relacionado con la democracia, que se construye en las prácticas sociales enmarcadas en el pleno ejercicio de los derechos y obligaciones de todos los actores de una sociedad. Tal como lo sostienen Max Neef, Elizalde y Hopenhayn (1998) la participación es el eje central para el desarrollo de cualquier ser humano: participar es una necesidad humana fundamental.

Referencias bibliográficas

Butheh, C. (2006). "Inclusión social y hábitat popular. La Participación en la Gestión del Hábitat". Buenos Aires: Espacio.

Cárdenas, G. H. (2002). "La sociología Neocolonialista en América Latina". Buenos Aires: Tiempo Contemporáneo.

Cátedra UNESCO (2010). Informe de la Red Agroforestal publicado en el diario Página 12 (Buenos Aires).

Clichevsky, N. (2000). Informalidad y segregación urbana en América Latina. Una aproximación. Buenos Aires: CEPAL.

Cordera Campos, O. (2000). "Globalización y Política Social: equidad e inequidad en los cambios del mundo", en Cordera R. y Ziccardi, A.: Las políticas sociales de México al fin del milenio, Instituto de Investigaciones Sociales Facultad de Economía. México: UNAM.

Chiara, M. (2003). "Gestión pública participativa: espacio estratégico para orientar las políticas sociales hacia el desarrollo local", en

González Bombal I: Fortaleciendo la relación Estado –Sociedad Civil para el Desarrollo Local. Buenos Aires, CENOC, CEDES: Universidad de Gral Sarmiento.

Documentos:

Conferencia de Hábitat sobre los Asentamientos Humanos (Hábitat) (1976)

II Conferencia de Naciones Unidas sobre los Asentamientos Humanos (Hábitat II) en Estambul (1996), Foro Social Mundial años 2001, 2002, 2005, "La Carta por el Derecho a la Ciudad", "Declaración de los Derechos del Hombre" ONU, Documentos e informes de la Dirección de Hábitat Social del Ministerio de Desarrollo Social de Córdoba, Movimiento por la Reforma Urbana en Argentina (2007), Constitución Nacional Argentina (1994), Constitución de la Provincia de Córdoba (2001), Argentina, Censo Poblacional INDEC 1991, Censo Poblacional INDEC 2001.

Fernández, G. (2003). El acceso a la vivienda de los jóvenes en la zona sur del área metropolitana de Buenos Aires: la cuestión habitacional en grupos específicos. Universidad Nacional de Quilmes, Buenos Aires, Argentina. Scripta Nova Revista Electrónica de Geografía y Ciencias Sociales. ISSN: 1138-9788.

Galán, M.A. (2009): "Análisis de estrategias de acceso al suelo urbano para viviendas, de poblaciones en situación de pobreza y de políticas públicas sobre la cuestión, en el Gran Córdoba. Periodo 1983 /2009."
____________(2009). Informe sobre la "Evaluación de las políticas de hábitat implementadas en los asentamientos Villeros de la Ciudad de Córdoba en el periodo 1999- 2006". Resolución SeCyT Nº 2074/2008. Córdoba.

Svampa, M. (2005). La sociedad excluyente. La Argentina bajo el signo del neoliberalismo. Buenos Aires: Aguilar, Altea, Taurus, Alfaguara.

Servicio Habitacional y Acción Social (1994). Publicación Estudio Diagnóstico de las Villas en la Ciudad de Córdoba. Córdoba.

Servicio Habitacional y Acción Social (2002). Publicación Las Villas de Emergencia en Córdoba 2001. Córdoba: Gráfica.

Tkachuk, C. (2004). "Juventudes y Territorios", Última Década, versión On-line ISSN 0718-2236. V.12, N° 20, Santiago de Chile.

Yujnovsky, O. (1984). Claves políticas del problema habitacional argentino, 1955-1981. Buenos Aires: Grupo Editor Latinoamericano.

Zilocchi, G. (1987). Evolución de la Política Urbana en la Ciudad de Córdoba, su relación con el suelo y la Vivienda para los sectores de menores recursos. Revista IIFAP (21) Córdoba .

Entrevista a Ana Refrancore
Niños-jóvenes en Malvinas. ¿una apuesta a la equidad?

*Lucía Quintanilla**

Ana Refrancore es maestra en una prestigiosa escuela suburbana este de la ciudad de Córdoba: se trata de "la Valdivielso", una institución lasallana de nivel inicial y primario ubicada en las inmediaciones de los polémicos campos de Monsanto y sus semillas transgénicas, en el municipio de Malvinas Argentinas –provincia de Córdoba–, cuya propuesta de raigambre freireana la coloca en un lugar de privilegio en tanto objeto de estudio e indagación de trabajadores sociales, comunicólogos y estudiantes y egresados de Ciencias de la Educación y de establecimientos de formación docente.

Se trata de una escuela privada lasallana que recluta población entre sectores muy desfavorecidos y, por fuera de las previsiones del diseño oficial, ofrece extensión de jornada y espacios no tradicionales de acompañamiento y refuerzo a algunos niños y jóvenes, desde una fuerte apuesta a la educación como derecho de todos. Una de esas estrategias de retención es el taller de alfabetización que funciona

* *Licenciada y Profesora en Psicología. Adscripta a la cátedra de Didáctica Especial para el Profesorado en Psicología, Escuela de Ciencias de la Educación, Facultad de Filosofía y Humanidades, Universidad Nacional de Córdoba. Especialista en Educación y TICs. Investigadora en el proyecto Jóvenes y discursos. Los sujetos dicen de sí, Secyt, FFyH, UNC. Estudiante avanzada de la carrera de posgrado Especialización en Políticas Públicas de Niñez Adolescencia y Familia, dependiente de SENAF y la Facultad de Trabajo Social de la Universidad Nacional de Entre Ríos (UNER). Profesora en nivel secundario en escuelas de Córdoba. CE: luciquintanilla@hotmail.com*

desde 2013, sábado de por medio, en el que la literatura de "los grandes" –como, este año, Cortázar– es puesta al servicio de la enseñanza de la lengua, del placer estético, del juego con la palabra. En ese módulo optativo, más de diez jóvenes voluntarios cursantes de profesorados de Córdoba capital e interior propician la reflexión e invitan al aprendizaje en una juntada que se abre con un desayuno temático y que continúa con actividades didácticas y lúdicas coordinadas por una prestigiosa profesora especialista en literatura infantojuvenil. El espacio se propone vigorizar y complementar la transmisión llevada a cabo en las aulas, con dispositivos tales como la escucha de cuentos grabados por sus autores, fotografías, música y hasta viajes a la provincia, en una opción alternativa a la escuela tradicional que procura estimular, acompañar y sostener.

En ese marco entrevisté a una maestra de primer grado, Ana Carina Refrancore, que aquí nos comparte su historia y sus dificultades, y también, su ilusión y su utopía.

-Ana, ¿cómo llegás a la escuela de Malvinas?

- Llego a Malvinas por un compañero de profesorado con el que egresé; chateando por Facebook, me habló de la escuela y me interesó la propuesta. Ni sabía dónde estaba Malvinas. Cuando llego, el primer día, estaban los chicos subidos a la ventana, tirados en el piso, chicos que no me registraban. Ni me están viendo, le comenté a una colega. Entonces ella me dice "¿Habrá sido que los chicos no te veían a vos o que vos no registrabas a los chicos?" Y..., yo venía con una estructura de escuela que ahí no está. Los chicos están en el piso porque les encanta, ahí tienen cerámico y no tierra, como en su casa. Fuera de la escuela están trepados a los árboles y por eso ahí se suben a la ventana. No es el contexto de una villa donde vos tenés Direct TV; no: es un empobrecimiento profundo, básico. Si llueve, al día siguiente no van a clase porque duermen mojados.

Ese es el contexto de Malvinas. Antes de empezar a dar clase, si hace frío tenés que dedicarte a vestir chicos porque están desabrigados.

- **¿Cómo siguió esa experiencia?**

- Para mí el comienzo fue un caos. No me considero una persona cerrada, pero nunca me pasó esto, tener chicos que no estuvieran sentados. Quería hablar con alguien que me tranquilizara. Una profesora me dice: que ellos te vean leer y que te vean disfrutar, así que me llevé un libro de Bernasconi, me puse a leer y a reírme sola. Entonces viene uno de los chicos, Dani, y me pregunta ¿por qué te reís? Porque estoy leyendo, le digo. Y él se quedó a escuchar la lectura. Después se sumaron otros y otros más y así un día pude leer un cuento para todos. En sus casas no hay libros, cero cultura letrada, cero. Lo que tienen de lectura es solamente en la escuela. En el 80% de las casas los padres son analfabetos. Los más instruidos tienen 6to. grado. Mirá: a una mamá muy joven la cito para una entrevista porque iban a sacar al nene de la escuela; ella era analfabeta, nunca había ido a la escuela y ella sentía que el hijo no le tenía respeto por eso. Ahí hay también una violencia provocada porque los chicos creen que no pueden aprender y porque cuando llegan a su casa no tienen quien los ayude.

-¿Cuál es la relación del colegio con el resto de la comunidad?

- El colegio está constantemente en contacto con la comunidad. Es que los chicos faltan mucho. Hay que hacer un trabajo con los padres para que valoren la escuela y lo que la escuela les enseña. Valoran la escuela pero no la continuidad de la trayectoria escolar.

- **Volvamos a los chicos: ¿cómo hace la escuela para apoyar a estos chicos cuyos padres no pueden acompañarlos en las tareas escolares?**

-Tratamos de sostener tanto a los chicos como a los padres. A la tarde hay un taller de aprendizaje. Se sacan de aula chicos del segundo ciclo –4°, 5° y 6° grado– y se les da un apoyo fuerte con estudiantes de profesorado. A veces también se implementa esa modalidad dentro del aula, donde hay una "bina" pedagógica o pareja pedagógica. El sostén a los papás se hace en las reuniones. Yo, por ejemplo, en una reunión les di una clase de alfabetización, les enseñé cómo aprenden hoy los chicos, cómo nos corremos de la repetición. Entonces les facilitamos que ayuden a los chicos. Estamos constantemente con las familias.

-Otra cosa, Ana. Contanos sobre la colonia de aprendizaje. ¿Qué es eso?

- La colonia sale del taller de la tarde, fue una experiencia muy linda en la que participaron los docentes. Esta vez se desprendió del taller de alfabetización. Los chicos invitados a la colonia de aprendizaje son los que estaban en un proceso diferente al de sus compañeros. La colonia duró 4 días que estuvimos en una casa de retiro, unas vacaciones. Eran unos 25 chicos de segundo ciclo, y tomamos el hilo de la literatura clásica, el tema del héroe, para mostrarles el camino del héroe y decirles cómo ellos son héroes. Tomamos el Quijote y armamos talleres en torno a eso. Uno de los talleres fue sobre arte, otro sobre ciencias. Fue una experiencia muy linda. Ellos valoraron especialmente que dormían solos en una cama, que se bañaban todas las noches y que tenían perfume para ponerse. Los objetivos, además de fortalecer el proceso de socialización, se formularon para profundizar la alfabetización porque la mayoría de los chicos no lee ni escribe. Esa es una crítica que yo hago: cómo llegaron hasta este grado sin leer y escribir. En algo estamos fallando como escuela Algo no estamos haciendo bien en las instituciones. La colonia de aprendizaje buscaba mirar eso, detenernos en eso.

- ¿Qué dificultades vinculadas con los padres y con la enseñanza encontrás?

- Una de las dificultades es aunar criterios con los compañeros. Poder definir en qué enfoque estamos parados, eso hay que reforzar. Cuando digo aunar criterios digo trabajar más en equipo. A veces tiene que cambiar uno la mirada para trabajar en equipo. Hoy la única forma en educación es poder trabajar en equipo mirando a los chicos. Si cada uno se encierra en su aula, no estamos mirando a los chicos. No nos damos cuenta de que el mismo sujeto que empieza en la sala de tres va a transitar hasta sexto grado. A veces no podemos retomar su trayectoria escolar. Si hoy tenemos jóvenes en sexto grado que no pueden leer el cartel de una calle, es porque no estuvimos mirándolos. Hay que reconstruir la trayectoria escolar, como dice Terigi. Una nena que hoy en primer grado tiene dificultades hay que ver por qué, qué pasó en la sala de 3 y de 4. Hay que ver qué pasó con su historia. Hay que ir a la sala de nivel inicial…

- **¿La población de la escuela está afectada por Monsanto? ¿Qué pasa en los alrededores de Malvinas?**

- Malvinas tiene municipalidad propia. Monsanto está en la primera sección. Después está la segunda sección entre la ruta (19) vieja y la ruta nueva. Y la escuela Valdivielso está en la tercera, que es la última. Malvinas está rodeada por barrios-ciudad. Se trata de reasentamientos forzosos de habitantes de zonas urbanas que fueron compulsivamente trasladados a los márgenes de la ciudad en el marco de acciones oficiales. Ahí está el barrio Ciudad de mi esperanza –que es un barrio de población relocalizada–; también están Mi granja y el sector de las lagunas –bastante contaminado–. Muchos de los chicos alumnos de nuestra escuela viven en esos barrios. Nosotros notamos en la población más cercana que niños y adultos sufren de enfermedades respiratorias. Eso es una constante porque la escuela está rodeada de campos fumigados.

- **¿Cómo es el centro educativo, fuera de lo estrictamente escolar?**

- La escuela no es solo la escuela, sino un centro educativo. Hay otras entidades. Está el espacio sociocomunitario. Hasta este año lo único que funcionaba ahí era el ropero. Este año está a cargo de una estudiante de pedagogía. Ella descentra su función, se aparta del ropero –que funciona con donaciones que vienen de Buenos Aires– y se involucra más con las familias, visita las casas, acompaña. Después también está la casa de los jóvenes, que alberga a quienes están en transición entre el primario y el secundario. Es un espacio para jóvenes que no encuentran un lugar en el sistema. Por eso un objetivo de la institución es también abrir el secundario. En el centro educativo enseñan a los jóvenes algunos oficios. Por ahora, hay nivel inicial, nivel primario y el espacio Piedra libre. La idea fundacional era que los chicos estuviesen más tiempo en la escuela. Por eso los chicos del turno tarde entran a las 10:30 de la mañana y los de la mañana, van desde las 8 hasta las 2 y media de la tarde. El horario de Piedra libre es a las 10:30 para la mañana y para el turno tarde, de 12:30 a 14:30. Ellos transitan por Piedra libre, que reúne las materias artísticas: teatro, música, inglés, computación, literatura, educación física y plástica. A eso lo hacen en Piedra libre. Ahí hay cuadernos y cartucheras comunitarias, una cartuchera para todos los chicos. Todos comparten y nadie se lleva nada a su casa. También hay cajas con tijeritas, lapiceras y lápices. Todo es de todos.

- **Los chicos y los jóvenes, ¿eligen la escuela? ¿Por qué van a esa escuela? ¿Es una cuestión de cercanía?**

- Hay otras escuelas públicas en la zona. La Valdivielso es una escuela confesional. Todos los días se reza. Hay catequesis, pero hay mucha libertad en los docentes y no todos son creyentes. Lo que más nuclea no es la religión, sino el complejo temático: en febrero, cuando se dan los talleres, los docentes salen al barrio y a hacer preguntas a las familias. Hay una tradición de salir a la calle en febrero a buscar la mirada social de la comunidad. Con lo que los padres y los alumnos dicen se arma una especie de mandala. Eso tiene una carga política fuerte y una frase central que nuclea las acciones: es el complejo temático. Hoy la frase central es *Educarnos es cuidar la vida.* Otras frases tienen que ver con el cómo, con el qué: todo eso se construye con la comunidad. Las planificaciones y nuestro pasar por el año tienen que estar atravesados por lo social y a lo social lo miramos ahí, en el barrio. Hay frases y también contrafrases, que son remediales, enunciados resolutorios del conflicto que se plantea en la frase. Este *Educarnos es cuidar la vida* surge sobre todo a causa de Monsanto. Eso atraviesa las acciones del día a día, el por qué enseño lo que enseño.

- **Entiendo que también hay talleres de voluntarios ¿Querés contarnos acerca de eso?**

- Los talleres están formados por alumnos de tercer año que están cursando un seminario de alfabetización. Se trabaja con gente de dos institutos terciarios de formación docente. Para ellos esta experiencia es muy movilizadora. Te cuento un caso. Una chica va por primera vez. Una chica de un instituto terciario de Despeñaderos que el viernes había rendido Práctica con 10. El sábado fue a Malvinas y le tocó un grupo difícil, así que la alumna dijo "Me quiero ir"; pero se quedó. Cuando hicimos la evaluación de cierre de jornada, dijo: "Recién hoy me saqué un diez." Al principio no podía con los chicos porque llegó con unas estructuras armadas para mirar, para enseñar, para leer al otro. Por eso recién entonces –cuando supo qué recursos de afrontamiento desplegar– dijo que sentía que se había sacado un diez. Eso es movilizador, es fuerte para ellos, para los voluntarios. Y mirá que estamos hablando de voluntarios de todas las edades. Hay gente con experiencia de scouts. Sin embargo, es muy movilizador ese contacto. Sobre todo los chicos que van los sábados, que tienen 14 años y todavía no leen, por eso están cargados de violencia, eso los enoja, sienten que están estigmatizados; por eso la forma de vincularse entre ellos es a golpes.

- **¿Qué dicen los chicos y los jóvenes en relación a la escuela?**

-... Y, la escuela es el lugar que les pone límites, pero para ellos son justamente esos límites los que los contienen. Al no tener muchos de ellos en la casa madres que los miren, tienen en la escuela ese adulto que instaura la norma. A veces las madres están, pero no los miran; entonces, no les ponen límites. Y en la escuela encuentran esa función. Están esperando que les digas *Hasta aquí*. Son chicos de 12-13 años que precisan una frontera.

- **¿Y qué pasa cuando hay violencia?**

- En esos casos se los suspende. Los días que no pueden ir a la escuela porque los suspendieron, se quedan afuera. Eso implica que tienen que estar en su casa. Y es un castigo porque ellos quieren ir a la escuela: por eso se quedan afuera, dando vueltas. Claro que antes de la suspensión se ha citado a los padres, se hace un acta. Además, hay casos de violencia familiar; entonces, cuando la violencia llega a la escuela, la denuncia debe ser hecha por la escuela, por abandono de persona. Pero a veces las instituciones del Estado no responden o no responden a tiempo y entonces los niños y los jóvenes quedan a la deriva. También hay familias con "mamás golondrinas": son mujeres que no trabajan y que desaparecen de un día para otro con los chicos.

- **¿A qué aspirás en la escuela? ¿Qué querrías lograr?**

- Me gustaría poder brindarles a los chicos igualdad de oportunidades. Eso es lo que ellos se merecen. Es un derecho que ellos tienen. En escuelas pobres no hay que enseñar contenidos pobres, sino mucho más de lo que ellos tienen. Si no tienen libros, dales libros. Si están rodeados de murga y cuarteto, dales violín. Por eso propusimos el trabajo del camino del héroe: porque ellos son héroes. Más allá de esto, hay otra vida y ellos se la merecen: hay que mostrarles eso.

Yo creo en el fútbol. O cómo ayudar a construir jugadores de la vida

*Manuel Ruiz**

Como docente de Educación Física, especialista en fútbol, me siento en la obligación de reflexionar al respecto y dejar mi posición frente al juego de equipo más lindo del mundo y las posibilidades de este de ser tenido en cuenta en las políticas públicas para la juventud.

La mirada que deseo aportar surge de la concepción más cercana a la dimensión del juego que, a partir del placer de jugar, genera un sinnúmero de posibilidades que nos ponen frente a reales situaciones de aprendizaje, tanto en lo motriz como en lo social, en lo emocional como en lo intelectual. Pero fundamentalmente me interesa acercar una mirada del juego en tanto herramienta válida para la incorporación de valores y principios que contribuyen a la formación integral de la persona.

Sin lugar a dudas, el juego del fútbol también contiene dimensiones

** Profesor de Educación Física de la Escuela Superior de Comercio Manuel Belgrano, Colegio Nacional de Monserrat (1981-1987) y Escuela Francisco Pablo De Mauro (1981-2004). Ha sido preparador físico de fútbol en distintos clubes de Córdoba: Los Andes (1985-1986), Juniors (1987), Racing (1988- 1989), Unión San Vicente (1990), Universitario (1992-1993 y 2001), Huracán (1994) y Belgrano (1995 y 2004). De 1985 a 2001 desarrolló un proyecto de recreación en el Sanatorio Morra para pacientes bajo tratamiento de salud mental. También se desempeñó como Regente de Estudios de la Escuela Superior de Comercio Manuel Belgrano. Desde 2010 coordina la Escuela Integral de Fútbol del Club AtléticoTalleres de Córdoba. CE: manuelruizcabeza@hotmail.com*

M. Ruiz

relacionadas con el deporte, el espectáculo y los negocios, pero no es precisamente ese el lugar desde el cual pretendo ofrecer una alternativa superadora que nos permita abrir aprendizajes significativos fácilmente transferibles a la vida diaria. Desde hace muchos años utilizo el juego para transmitir contenidos primordiales en el desarrollo de mis clases de Educación Física, y con él me he atrevido a trascender los límites de los patios y a sorprender a estudiantes, familias y profesores en espacios no formales, con intervenciones que de repente nos encuentran a todos relacionados por la magia del juego. Es que el juego nos muestra en estado natural porque genera percepciones, sensaciones y acciones en lo individual, en lo social, en lo motriz, lo intelectual y lo mental, favoreciendo experiencias muy útiles para facilitar el aprendizaje. El juego conduce al aprender y esto ayuda a crecer.

Quizás por su gran popularidad, el fútbol es motivo de amplias y variadas opiniones. Todas son válidas en las mesas de café, en las tribunas de los estadios o en las mesas de discusiones periodísticas; pero si nuestro enfoque está en la órbita de la educación, ya sea en una escuela, un club u otro proyecto cuya meta resida en la formación integral de las personas y cuya intención sea trascender los límites de la cancha para convertirse en un estilo de vida, en una opción para construir un futuro basado en el esfuerzo y la superación personal, en la adquisición de hábitos de vida sana, proyectos que aspiren a generar pasión, confianza, autoestima, compromiso y alegría, entonces ya hace falta respetar ciertos principios, porque ahí el fútbol es cosa seria.

Así en el fútbol como en la vida: el deporte como dispositivo de inclusión social

El fútbol es el juego de equipo más lindo del mundo; es el mejor referente de la diversidad ya que en él convergen diferentes actores sociales que el juego logra homogeneizar, quizás por sus reglas, límites o códigos. Para jugar en equipo es necesario reconocer y aceptar al otro, con todo lo que ello implica, saberlo constituido de virtudes y defectos, habilidades y potencialidades, aciertos y desaciertos. Y, como un espejo, de la misma manera uno es reconocido y aceptado. Cuando avanzamos sobre esta cuestión nos encontramos con principios de respeto y tolerancia, factores vitales para que broten la confianza, la seguridad, la solidaridad y la paciencia. Esto no sucede por arte de magia y es necesario plantearlo desde el descubrimiento personal, compartiendo estos objetivos con todos los participantes, sabiendo que es un proceso, que el error es válido siempre que nos permita aprender, que uno puede equivocarse si capitaliza esa falta en pos de la superación personal.

Es sorprendente cuando a los movimientos que queremos enseñar los cargamos de sentido, cuando compartimos con nuestros alumnos lo que queremos lograr y comprometemos además de lo motriz, a la voluntad y a la razón. Por años hemos subestimado la participación intelectual de los alumnos convirtiéndolos en meros repetidores de gestos y acciones. Sin embargo, las posibilidades se potencian cuando logramos comprometerlos en esta búsqueda de apropiarse, descubrir, explorar, sentir, pensar. Es ahí donde se amplían las oportunidades de aprender, de decidir, de tener una participación responsable y comprometida. Cuando conseguimos involucrar a los chicos, el juego es una invitación permanente, ganamos un jugador para la vida más que para ese partido o para el juego del fútbol. Así es como es más fácil transferir a la vida cotidiana lo que van descubriendo en el fútbol: el valor del esfuerzo, el sacrificio, la disciplina, la paciencia.

Hay que ayudarlos a descubrir que se puede jugar limpio y se puede ganar y que esto no es lo único que te puede suceder, podés empatar y perder, pero si jugás en equipo y te esforzás, si conservás el orden y tenés confianza y sos capaz de entregar todo en cada jugada, el triunfo no tardará en llegar. Jugar es como vivir en sociedad, hay reglas y normas que respetar, hay otros que también tienen derechos y obligaciones, igual que cuando jugamos, donde cada uno ejerce un rol, una función en el equipo y un lugar en la cancha. El partido de la vida también requiere juego limpio y nuestros esfuerzos nos van a conducir al éxito si somos dueños de nuestras decisiones, líderes de nuestra propia vida, tanto en el fútbol como en la vida.

Formar parte de un equipo es generar vínculos, relaciones, sociedades; es descubrir los valores del conjunto configurados desde individualidades que se tornan más fuertes cuando se logra compartir una meta, un objetivo común. Es en esta instancia cuando se forja el espíritu del grupo: cuando es la suma de las partes, el equipo se convierte en una fortaleza difícil de vulnerar que mágicamente transmite a cada uno de sus integrantes una fuerza superior y que otorga al colectivo un carácter sólido, una identidad propia.

Somos como jugamos

Tanto los profesionales como el proyecto educativo deben ser generadores de pasiones; para entender al fútbol hay que conocer lo que genera en quien lo juega, cómo siente, cómo piensa, cómo lo vive quien lo juega. Es frecuente ver cierta pasión casi rayana en el fanatismo, y hay que separar estas cuestiones porque es estimulante trabajar con la pasión pero muy difícil hacerlo con el fanático. Los objetivos claros a la hora de emprender proyectos que incluyan a niños y jóvenes, también deben involucrar la delgada línea que separa al fanático del apasionado. También hay que comprometer a las familias porque junto a ellas somos responsables de la formación integral de los chicos y hay que considerar que los objetivos planteados se vinculan con la participación social, ya que el juego desarrolla habilidades, valores y principios transferibles más allá de los límites de la cancha de fútbol que hacen a nuestra superación personal.

Solemos decir que jugamos como somos y somos como jugamos. Por eso un buen proyecto futbolístico es un recurso posibilitador y una estrategia que apuesta a la pasión, la creatividad, la cultura del esfuerzo y la cultura del trabajo. Cuando se genera esa energía no solo se potencia

el desempeño individual, sino también el colectivo; por eso las personas deben estar involucradas y comprometidas con todos los valores, con mensajes coherentes entre el discurso y la acción.

Mientras haya un chico con ganas de patear la pelota, la magia del juego sigue intacta. Y mientras haya un chico con ganas de aprender, tiene que haber un adulto comprometido con su futuro que le enseñe a jugar y a divertirse.

Yo creo en el trabajo progresivo y en el tiempo, creo en los procesos, creo en la potencia del compromiso, creo en las oportunidades. Y creo en los chicos, en su curiosidad genuina, en su capacidad de contagiar lo bueno, en sus ganas de aprender y de disfrutar. En suma, yo creo en el fútbol.

Jóvenes y pueblos originarios. Siendo joven en la diversidad cultural

*Víctor Galindo**

La modernidad con su nacimiento en los siglos XIX-XX, con su confianza absoluta en la Razón y en la libertad individual de las personas, nos instruyó a omitir una filosofía del hombre racional al estilo cartesiano. Una filosofía del, "dudo luego existo", porque dudar es estar inseguro de sí mismo, es "des-existir", poner en duda lo que rodea al hombre, la propia existencia misma e, inclusive, la existencia del otro hombre. A este proceso de la modernidad Castro Gómez lo denomina como una "máquina generadora de alteridades que, en nombre de la razón y el humanismo, excluye de su imaginario la hibridez, la multiplicidad, ambigüedad y la contingencia de las formas de vida concretas" (Castro Gómez, 2011: 163). Cuando la modernidad desencadena a la razón, sitúa todo bajo la duda y la sospecha, lo que permitirá la búsqueda de la certeza, del dominio de la naturaleza, de las culturas, de las lenguas, de las artes, y las industrias, estigmatizando a éstas como "irracionales",

* *Víctor Hugo Galindo Ledezma, nacido en Kochapampa, comunidad de Tutimayu, situado a veinticinco kilómetros al este de la ciudad de Cochabamba, en el gran Kollasuyo, actual Bolivia. CE: victorguito@yahoo.com*

"charlatanerías", "hechicerías", y "artesanías" de los distintos pueblos. También la modernidad se explaya en la conformación de "sujetos individuales" y la invención de los llamados estados. "El Estado será el garante de la organización racional de la vida humana, "organización racional" significa en este contexto, que los procesos de desencantamiento y desmagicalización del mundo (...) empiezan a quedar reglamentados por la acción directriz del Estado. El Estado es entendido como la esfera en donde todos los intereses encontrados de la sociedad pueden llegar a una "síntesis", esto es, como un locus capaz de formular metas colectivas, válidas para todos" (Castro Gómez, 2011: 165). En esto se inspiraron los distintos estatutos constitucionales de los estados "demo-burgueses", conforme a la ideología individualista, que implicaba el fraccionamiento de los latifundios para crear "Estado-Territorios" y, con posterioridad, la propiedad privada sobre la tierra.

Sin tierra no hay cultura, no hay lengua, no hay vida

Cuando la unión con la tierra como medio de sustento fue cortada de manera permanente, los pueblos originarios no tuvieron más opción que asimilarse a esa razón, a ese Estado y a esa sociedad mestiza, sólo de un par de generaciones. Esto permitió al Estado desplegar su maquinaria de control social, con la creación de estamentos orgánicos como los ministerios, quienes serán los fieles rendidores del mecanismo de control que el mismo Estado ha generado. Las ciencias sociales serán uno de los mecanismos más eficaces de aplicación para la constitución de un neociudadano. "El nacimiento de las ciencias sociales no es un fenómeno aditivo a los marcos de organización política definidos por el EstadoNación, sino constitutivo de los mismos. La matriz práctica que dará origen al surgimiento de las ciencias sociales es la necesidad de ajustar la vida de los hombres al aparato de producción. Todas las políticas y las instituciones estatales (la escuela, las constituciones, el derecho, los hospitales y las cárceles, etc.) vendrán definidas por el imperativo jurídico de la "modernización", es decir, por la necesidad de disciplinar las pasiones y orientarlas hacia el beneficio de la colectividad a través del trabajo" (Castro Gómez, 2011: 167). Así pues, las ciencias sociales serán instrumentos de conformación o invención de los neo-ciudadanos de los llamados Estado-Naciones. Lo que hay que decir es que el neo-ciudadano oculta su identidad cultural básica bajo el conocimiento y el poder que el Estado que ejerce sobre el cuerpo y el tiempo. Así también, con el ocultamiento de la identidad suprimió a muchos pueblos originarios, sus lenguas, sus culturas, en particular a los Comechingones del pueblito de la Toma (Córdoba, Argentina): "Las leyes y los procesos judiciales jugaron decididamente en contra de los intereses de los ancestrales pobladores de La Toma (...) La expropiación, el traslado forzoso, la compraventa, y el fraude, fueron moneda corriente en esa etapa de la historia del Pueblo de la Toma" (CIICA, 2009: 20-21).

Pues el régimen de la propiedad de la tierra determina el régimen político, económico y administrativo de todas las naciones. "Tras la promulgación de la Constitución Nacional en 1853, en el momento en que se consolidó el Estado argentino, las comunidades indígenas, primeros habitantes de la región, no fueron consideradas ni tenidas en cuenta para la construcción de este nuevo orden jurídico institucional. En su artículo 67, inciso 15, la constitución expresaba: «proveer a la seguridad de las fronteras; conservar el trato pacífico con los indios, y promover la conversión de ellos al catolicismo». Los pueblos originarios no tenían más espacio. Esa constitución pretendió condenarlos a muerte" (CIICA, 2009: 30).

De este modo, con la racionalización y la asimilación se trazan pensamientos positivistas, universalistas, centristas y excluyentes en los estados de Latinoamérica, todo aquello que no se asimile deberá ser extinguido por el "hombre racional" que excluyó a todo lo distinto, lo diferente, a Él, desinteresadamente. Este aspecto de desinterés es clave para entender los procesos que han vivido los distintos pueblos originarios en la actualidad. Donde lo diferente sigue siendo motivo de exclusión e ignorancia, lo que pasa aún en el siglo XXI con las culturas o las lenguas de los pueblos y con el ser indígena en sí mismo. El ser indígena en las grandes sociedades (prematuras en su modernidad) siguen siendo motivo de discriminación, acusados de ignorancia, salvajismo, u objeto de comparación con la animalidad. Por ejemplo, el escritor y literato Mario Vargas Llosa que comparó a Evo Morales "vivo como una ardilla, trepador y latero y con una vasta experiencia en manipular hombres y mujeres" (Diario La Nación 20/01/2006). En la "modernidad", aún incluso los que pregonan la "posmodernidad", no hemos sido capaces de superar este "defecto humano" (algunos hasta se atreverían a decir demasiado humano).

En los distintos Estado-Naciones de Latinoamérica no sólo se omiten los procesos históricos, sino que se omite la matriz de las culturas, como los usos y costumbres de los pueblos originarios que hasta entonces se habían constituido como base fundamental para la convivencia social. La muestra de homogenización de la cultura y la lengua castellana en la modernidad son la clave para entender los distintos procesos donde los Estado-Naciones visualizaban la igualdad de un ser distinto, pero con semejanzas europeizantes. Entonces lo diferente debía haber sido excluido bajo el concepto de igualdad. La igualdad en los estatutos se sostiene bajo la máxima que clama: "todo los hombres son iguales". Somos iguales pero también somos distintos.

La palabra escrita sobre la tradición oral

La distinción es algo que nos ha caracterizado siempre a los pueblos originarios y no originarios. Somos distintos en las cosmovisiones, en nuestras culturas, en las lenguas, en las organizaciones políticas, en nuestras comunidades, y hasta en nuestras integraciones en las sociedades contemporáneas. La distinción no es la exclusión sino la muestra de la riqueza, de lo diverso que es el mundo. Con la diversidad realizamos un quiebre de la razón homogeneizadora. En la concepción del mundo y del hombre no hay una definición única del mundo: hay muchas definiciones, desde lo científico, atravesando la visión de los pueblos originarios. Al mismo tiempo, sólo la razón y el iluminismo situó al hombre como centro del Universo. Para los pueblos originarios el hombre no puede ser centro ni periferia, sino una parte del mundo al que complementa, como una coexistencia con la existencia misma.

La lengua es clara muestra de esta diversidad que somos en el mundo. Nuestras expresiones y las aproximaciones a la comprensión de nuestros mundos son distintos y diversos. La lengua en su versión escrita u oralidad es, pues, una confrontación de dos visiones distintas. La primera, y la más legitimada desde los distintos espacios, es la lengua escrita: "Es con la lengua escrita que se explica mejor cómo se legitima el poder de la palabra" (de Mesa Gisbert, 2013). En América, la lengua escrita tuvo un primer impacto casi mágico. "El monolingüismo estatal, al tiempo de consagrar arbitrariamente un solo idioma como lengua de Estado, devalúa de facto a las otras lenguas como modo de acceso a los cargos públicos o como mecanismos de ascenso social urbano y de manera velada, coacciona a los bilingües aimara-quechua hablantes a abandonar sus idiomas, pues no están incluidos entre los bienes culturales legítimos" (García Linera, 2008: 228). Es más, "la formación del ciudadano como «sujeto de derecho» sólo es posible dentro del marco de la escritura disciplinaria y, en este caso, dentro del espacio de la legalidad definido por la constitución" (Castro Gómez, 2011: 166). Es decir, el saber escribir en el siglo XIX es sinónimo de la modernización y la civilización de las élites criollas. Obviamente, en aquel entonces, los que no sabían escribir no podían formar parte de la cuidad, y esto pasará con los distintos hermanos de los pueblos originarios.

Los pueblos originarios se encontraron con ellos mismos en su explicación simbólica para comprender verbalmente su Pacha (mundo). En este sentido, en las comunidades originarias primero se acciona, es decir, primero se obran las cosas materiales y simbólicas y luego se escriben. Pero la lengua escrita en su formato de papel demostró la superioridad tal como ocurrió en América Latina. "El papel es un instrumento increíble, proporciona una evidente superioridad, tan importante en el curso de la historia o mayor al poder que se le había dado militarmente al caballo y los conquistadores" (de Mesa Gisbert, 2013: 103). La escritura en el papel era un lineamiento de identidad individual y colectiva, era el que daba al hombre una característica de persona con propiedad y cultura. "Este aplanamiento y organizativo al que fueron sometidos los pueblos indígenas portadores de otros saberes culturales y otros sistemas de formación de la autoridad, rápidamente dio lugar a la construcción de un espacio de competencias y acumulaciones lingüísticas y organizativas reguladas por el Estado, en los que los indígenas, convertidos ahora en "hermanos campesinos" quedaban nuevamente ubicados en los puestos más bajos en la lucha por la conquista de los saberes políticos y educativos legítimos. Claro, si el único idioma tomado en cuenta por el Estado para viabilizar las acciones comunicativas de efecto estatal es el manejado como el materno por las elites mestizas, aquellos que, como los indios, parten de otro idioma materno y tienen que aprender con el tiempo una segunda lengua, tendrán que realizar un mayor esfuerzo para acceder a los sitiales que de entrada ocupan aquellas personas que tienen como primer idioma al castellano" (García Linera, 2008: 213). Es lo que ocurrió en nuestros pueblos indígenas campesinos originarios: los grandes avasallamientos de tierras indígenas tienen que ver con esto, con lo que está escrito sobre un soporte llamado papel. La reivindicación era el papel o lo es todavía para reconocer esa propiedad y la legitimidad. "Está claro que, es un elemento muy evidente, que no se puede construir poder sin la palabra. Está claro que la palabra es en sí misma un mecanismo indispensable para la afirmación del poder, además donde se plasma el saber. El triunfo de un lenguaje sobre otro lenguaje es siempre una calificación sobre otra calificación. Este hecho define y afirma, legitima en suma al poder" (Mesa Gisbert, 2013: 98). Este proceso de legitimación de una lengua sobre la otra en el caso del español en América Latina implicó pues el ocultamiento de las otras lenguas que sufrieron diversos destinos. Muchas desaparecieron, pero a su vez penetraron hasta la médula al castellano, como por ejemplo lo hicieron las lenguas vivas del Quechua, el Aimara, el Guaraní o el Mapuche, por nombrar algunas. La victoria de la palabra escrita sobre la tradición oral en América ha sido un proceso largo y tortuoso para los pueblos originarios, y sigue siéndolo en el siglo XXI, no sólo en la escritura sino también en la lectura. Saber leer y escribir en español en el siglo XIX, como dijimos anteriormente, era sinónimo de ser ciudadano. De lo contrario, si un indígena no sabía leer ni escribir, pues era considerado como un "no ciudadano". Y al no ser ciudadano, pues se lo podía nominar como salvaje, bruto, feo, sucio, malo (Valko: 2010).

La oralidad que siempre nos caracterizó y que nos caracteriza aún a los pueblos originarios en la comprensión de nuestro entorno es muy particular en nuestras comunidades. La experiencia del conocimiento no sólo entra por los ojos, sino por la vivencia de cada momento de relación e interrelación con el entorno, donde los valores se adquieren en el trabajo con la familia, en la comunidad, y en los momentos celebrativos. Es decir, lo que se práctica en la comunidad o el *Ayllu* es algo que está preñado de aprendizajes. Este aprendizaje no es individualista como ocurre en las escuelas o las universidades donde "mientras más solo, mejor memorizo la teoría y mejor aprendo". Esta concepción es una reproducción del individualismo. Pero en las comunidades indígenas lo colectivo está por encima de la individualidad. Como jóvenes lo experimentamos en las distintas instituciones académicas en los procesos de formación. Por eso afirmamos que el aprendizaje es comunitario, es compartido, es transitivo, requiere una transmisión de generación en generación. Los abuelos transmiten a los padres y los padres a los hijos y estos pasarán a sus hijos, y así se adquiere el valor del lenguaje oral, que sigue siendo importante en nuestras comunidades originarias.

Las comunidades originarias demandamos a los estados que nuestras lenguas, nuestros usos y costumbres sean respetados y aceptados dentro de los distintos sistemas. Nuestras concepciones del mundo son siempre de interrelación y complementación. Es muy difícil entender el mundo separado del hombre. Para nosotros, los originarios, no hay entes separados, siempre hay relación. Esa relación es la armonía del hombre con la naturaleza. Demandamos a las escuelas y las universidades que "sean bilingües", que nuestras lenguas primen como primer aprendizaje sobre la comprensión del mundo; que los docentes sean los primeros en valorar nuestras culturas, las lenguas y nuestras costumbres originarias. Hay estados que han hecho esfuerzos por reivindicar la presencia de su pueblos indígenas y por reconocer de la diversidad, y están trabajando en la inclusión social, en la política, la economía y la cultura. Como ocurre en Bolivia y Ecuador, países que, desde las demandas indígenas, inclusive han modificado sus constituciones para mayor inclusión y mayor reconocimiento de sus pueblos originarios y no originarios.

Hay esfuerzos que son valorables, como las creaciones de centros, escuelas y universidades bilingües e interculturales para que los alumnos sepan primero su lengua materna y, como segunda lengua, el español. Yo he sido formado en este sistema de educación bilingüe, sobre todo en la etapa escolar. Pero después no he visto una universidad bilingüe en lenguas originarias. Sólo inglés, francés, italiano, etc. A eso consideramos universidades bilingües, (hay carreras como "secretariado bilingüe"). Esta mirada del bilingüismo es la legitimación del Yo homogeneizadora de la modernidad, de la razón y del poder de la lengua legitimadora, en la que se desvalorizan las lenguas originarias y se priorizan las otras lenguas foráneas. ¿Acaso el mapuche o quechua como lenguas no pueden aportar a la comprensión del conocimiento del mundo? ¿Acaso las grandes edificaciones aztecas, mayas o incas no aportan a la historia, la ciencia y cultura en Latinoamérica?

Es en este proceso los niños, jóvenes o personas mayores que inmigran de sus pueblos natales a las grandes capitales son los que tienen que hacer un doble esfuerzo: "(...) los indígenas, poseedores de otros hábitos y costumbres, tendrán menos opciones de ascenso y acumulación cultural, porque no han accedido a la producción de esa habilidades como parte de su entorno inmediato, y, para conocerlas, tienen que realizar un esfuerzo mayor para entenderlas, asimilarlas y utilizar de manera eficiente" (García Linera, 2008: 214). Implica un esfuerzo para entender el lenguaje e insertarse en una nueva sociedad, con nuevos códigos citadinos:

"Recuerdo que cuando era alumno en Córdoba Capital, una profesora nos mandó a redactar un texto de algún objeto, claro yo como quechua del kollasuyo bilingüe había asimilado mi quechua durante años pues redacté tal como lo pensaba en quechua, cuando presenté el texto escrito en español, en una de las clases la profesora me dijo que el texto era puro tarzan, tarzan"; "Es el caso de cualquier comunario o vecino de barrio aimara (mapuche, guaraní, wichi) o quechuahablante, que para tramitar un registro de propiedad tiene que utilizar el castellano como exclusivo idioma para hacer conocer su petición, para redactar los memoriales y obtener la legalidad de su derecho propietario. La misma esquizofrenia lingüística y cultural la tiene que vivir diariamente; ya sea el padre de familia ante el director o profesor de escuela, el dirigente sindical, ante el servicio de caminos, el comerciante ante la aduana, el estudiante ante el profesor universitario, la vecina ante los empleados de cobro de luz o agua" (García Linera, 2008: 250).

A partir de ese momento pensé en tantos jóvenes indígenas o no indígenas que inmigran para buscar mejores condiciones de vida. Hay jóvenes que no sólo emigran para trabajar, sino también para prepararse en las universidades o escuelas y estoy seguro de que les ha pasado a muchos, lo que yo he pasado en las grandes urbes, escuelas y universidades o en los campos laborales. Yo me preguntaría: ¿escuchamos la voz de los pueblos? ¿Fue un triunfo total de la lengua escrita sobre la oralidad? ¿Qué conoceríamos realmente del pasado de los pueblos originarios? ¿De qué sirve aprender a leer y escribir en aimara, guaraní, quechua, mapuche si ello no va a ser útil para adquirir empleos urbanos, ni para tramitar en reparticiones públicas, ni acceder a una profesión reconocida?

Las preguntas pueden parecer perogrulladas pero tienen mucho sentido y están vinculadas a la civilización y a la cultura de la que somos hijos.

Ser joven en un pueblo originario es Ser con la comunidad y el *Ayllu* para el buen vivir

El siglo XXI es un siglo en el que se habla de la inclusión social, de la presencia de los pueblos originarios, de los afrodescendientes, de los cambios tecnológicos, de la crisis ecológica, crisis alimentaria, en fin, temas y temas, pero estamos siendo hijos de este siglo, jóvenes de este siglo, seamos originarios o no originarios. Ser joven en las comunidades originarias no es sólo ser un productor o un consumidor individualista. Ser joven en un pueblo originario es ser comprometido con la comunidad y su familia, donde lo colectivo es más importante que lo personal. La comunidad y la familia son nuestras primeras escuelas y universidades, y daremos cuenta en nuestras vidas de lo que hemos aprendido en nuestra comunidad y la familia.

En este momento estoy pensando en la juventud como joven descendiente también del pueblo quechua. Quizá para empezar es necesario saber que la categoría joven es una categoría de la psicología evolutiva occidental, que va marcando ciertas etapas del desarrollo del ser humano, que es muy contraria a la concepción dentro de los pueblos originarios andinos, sobre todo. En la sapiencia de los pueblos andinos, la concepción de la vida es muy particular. Comenzaremos relatando algunas particularidades de la vida de un recién nacido que siempre es bienvenido en el seno familiar o el *Ayllu*. Pero veamos antes qué es un *Ayllu*, para no confundirnos. En la cosmovisión andina el *Ayllu* es el fundamento de toda actividad laboral, cultural, política y religiosa. Además, es el elemento imprescindible en las celebraciones festivas o religiosas. Es lo esencial en todas las actividades del Runa (Hombre) andino. Su concentración es la mayor muestra simbólica de todo lo que representa el *Ayllu* mismo, con sus grandezas y frustraciones. Con él, al mismo tiempo, se consolida la ideología de vida, se proyecta un porvenir mejor y se reparan las faltas cometidas con la intención de mejorar la vida. En una palabra, adquiere un sentido de cooperación y de corresponsabilidad mutua. La base de todo el imperio es el *Ayllu*. Un *Ayllu* es una familia (incluyendo abuelos, tíos y primos) que ocupa ciertos terrenos (*marka*), tiene su dios protector (*waka*) y un jefe (*kuraq*), generalmente hombre más anciano del grupo. Brevemente, un *Ayllu* se define por su marka, su waka, su kuraq. El *Ayllu* es más antiguo que el imperio. Es una organización anterior a los Inkas y difundida en todos los Andes. Los *Ayllus* se agruparon en pueblos que formaron naciones, o sea, sociedades, algunas grandes, otras chicas, que se definían con las mismas características que el *Ayllu* base. El imperio es una sociedad compuesta por muchas naciones. Pero se puede explicar al igual que un *Ayllu*: su *marka* es todo el Tawantinsuyu, su *waka* es el Sol, su *kuraq* es el emperador Inka" (Delran, 1981: 35-36).

Entonces el *Ayllu* es bastante amplio en su significado y su referencia hace mención a una cultura, a sus tradiciones y costumbres; hace referencia a la familia como tal. Y siguiendo nuestro relato en la comunidad, al cumplir su primer año de vida el niño o la niña, los padres y familiares invitan a la comunidad y a los otros *Ayllus* al festejo del año, para lo cual se preparan comidas típicas y bebidas como la chicha, elaborada a base de maíz. Ese primer año es la presentación del niño o la niña a la comunidad, y a los otros *Ayllus,* en la que se realiza el chujcha ruthuku o "corte de cabello". Es el inicio de sentido de pertenencia a una comunidad o *Ayllu*. El corte de cabello simboliza la abundancia de una cosecha, (al menos para los quechuas en los valles de Cochabamba) y en la cual la comunidad y los familiares regalan al cumpleañero sus primeros bienes "materiales", desde un pedazo de tierra o un animalito como una oveja, una vaca o simplemente algún billete al cual el niño recibe como sus primeros "bienes patrimoniales", y del cual se tiene que hacer cargo junto con sus familiares. Cada uno de los participantes de la comunidad, así como los familiares, los vecinos, se van aproximando al cumpleañero con algún bien particular y cortan un "mechoncito del pelo" que es depositado en una bandeja. La participación es importante, ya que significa la reciprocidad del recibimiento del niño o niña en la comunidad, de quien también la comunidad y los *Ayllus* se hacen corresponsables, especialmente de su crecimiento, alimentación y educación como elemento fundamental de la comunidad.

El niño o la niña es parte de la comunidad y el *Ayllu* a partir de este momento celebrativo donde se cumple el primer año de vida. Es el paso fundamental en la vida de la familia y el *Ayllu*, en el que la comunidad también se hace corresponsable de esta nueva vida que se está iniciando en el *Ayllu*. Al ser parte de la comunidad, el niño o la niña aún no tienen voz ni voto hasta que pueda adquirir conocimientos laborales, o hasta completar su formación educativa o el servicio militar. Aunque estos últimos son secundarios, lo principal en la comunidad del "presente comunario" es la adquisición de labores, como aprender a labrar la tierra, sembrar la tierra y esto se aprende en conjunto con el papá, en el caso del niño. Para el niño no es sólo el juego un elemento fundamental en la comunidad o el *Ayllu*, sino también la adquisición y el manejo de elementos laborales, como el arado o la azada. Pero usted se preguntará y dirá "el niño tiene que aprender a jugar". Por supuesto, hay tiempos o momentos para el juego con sus pares para que pueda relacionarse con sus amiguitos, vecinos, primos, etc. de la comunidad. Pero en la comunidad todo tiene su momento. No es sólo el trabajo, tampoco sólo el juego. Tiene que haber un equilibrio entre el trabajo y el juego. Eso se refleja en la actualidad en las comunidades: los niños ayudan a traer agua, recogen leña, cuidan a los animalitos, etc.

En el caso de las niñas también la adquisición de las tareas del hogar se van adquiriendo en compañía de la madre, donde se aprende a cocinar, a lavar la ropa, ordenar la casa o practicar algún tejido. De hecho también tiene sus momentos para el juego con sus pares. Entonces los niños son importantes en la comunidad y mucho más importantes en la medida que van adquiriendo experiencias laborales con las cuales se pueda sustentar su vida. No hay que mirar las experiencias laborales comunitarias como experiencias de "explotación laboral", sino como experiencias de transmisión y adquisición laboral para su vida cotidiana, para que pueda tener el "buen vivir" por medio de su trabajo, de lo que sabe hacer y así decidir qué hacer en la vida y la comunidad.

Entonces la adquisición de la experiencia laboral y la experiencia comunitaria del "buen vivir", va marcando a los niños valores como el trabajo, el respeto y la escucha a sus mayores. Estos valores son de mucha relevancia e importancia para las comunidades originarias, porque marcarán un nuevo ciclo de vida. Es el inicio de la autonomía y la voluntad de emitir voz y voto en la comunidad. Es decir, en las comunidades originarias un joven que trabaja y respeta las reglas comunitarias es admirado y apoyado por la misma comunidad para su desarrollo en la vida. A la vez, es respetado y escuchado en la comunidad. De esa manera se integra a la comunidad o al *Ayllu* en sentido de la aceptación recíproca.

El joven originario adquiere responsabilidades comunitarias, en las cuales tiene que ser miembro activo trabajando tanto para él como para la comunidad. En este sentido "la nostreidad" o el "nosotros" o es fundamental en una comunidad. El nosotros es una decisión comunitaria. Hay expresiones claras y recurrentes: "nosotros como comunidad decidimos...". En las comunidades originarias hay trabajos comunitarios como limpiar acequias, reparar caminos, mejorar los centros educativos, los centros de salud (que son parte de la comunidad). Hay que entender que la comunidad no es "comunitarismo", sino comunidad en versión de García Linera, que es "común unidad" y se construye de "abajo hacia arriba". La comunidad como base se ocupa de su bienestar comunitario. Para ello se apoya en sus bases, se organiza comunitariamente y sobre ellas actúa con responsabilidad comunitaria. No como en nuestros tiempos de estados republicanos que vemos que el Estado-Nación debe hacer todo, es decir, un Estado que asiste de "arriba hacia abajo". Hay infinidad de ejemplos que nos rodean en este sentido: cuando se corta el agua, el responsable es la empresa “Aguas Cordobesas”; se corta la luz, la “empresa EPEC”, y así sucesivamente. Las responsabilidades del Estado se corporativizan desde los distintos ministerios estatales.

Entonces el Estado asiste de arriba hacia abajo. Y la ciudadanía se desliga de sus responsabilidades. Por eso, como todo está delegado, también la ciudadanía termina delegando a uno y a otro las responsabilidades en cada momento electoral. Mientras que en las comunidades originarias es todo lo contrario, es el revés: la comunidad se hace corresponsable de cuidar de sus instituciones. En este sentido, el joven no sólo delega sino que participa activamente en la construcción comunitaria. Ahora se preguntarán ¿qué pasa con los jóvenes que se van de las comunidades originarias a las grandes ciudades capitales?

Los jóvenes originarios y sus transformaciones vitales en la ciudad de Córdoba

Con estos antecedentes que fuimos relatando, los jóvenes originarios ya desde la construcción de los Estado-Naciones hemos sido limitados en la participación y la integración a la sociedad, las escuelas y las universidades. “En este orden, los indios son la nada del Estado” (García Linera, 2008: 136). Esta negación estatal del indio hasta el extremo jugará un rol fehaciente hasta la actualidad de nuestras vidas: “el Estado republicano, conservador o liberal, proteccionista o librecambista, es pues, de entrada, un Estado construido al modo de un sistema de trincheras y emboscadas en contra de la sociedad indígena, de los *Ayllu*s y los comunarios” (García Linera, 2008: 136). Esta premisa de “ser nada” y la falta de interés en incorporarnos a los originarios al aparato Estatal es lo que trazará el destino de los jóvenes originarios en las distintas sociedades y en particular en Córdoba.

Lo primero que enfrentamos los jóvenes originarios son transformaciones vitales, ya desde el momento en que se decide trasladarse de un lugar a otro. El momento decisivo es bastante fuerte y desafiante en la vida de las personas, en particular de los jóvenes. Nadie deja su tierra así por así. La deja porque está cansado de vivir en el abandono o la miseria de un aparato estatal exclusionista. Los originarios no hemos sido la apetencia poblacional del Estado. Siempre los originarios hemos sido el pre-social: "propiedad privada contra la propiedad común, cultura letrada contra la cultura oral, soberanía individual contra servidumbre colectiva; he ahí los fundamentos de la civilidad legítima. El ciudadano es pues no indio" (García Linera, 2008: 137). Entonces para nosotros, los jóvenes originarios, es difícil de-construir este ideario Estatal que nos ha excluido hasta el extremo, hasta nos han negado nuestra existencia y hay instituciones que han propagado que "en Córdoba no hay más indios". Esta negación y la exclusión social han jugado en contra de nuestra afirmación de identidad. Tanta negación y la legitimación de la idea de que en Córdoba no hay más indios, ha tenido como resultado la invisibilización de nuestra identidad.

No ha sido fácil y no es fácil reafirmar la identidad indígena en Córdoba Capital por temor al rechazo social, y a ser considerado ciudadano de segunda clase.

"En este sentido, el indio no es una raza, y tampoco una cultura". Esto ha trazado el destino de los millones de nuestros hermanos y hermanas indígenas en plena colonización, poscolonización y neocolonización. Esta última, ya en pleno siglo XXI, sigue reproduciendo los dualismos sarmientinos, como: civilización y barbarie, rubios y negros, lindo y feos y, de hecho, ricos y pobres. Estos dualismos son los modelos de la exclusión social de nuestra era, y la crítica a esta postura es que el diálogo no es posible en condiciones de desigualdad (Moya, 2009), y más aún cuando la misma está cargada de violencia. Es decir, la exclusión quizá en sus momentos de construcción de Estados-Naciones era de ignorancia. Hoy por hoy la exclusión está preñada de violencia física y psicológica, que llega a explicitarse no sólo en los medios sino en la vida real. Sus expresiones las escuchamos en todos los ámbitos sociales: "negro de..." "sucio de..." "indio de...". Aquí visualizo lo difícil que es reconstruir la identidad o la aceptación de la identidad originaria y no originaria. No importa la procedencia de la violencia, sea cual sea, ni su estatus social, porque al parecer la violencia no tiene una direccionalidad, sino al que caiga y como caiga. Entonces, si la exclusión es violencia en sí misma, a los jóvenes de pueblos originarios nos vuelve a forzar a esconder nuestra identidad, y a que no sea revelado, porque la revelación de identidad en algunas situaciones es la no aceptación. Esto es algo compulsivo que pasa con los inmigrantes y con los pueblos originarios que son expulsados de sus tierras y territorios, primero a los centros urbanos, luego a centros rurales o urbanos de los países centrales. "La inmigración como sabemos, tiene como explicación fundamental la desestructuración de las formas de vida y de subsistencia, la falta de empleo y de oportunidades para lograr mínimas condiciones de bienestar"(Moya, 2009). Cueste lo que cueste, nos introducimos algunos en la maquinaria civilizadora que es el "conocimiento" a la reproducción de las ciencias sociales y humanas. Algunos nos inclinamos quizá hacia lo más encantador e inspirador para jóvenes originarios y no originarios que es el Trabajo. El conocimiento y el trabajo son combates no sólo a "San Holgazán" sino a la "tolerancia" y la "coexistencia" entre culturas. Donde un sujeto social diverso está junto a otro o a otros sujetos sociales diversos y donde todos los sujetos sociales diversos deben funcionar con parámetros idénticos. El trabajo es una de las expresividades de esta diversidad motorizada por el capitalismo. Es más encantador para los jóvenes originarios y no originarios. Ofrece sus grandes maravillas desde las grandes ofertas tecnológicas hasta las formas más rápidas de producir y de alimentarse en la vida. Y la mejor expresión del capitalismo es el producir y consumir.

Este sistema llega a los pueblos originarios por medio de las publicidades en las pantallas grandes y chicas, o los medios impresos que son medios que no sólo ofrecen información o educación, sino todo un imaginario de la vida fácil y rápida, y donde la civitas se transforma en el encanto mágico para jóvenes originarios y no originarios que incita al despoblamiento de las comunidades ofreciendo el "facilismo vital". En las ciudades se ofrece todo de manera ágil y rápida, sólo con una diferencia, que en las ciudades se compra todo, y lo importante es tener dinero, son las ciudades motorizadas sobre el capital. A este proceso lo sintetizaría George Novak con la frase "ya nada es importante, sólo el dinero". Efectivamente, en las grandes ciudades lo principal es el dinero como recurso para satisfacer la vida y para sobrevivir. Lo que sería contrario a una comunidad originaria. En las comunidades originarias el dinero es un recurso o medio más para vivir, pero no necesariamente principal como en las ciudades. En la comunidad indígena existe una práctica antiquísima que es el trueque (el intercambio). El trueque no es sólo intercambio de productos sino también de trabajos. Se practica para vivir en armonía con los comunarios y ahí se refleja "la nostreidad". Primero el nosotros para el buen vivir y la reciprocidad. La reciprocidad es lo más importante en una comunidad originaria. Ahí radica el eje comunitario donde la vida comunitaria está por encima de la vida la individual.

Entonces, cuando un joven indígena inmigra de su comunidad, necesariamente cambia para poder insertarse en una vida diferente donde las relaciones sociales son distintas, lo individual está por encima de lo colectivo. Los jóvenes indígenas que salimos de nuestras comunidades nos encontramos con otras formas de relacionarse, otros códigos que son ajenos a nuestras culturas y que no se parecen en nada a nuestras realidades vivenciales. Hasta la geografía sociocultural cambia. Por eso llamo a las ciudades receptoras de originarios y no originarios como ciudades mágicas. Ya que efectivamente no se resuelve la vida por magia sino por un esfuerzo profundo de mutación vital, donde el reinante es el individualismo con su propuesta de "te quedas" o "te volvés". Esto nos demuestra que en el mundo nos somos iguales, como reza el maximalismo universal "todos los hombres son iguales". A medida que ampliemos nuestros horizontes de conocimiento nos toparemos con la diversidad cultural y quizá sea el momento de hablar de la interculturalidad, donde la extrañeza se apodera de nosotros mismos y diremos de nuevo quiénes somos o qué somos en la sociedad cordobesa: algo que no somos pero que deseamos ser, que sin embargo no vamos a llegar ser, porque justamente no somos lo que creemos ser, y esto es para mí la apertura a la diversidad. Este encuentro con lo diverso es bastante profundo, es en donde uno se piensa a sí mismo, sobre su comunidad, su lengua, sus usos y costumbres. Todo llega a transformarse e interrogarse en un contexto diferente. Este encuentro con otra cultura también es determinante para quedarse o volverse a la comunidad. Determinante porque si mi aceptación y mi recepción son buenas, y es equilibrada. Ya que no sólo mi experiencia es lo que vale sino esta otra experiencia me sirve y me aporta para mi crecimiento como persona, entonces hay convivencia. Si no hay este equilibrio entre lo uno y lo otro, no hay convivencia. Para que haya una convivencia es necesaria una aceptación, aunque esta aceptación sea dolorosa en sentido psicológico. Los jóvenes que venimos de pueblos indígenas muchas veces ya venimos con autoestima baja porque nuestros padres han sido humillados, ultrajados o discriminados como "indios", "campesinos", "indígenas", "feos", "flojos" etc. Esta humillación es dolorosa, por eso los jóvenes no aceptamos pasar lo que pasaron nuestros padres, y terminemos negando lo que somos, nuestra identidad y sintamos vergüenza, no aceptemos nuestra identidad originaria para no ser rechazados o discriminados. Todo esto por temor a la repetición de la exclusión y la humillación. La xenofobia es tan arcana como la existencia del hombre mismo.

Entonces, levantarse de esta exclusión y la humillación no es tan fácil. Han pasado siglos del proyecto modernizador que ha sido un proyecto de poder y exclusión a lo distinto y lo diferente. La posmodernidad se resiste a los cambios culturales, sociales y políticos. Se resiste a aceptar indígenas presidentes, magistrados indígenas ocupando lugares importantes, docentes indígenas en las universidades, a las comunidades homosexuales, lesbianas, etc. Pero finalmente hay que esperanzarnos en este mundo: hoy vemos a jóvenes de los distintos pueblos originarios y no originarios en el mundo que han venido reivindicando su identidad. Sus luchas políticas reafirman su historia, sus costumbres y revitalizan sus organizaciones políticas. Esto también habla de generar políticas interculturales, producir conocimiento, valoraciones, actitudes y estrategias pedagógicas para que la interculturalidad en la educación, la política y la construcción de la democracia sean un paradigma de todos. Hay jóvenes que han propuesto al sistema-mundo otra forma de entender al mismo, otra forma de hacer política, otra mirada hacia la escuela o las universidades. Esas "otredades" son los caminos que nos abren a la reflexión y al cuestionamiento de los estados homogeneizadores. Los jóvenes revalorizan sus lenguas, sus culturas, sus usos y costumbres, que es lo más importante para pensar sociedades interculturales en el siglo XXI. La participación del joven es importante hoy, no mañana, en la comunidad en el Estado-Nación. El joven es un ser siendo activo. En la expresión de Rodolfo Kusch, es el presente constante que "está siendo" en la comunidad originaria y no originaria.

Referencias bibliográficas

Castro Gómez, S. (2011) Ciencias sociales, violencia epistémica y el problema de la invención del otro. En Lander, E. (comp.) (2011). La Colonialidad del Saber: eurocentrismo y ciencias sociales. Perspectivas latinoamericanas. Buenos Aires: CICCUS.

CIICA, (2009). Hijos del Suquía. Los Comechingones del Pueblo de la Toma, actual barrio Alberdi, ayer y hoy. Centro de Investigaciones del Insituto de Culturas Aborígenes. Córdoba: Imprentica.

de Mesa Gisbert, C. (2013). La Sirena y el Charango. Ensayo sobre el mestizaje. La Paz: Gisbert.

Delran, C. G. (1981). Historia rural del Perú. Segunda Edición. Cuzco: Centro de estudios rurales andinos "Bartolomé de Las Casas".

García Linera, A. (2008). La Potencia Plebeya. Acción colectiva e identidades indígenas obreras en Bolivia. Buenos Aires: Prometeo Libros.

Moya, R. (2009). "Interculturalidad y ciudadanía La interculturalidad para todos en América Latina". En López, Luis Enrique (Editor) (2009). Interculturalidad, educación y ciudadanía: perspectivas latinoamericanas.
La Paz: FUNPROEIB Andes, PLURAL.
Valko, M. (2010). Pedagogía de la desmemoria. Crónicas y estrategias del genocidio invisible. Colección Osvaldo Bayer. Buenos Aires: Ediciones Madres de Plaza de Mayo.

La cadena violenta en Córdoba

*Juan Federico**

"Un tiroteo a la mañana, una pelea doméstica al mediodía, una riña callejera por la tarde, una violación al anochecer, un linchamiento a la mañana siguiente: ¿Cómo y por qué estas aparentemente disímiles formas de agresión y daño físico se conectan unas a otras?", preguntan el sociólogo Javier Auyero y la maestra María Fernanda Berti en "La violencia en los márgenes, una maestra y un sociólogo en el conurbano bonaerense" (2013). En el libro, a partir de la experiencia diaria de la docente y de la teoría del investigador, se intentan desentrañar las raíces de la violencia en Arquitecto Tucci, un barrio caliente del conurbano bonaerense, y la descripción es válida para interpretar lo que ocurre en muchos barrios cordobeses.

** Licenciado en Comunicación Social por la Escuela de Ciencias de la Información, Facultad de Derecho y Ciencias Sociales, Universidad Nacional de Córdoba (UNC). Autor de "Drogas, cocinas y fierros", el primer libro sobre narcotráfico en Córdoba (2014). Periodista especializado en "fragmentaciones sociales", escribe en el diario La Voz del Interior, colabora con la revista La Luciérnaga y con otros medios. La mayoría de sus notas pueden encontrarse en el blog Crónicas de la Calle (www.cronicasdelacalle.wordpress.com). Entrevistado para otras publicaciones, también ha disertado en diversos congresos. Premios Adepa, Rodolfo Walsh (Cispren), Luchemos por la Vida, Premio Latinoamericano de Periodismo en Salud, Red Salud, y otras menciones. CE: juanmfederico@ hotmail.com*

¿Cómo que Córdoba no es tan distante a la violencia de una macrourbe como Buenos Aires? La experiencia recogida en distintos barrios de la Capital cordobesa, sectores de clase medio-baja y baja, demuestran que la agresión a toda escala está mucho más activa de lo que muchos creen. Una de las voces que más se ha adentrado en este universo que otros prefieren evitar, es la de la antropóloga social

Natalia Bermúdez, que desde hace años camina las diversas construcciones urbanas de la ciudad de Córdoba. Su diagnóstico es mucho más que un llamado de atención: "Hoy, los jóvenes dicen que saben que no van a vivir mucho, la persecución policial no los desalienta, 'si robo o no, no importa, porque me persiguen igual', aseguran". Antes de continuar, vale la aclaración: la violencia que explota en los barrios cordobeses no distingue clases sociales. Hay peleas en los bailes y en las discotecas de la zona del Chateau Carreras, hay disputas a la salida de colegios públicos y privados; pero es en los sectores de mayor vulnerabilidad donde su costado más extremo aparece con frecuencia. En el mismo sentido, también conviene explicar que lo aquí escrito es un recorte de una realidad mucho más amplia de los barrios y de los jóvenes cordobeses. No se trata de interpretar que solo existe la violencia y que todo el universo gira en torno a ella, sino que este texto, este abordaje, se centra en ese aspecto, y de ahí su recorte, con el objetivo de ahondar en sus causas y sus formas.

Los datos, no oficiales pero sí confiables, son más que contundentes. De acuerdo con un relevamiento del diario La Voz del Interior (Córdoba, Argentina, 2014), en 2013 se produjeron 152 homicidios en toda la provincia de Córdoba, la cifra más alta en cinco años. En 2009 se anotaron 132 crímenes; en 2010, 66, y en 2011, 116. En 2012 fueron 128 los asesinatos, un 19% menos que el año pasado. Noventa de los 152 asesinatos se produjeron en la ciudad de Córdoba, lo que significa una tasa de 6,9 homicidios cada 100 mil habitantes, mayor a la media nacional que es de 5,5. En tanto, si se analiza el número total de la provincia, se advierte que la tasa es de 4,6 crímenes cada 100 mil habitantes, inferior a la estadística del país. De los crímenes que ocurrieron en 2013 en toda la provincia, el 42% –65 homicidios– correspondió a episodios de violencia urbana. Cuarenta y tres de estos casos tuvieron como escenario un barrio de la ciudad de Córdoba, por lo general de clase media-baja y baja; sectores donde las armas de fuego (utilizadas en 31 de los 43 casos relevados) y los "quioscos" de droga proliferaron en los últimos años. A la luz del aumento de los crímenes, la exposición crónica a la violencia es una realidad cada vez más abrumadora en la Capital provincial. De las 43 personas asesinadas en ajustes de cuentas y peleas que se produjeron en la ciudad de Córdoba, 31 no habían superado aún los 30 años. Jóvenes son, en la gran mayoría, los que le ponen el cuerpo a tanta muerte absurda en los barrios capitalinos. También son adolescentes y un poco más grandes aquellos que eligieron disparar un arma de fuego para saldar alguna bronca.

¿Por qué en tantos lugares de la ciudad la vida parece valer tan poco? ¿Qué pasó en estos años para que la fugacidad de la existencia empezara a tomarse como algo más "común"? ¿Por qué vivir y morir aparecen como dos opciones casi similares, sin ninguna reflexión en el medio. A todo esto, ¿quiénes son aquellos que ponen las armas de fuego en manos de estos pibes? En muchos barrios, como supo describir el periodista rosarino Carlos del Frade, para los jóvenes es más fácil conseguir un revólver antes que un trabajo. Al poner cada víctima en un mapa de la Capital, se advierte que Marqués Anexo, Villa General Savio, Bella Vista y Alberdi aparecen como los barrios que más crímenes aglutinaron. Pero sobre todo, también se puede observar que los asesinatos en la ciudad no están restringidos a una zona en particular, sino que se desparramaron en los cuatro puntos cardinales. ¿Es el narcotráfico la causa excluyente de tanta muerte violenta? Si se observa caso por caso, la droga aparece casi siempre como parte de un engranaje mucho más vasto. No siempre se matan en la disputa por un "quiosco" o un territorio (aunque la Justicia tampoco se sumerge mucho en conocer las reales causas, sino que solo se acota a buscar a un homicida sin indagar en los porqués); sin embargo, se advierte que en los sectores donde la violencia crece, también se ha ensanchado la droga y su espiral de corrupción y agresión.

"Buena parte de la violencia que sacude a barrios pobres de Buenos Aires sigue la lógica de la ley del talión: se ejerce como represalia, como respuesta, frente a una ofensa previa. Ojo por ojo, diente por diente. En esto, la violencia en la zona se asemeja a aquella que azota al *ghetto* negro y al *inner city* en Estados Unidos, a la *favela* en Brasil, a la *comuna* en Colombia y a tantos otros territorios urbanos relegados en América. Pero existen otras formas de agresión física que ocurren tanto dentro como fuera del hogar, en la casa y en la calle, que transcienden el intercambio interpersonal y adquieren una forma menos demarcada, más expansiva. La violencia no queda restringida a un ojo por ojo, sino que se esparce, y se parece a veces a una cadena que conecta distintos tipos de daños físicos, y otras a un derrame, un vertido que si bien se origina en un intercambio violento, luego se expande y contamina todo el tejido social de la comunidad" (Auyero y Berti, 2013).

Luces y sombras

Se trata de zonas infectadas por la parte más superficial y débil del narcotráfico. "Narcos" anónimos en la persecución legal que han detectado mucho antes que los funcionarios públicos dónde están las debilidades estructurales. Sindicar como traficantes a aquellos desesperados que venden droga por la ventana de su casa, sería reducir de manera grave un problema que es demasiado social para que reciba como única respuesta el envío de más efectivos armados hasta los dientes.

Mónica Torres, una vecina de barrio Yapeyú que denunció a los "dealers" de su zona, debió malvender su casa y huir del sector tras vivir casi tres años encerrada en su domicilio, luego de ser amenazada de todas formas por los que ella delató. "Me arrepiento de haber denunciado, no lo hago más, porque la única que perdió fui yo", es su cruel moraleja. Por poco dinero, dejó su casa propia y hoy alquila en otra parte de la provincia. "Me quedé sin nada", se queja con amargura. ¿Qué respuesta obtuvo por involucrarse y denunciar? "En mi barrio de toda la vida se quedaron los que venden drogas, yo me tuve que ir. Yo viví encerrada, con custodia permanente, ellos siguieron haciendo lo que querían", resume con gran dolor la mujer.

"Acá en mi barrio –cuenta un vecino de Maldonado– la gente está cansada, quiere denunciar, pero no hay respuestas. Falta trabajo, lugares de contención (del Ipad –el centro público para rehabilitación de adicciones– salen peores, dopados), que la Secretaría de la Niñez –Senaf– se involucre más".

Y continúa con una descripción que hoy bien puede traspolarse a diferentes barrios cordobeses: "Todo el mundo guarda, vende, es natural, ellos (por los traficantes) buscan a la gente que de verdad está mal. Uno le dice a los jóvenes que no se metan en la droga, y ellos responden: '¿Y vos qué me ofrecés?'. Y no tenemos respuestas para darles". Asegura que son demasiados los jóvenes de su zona que terminan presos luego de desertar de la escuela. Cuando vuelven a la libertad, el combo es muy difícil de sobrellevar: de Maldonado y con antecedentes penales, doble estigmatización. Entonces, sin oportunidades, el círculo del que se alimentan los verdaderos "narcos" continúa rodando.

Cuando se discute de "inseguridad", el discurso inmediato apunta hacia la Policía. La señala por "zonas liberadas", por inoperante, por no desbaratar a aquellos que venden armas o drogas, por no ir a buscar a los que todos conocen. Sin embargo, son pocas las voces que se atreven a un debate más serio y abarcativo, que involucre en el discurso, el compromiso y la acción a los ministerios de Desarrollo Social, Educación y Trabajo, que hoy parecen ser espectadores de un drama que tiene componentes mucho más sociales que policiales.

Nombrar todos los barrios con dramas similares terminaría por llenar varias líneas sólo con ellos. Más interesante es bucear en lo que tienen en común: jóvenes a la deriva, armas fáciles, droga corriente, desocupación, policías protegiendo a los "dealers", una Justicia ausente y lejana, un Estado presente –pero sólo con esa mala Policía, discriminando con el Código de Faltas–, "punteros" básicos y calculadores, el clientelismo en su forma más mezquina, la carencia de servicios básicos.

Porque muchas veces, se insiste con que el Estado está ausente. La realidad nos enseña todo lo contrario: el Estado está presente en esos vacíos, en las grietas inmensas del sistema educativo, en la falta de oportunidades laborales, en una Policía que utiliza a los jóvenes para inflar estadísticas o, en el caso de las chicas, como conquistas sexuales. Escuelas aisladas, islas dentro de sectores a los que no ingresa ni el ómnibus, mucho menos taxis y ambulancias.

¿Qué esperar qué ocurra donde todo falta? "El morir siendo joven – describió la antropóloga Bermúdez (La Voz del Interior, Córdoba, Argentina, 2013)– atraviesa por una etapa de progresiva normalización, en la cual intervienen un conjunto múltiple de procesos, entre los que se encuentran la escasez de recursos materiales y sociales, la criminalización, represión policial abusiva, encarcelamiento, facilidad para conseguir armas, y conflictos entre grupos locales".

La inseguridad es lo que hoy más atemoriza a la clase media y sectores más acomodados de la Capital. Con frecuencia, su reclamo se exterioriza y gana las pantallas de los noticieros y páginas de los diarios. Pero entre los que protestan, por lo general, no están los vecinos de estos barrios, marginales y marginados, acostumbrados, a la fuerza del cansancio, a convivir entre tiros, chicos drogados que buscan arrebatar una moneda, códigos del más fuerte, falta de patrullaje, oscuridad, yuyos altos.

Desde los discursos oficiales sólo se ocupan de que la inseguridad no crispe a los votantes, por lo que cada homicidio violento es informado con un tufillo a "por algo será". O en un lacónico "ajuste de cuentas" que nada explica pero que tiene como fin enmascarar las cifras, llevar un falso mensaje de tranquilidad al resto: "Sólo se matan entre conocidos". O entre nadies.

Las denuncias se conocen, los "quioscos" son más que visibles y los "teros" (pibes que por unas migajas se paran en las esquinas para avisar de cualquier movimiento "extraño") son fáciles de identificar. Las armas pasan de mano en mano pero jamás se conoció una investigación judicial seria y efectiva contra alguno de los proveedores de este negocio ilegal. Están las "cocinas" de droga, los traficantes de la pasta base, los distribuidores de los químicos, las "mulas" que ponen el cuerpo, el "dealer" que encuentran una salida y los consumidores de todas partes. No aparecen causas concretas con los verdaderos narcotraficantes, no se busca la ruta del dinero sucio.

Ante el vacío de la apatía y el ninguneo, el narco hace su juego. Crecen, se alimentan de los desesperados, coquetean con el poder y despliegan su enorme poder corruptor.

La pobreza, claro está, no es sinónimo de violencia ni de delincuencia, aunque muchos se esfuercen, a través de la repetición, en aunarlos en un mismo concepto. Pero existen condiciones estructurales, carencias, que bien sirven de caldo de cultivo para que el crimen organizado se nutra de mano de obra desesperada.

En la provincia de Córdoba hay casi 57 mil jóvenes, de 18 a 24 años, que no estudian ni trabajan. Esta cifra representa el 12,4% de la población de ese grupo etario, según un estudio realizado por el Ieral (Instituto de Estudios Económicos sobre la Realidad Argentina y Latinoamericana) de la Fundación Mediterránea, que resalta que la casi totalidad integra segmentos sociales de bajos recursos.

El desempleo tiene estadísticas totalmente diferenciadas si se trata de jóvenes y mucho más si son pobres. Va de la mano de un sistema educativo expulsivo donde son muy pocos los chicos que terminan el secundario y una sociedad donde la cultura del miedo cierra casi todas las puertas a los habitantes de la villa acostumbrándolos y naturalizando para ellos el vivir en condiciones de subsistencia.

Esa violencia que deja el campo fértil para la proliferación de "nuevos trabajos": "dealer", "tero", vivir de alquilar casas como "cocinas" o como depósitos de insumos o armas.

En los últimos años, desde los medios masivos de comunicación se ha insistido en instalar el debate de la despenalización de las drogas ilegales.

La aberración de poner presa a una persona consumidora de droga, por tenencia de uno o dos "porros" de marihuana o unos gramos de cocaína generó la necesidad de reformular de manera urgente las leyes, más cuando la Corte Suprema de la Nación sentó jurisprudencia en 2009. No obstante, los tiempos legislativos no acompañaron esta urgencia y se espera que entre 2014 y 2015 se pueda generar un nuevo Código Penal que contemple esta modificación.

Sin embargo, el supuesto debate mediático redujo el tema de una manera alarmante y terminó confundiendo aún más la situación en muchos barrios de Córdoba. "Hay que tener mucho cuidado en la forma en que se presenta la despenalización, porque para muchos pibes que viven con el 'porro' en la boca todos los días, el mensaje que llegaba es que ahora estaba todo bien, que no era malo fumarlo", refirió un hombre que hace años trabaja en un barrio urbano marginal de la ciudad de Córdoba.

Es que así, como está planteado el contrato socio-político, en el que el debate por el narcotráfico aparece separado de la educación, la cultura y el trabajo, despenalizar el consumo sin remediar antes las otras urgencias puede terminar condenando a los chicos de los barrios más marginados a ser consumidores que terminará esclavizados por los peces gordos del lugar.

No es lo mismo que una persona de clase media o alta, con estudios y trabajo formal, decida consumir marihuana o cocaína de manera recreativa los fines de semana, que dejar librado a la suerte a un chico que no tiene demasiadas opciones en un ámbito donde la muerte está a la hora del día y la droga es trabajo y moneda de canje.

Tamara, el nombre del vacío

¿Por qué se insiste en alertar sobre la relación jóvenes/escuela/trabajo/ drogas? Porque la cara más dramática de este coctel de ausencias se muestra cada vez más en los barrios cordobeses.

Sólo como una cruel síntesis de lo que se viene planteando, se trae ahora el recuerdo del asesinato de Tamara, en 2013 en Villa Urquiza. Una muerte que, aunque no generó el clamor social que otros casos sí produjeron, bien resume lo mal que se vive en muchos barrios de la Capital provincial.

Tamara tenía 13 años. Ya soñaba con empezar el colegio secundario. Estaba anotada para arrancar el lunes 25 de febrero de 2013 en las aulas del colegio Marina Waisman, ubicado a un costado del Parque de las Naciones. A la mayor parte del primario la había cursado en la escuela Benjamín Matienzo, en la misma manzana ubicada sobre la avenida Sagrada Familia. Su madre, Rosario, trabajaba allí cerca, en la limpieza del Club Bajo Palermo. Juntas, desandaban las 17 cuadras que las llevaba hacia su casa de Villa Urquiza. Menos de dos mil metros que separaban dos mundos enquistados en una misma sociedad.

A unos 10 minutos en auto del Centro, rodeado de la opulencia de las concesionarias, el hipermercado y las nuevas torres inmobiliarias, Villa Urquiza quedó cada vez más hundida entre las avenidas y el río Suquía. El cauce que lo separa del coqueto Urca, parece ser una frontera entre dos ciudades opuestas que conviven en una sola.

En este barrio la inflación no es sólo económica; todo cuesta el doble. Hombres y mujeres que se levantan al alba y regresan al anochecer. Para conseguir trabajo, muchos mienten sobre el barrio en el que viven. Es que lo que se conoce de Villa Urquiza en los medios suele estar signado por la mala noticia: robos, drogas, secuestros virtuales, ajustes de cuenta, tiroteos. Pero allí, la mayoría son laburantes.

Los chicos aprenden a cuidarse entre sí, jugando en las calles de tierra. La iluminación pública es escasa y los taxis y ambulancias remolonean más de la cuenta para ingresar. "Zona roja", dicen los de afuera pero son los de adentro los que más sufren la inclemencia social: sordos, ciegos y mudos, aprenden a convivir entre los códigos que impone el hampa.

Los "quioscos" de droga, recurso al acuden los desesperados, proliferan como en otros puntos de la Capital. Con ellos, aparece de la mano el "narco", invisible, pero presente en toda la dinámica cotidiana. Recluta a los chicos y jóvenes que, a la deriva, encuentran en estas células de traficantes empobrecidos una salida, aunque sea simbólica, para intentar evitar el ninguneo. Sentir, como lo supo explicar alguna vez el sociólogo Emilio Tenti Fanfani, que tienen un lugar en la sociedad, un rol de pertenencia en el que se sienten cubiertos ante tanto desamparo.

Villa Urquiza, al igual que tantos barrios de la ciudad de Córdoba, es un territorio librado a su suerte. El Estado está presente, pero en su peor forma. "A los policías los vemos que pasan por los 'quioscos' de droga", denuncian los vecinos. Muchos recuerdan cuando en un operativo los policías se fueron con tres kilos de cocaína secuestrados pero en la ficha, figuraron sólo 300 gramos. El "dealer" pronto volvió a la calle. Una historia imposible de comprobar, porque no hay registros en ninguna parte de que esto realmente haya ocurrido. Pero fácil de creer, si el sentido común observa que los "quioscos" se desparraman a la vista de todos.

Los "punteros" sólo buscan el rédito. Los comedores hacen magia para contener a los chicos con las migajas que les llega de arriba (siempre con retraso, claro). Y el colegio, a todo esto, es un dique de contención, pero que cada vez se resquebraja más. De los 90 adolescentes que comienzan el secundario en el colegio del barrio, a lo sumo 10 estarán matriculados en sexto año. "Porque los chicos tienen otras urgencias", supo responder hace pocos años una profesora.

El lunes 18 de febrero, a las 20 hs., cuando aún la noche no había llegado al barrio, Tamara fue con su madre a la verdulería ubicada a una cuadra de su casa, en la esquina de Igualdad e Irós, a pocas cuadras del río; Habían llegado al barrio hacía pocos años, luego de que se mudaran de Buenos Aires, cansadas de la inseguridad.

Cuando Rosario –su madre– pasó adentro, Tamara se quedó esperándola en la vereda. Vio que por la calle pasaban cuatro chicos de 14, 15 y 17 años. Y que más allá los esperaban otros, de la misma edad, casi tan jóvenes como ella. Los conocía de haberlos cruzados casi todos los días en el barrio. De pronto, empezaron a correr. Eran dos bandas que se disputaban un poco de absurdo reconocimiento. Cruzaron tiros, varios.

La mayoría iba armada. Otra vez, la pregunta de siempre: ¿de dónde salen estas pistolas y revólveres? Ninguno tenía puntería, sólo gatillaban casi sin saber. Todos, fuera del sistema escolar, a la deriva y con problemas de adicciones. Desde una nueve milímetros salió el balazo que terminó con la vida de Tamara. Un nombre que ahora simboliza el vacío que existe en tantos lugares de una ciudad bastante desigual.

Eslabones cortos de una cadena inmensa

¿Quiénes son los que ponen el cuerpo en la guerra silenciosa de los "narcos" en los barrios de Córdoba? ¿Quiénes están detrás de una olla, donde la pasta base de Bolivia se transforma, en una villa cordobesa, en clorhidrato de cocaína? ¿Quiénes todos los días llevan la droga de un punto a otro, caminando o en moto? Adolescentes y jóvenes es la respuesta. Un ejército de desesperados, de excluidos, de chicos que no encuentran un sentido de pertenencia en ningún lado. Son la carne de cañón de un negocio multimillonario del que sólo conocen menos que las migajas. Son los mismos que figuran en las crónicas rojas de los crímenes que cada vez aumentan más en los barrios de la Capital o en las estadísticas de los procedimientos policiales por tenencia o venta de drogas al menudeo.

Sus historias, sus faltantes, sus derroteros, son diferentes, como cada historia en particular. Pero la raíz, la generalidad que se esconde detrás de cada caso parece ser la misma.

¿Qué respuesta se da desde el Estado al avance del narcotráfico? Desde fines de 2006 deambula por los laberintos de la Justicia Federal un amparo inédito presentado por ciento de vecinos de la ciudad y el Gran Córdoba que pedían la intervención de Gendarmería y programas laborales para contrarrestar a los "narcos". Solo un porcentaje pequeño logró acceder a algún plan de inserción, según supo apuntar el abogado que los representa, Aurelio García Elorrio.

En diciembre de 2012 comenzó a regir la nueva ley provincial antidrogas, que desfederalizó el combate contra la venta al menudeo de estupefacientes. A partir de entonces, la Justicia Provincial se comprometió en la lucha contra los "quioscos" de drogas, con el argumento de que la Justicia federal iba a tener más tiempo para buscar a los "narcos" que se quedan con la tajada más grande de la torta.

Según estadísticas, en los tres primeros meses de esta ley, hubo un promedio de 13 detenidos por día, aunque la cifra bajó al llegar a la justicia, ya que varios de ellos son consumidores que fueron controlados antes de allanar una vivienda ("es la prueba de que allí se vendía", se justificó). "Sabemos que si cerramos un 'quiosco' y detenemos al dueño, al mes vamos a volver y encontraremos a la mujer vendiendo. Y después al hijo... pero nosotros cumplimos con un reclamo de la sociedad", describió una fuente con acceso a estas causas. En marzo, una mujer y su hija, ambas pobres y con chicos menores de edad a cargo, fueron las primeras condenadas por vender drogas en el marco de la flamante ley.

Durante estos meses, en contrapartida, no se conoció ningún operativo de envergadura contra un traficante considerado "gordo".

En septiembre de 2013, el llamado "narcoescándalo" saltó a la consideración pública. Aunque ya había antecedentes desde hacía años, y en los barrios pocos se mostraron sorprendidos, por primera vez la Justicia Federal investigaba a un importante grupo de policías, con alta jerarquía, acusados de encubrir a narcotraficantes, en el medio de una serie de negocios ilegales.

Pese a que con la caída de los presuntos corruptos se podía pensar que la productividad de la fuerza en la lucha contra los traficantes iba a aumentar, sucedió todo lo contrario. Una profunda crisis interna quedó al descubierto y el Gobierno de la Provincia perdió el control de la Policía.

Uno de los primeros que alertó sobre esta cuestión, mucho antes del narcoescándalo, fue el jurista Alberto Binder, quien disertó en Córdoba en 2013. Miembro del Instituto Latinoamericano de Seguridad y Democracia, reconocido asesor de organismos de cooperación internacional en temas de reforma judicial, política criminal y de seguridad, brindó un interesante panorama para tener en cuenta al momento de planificar una política de seguridad.

"El eje de la política social no es la seguridad, es la construcción de una sociedad en la que creemos que vale la pena vivir. Hay que enfocarse en la lucha contra los mercados ilegales, que son un problema de plata y de negocios, no de pobreza", aclaró al comenzar.

Luego, repasó que en todo el país existió históricamente una "lógica de doble pacto entre la dirigencia política (no hizo distinciones de partidos o ideologías) con la Policía y de ésta con la criminalidad". En síntesis: que la política se desentendía de la lucha contra el delito, delegaba todo en la Policía con la condición de que no trajera mayores problemas; la Policía, "negociaba" con los delincuentes para que el crimen no generara caos social.

Sin embargo, a fines de la década de 1990, este "pacto" se rompió en varias provincias y sobrevinieron las conocidas crisis de las fuerzas (hasta allí, no en Córdoba, aclaró) sin que se hubiera advertido una solución superadora.

Al estallar en Córdoba el escándalo político-policial tras la detención de los policías de Lucha Contra el Narcotráfico, el "pacto" también se hizo trizas en la provincia. Quedó al descubierto cómo en Córdoba también la Policía controló los territorios que quedaron liberados por la desidia política. Acción u omisión, lo concreto es que durante años en la provincia, la droga corre más que el pan caliente en muchos sectores de la Capital y en otras grandes ciudades de la provincia.

Al mismo tiempo, mientras la oferta y demanda de cocaína, marihuana y ansiolíticos se desparramaba en Córdoba, los operativos contra los narcotraficantes eran casi una caricatura de mal gusto. Hace años que en la provincia no se desbarata a una organización integral de narcotraficantes; lo que significa una larga cadena de eslabones, desde el que lleva la pasta base hasta los "quioscos" en las que se vende la cocaína, pasando por la "cocina", los proveedores de químicos y, sobre todo, los financistas.

Hace años que en Córdoba, los policías antidrogas informaban a la Justicia y a la prensa que las investigaciones "exitosas" habían nacido a partir de una "llamada anónima". Lo que es lo mismo que un informante ilegal, un operativo "trucho", una máscara para encubrir que en la provincia a los verdaderos narcotraficantes hace rato que nadie les pone el cascabel.

¿Qué controles judiciales fallaron? ¿Cómo pudo ser que durante años se falsearan operativos? ¿Qué sucedió para que supuestos narcotraficantes fueran condenados con pruebas endebles generadas en dudosos operativos? Pese a la conmoción que generó el caso, su trasfondo quedó opacado porque lo que se descubría recién en 2013 en Drogas Peligrosas, era la misma metodología que las organizaciones sociales venían denunciando desde hace años. ¿Acaso los operativos antidrogas ilegales no perseguían el mismo fin de generar estadísticas al igual que los detenidos por el Código de Faltas? Encubrir, detrás de los números, la ausencia de investigaciones serias, profundas, comprometidas.

¿Qué ha hecho, hasta el momento, el poder político ante las críticas por la mala implementación del Código de Faltas? Defenderlo. Legitimarlo. Maquillarlo. Lo mismo que con la ley provincial de Trata de Personas, que hasta ahora, a través de la Policía (siempre con el aval de la Justicia), ha perseguido, sobre todo, a las mujeres trabajadoras sexuales que lo hacen para sobrevivir. Los proxenetas continúan libres, conocidos por los mismos efectivos de Protección de las Personas que durante casi 80 años "controlaron" los prostíbulos que funcionaban a la vista de todo el mundo pese a estar prohibidos por ley nacional.

¿Y los desarmaderos clandestinos a los que van a parar los más de 20 vehículos robados por día en la ciudad de Córdoba? ¿Quién los ha protegido durante todo este tiempo? En 2012, el fiscal federal Gustavo Vidal Lascano imputó a 11 policías de diferentes rangos de Sustracción de Automotores, hubo una purga en esa división, pero el mercado ilegal continuó intacto.

¿Y las armas? ¿Alguna vez se allanó a algún proveedor importante? Por 200, 300 pesos, un chico de 13 años hoy puede tener un revólver en la mano.

Por ello se insiste con que el control político de la Policía ha fracasado. No existe, hasta ahora, ningún plan para rever la formación de los uniformados. Tampoco se han puesto en tela de juicio los recursos con que cuentan para investigar. El "pacto" ha fracasado. La Policía es, en muchos barrios, casi la única presencia del Estado ausente en todos los otros niveles. El "control territorial" para evitar el caos social ha sido perjudicial para la sociedad. La gente no confía en la Policía; es más, la señala como una parte importante del problema.

Mientras tanto, los traficantes, los proxenetas, los desarmaderos, continúan operando con total impunidad.

Una ausencia macro que repercute en cada barrio

A fines de junio de 2013, la oficina Contra las Drogas y el Crimen de las Naciones Unidas (ONU) publicó, por primera vez, un ranking sobre el origen de los cargamentos de estupefacientes decomisados en el mundo. Según se aprecia en la página 140 del informe, Argentina aparece entre los tres primeros territorios mencionados como punto de partida de la droga.

Se trató de un trabajo elaborado a partir de la recopilación de datos que corresponden a los últimos 11 años, entre 2001 y 2012, en cuanto a los procedimientos en los que hubo importantes secuestros de cocaína, marihuana o drogas sintéticas en todo el mundo.

De esta manera, se especificó que Colombia, Brasil y Argentina componían el podio de las tres naciones de las que había salido más droga hacia el resto del mundo. El país, pese a que no es productor de coca ni de marihuana, llegó al tercer escalafón de este ranking indeseado.

¿Por qué Argentina? Porque, han respondido diferentes especialistas, el descontrol de las fronteras facilita la labor de las organizaciones de narcotráfico. Para ellas, es más fácil introducir la pasta base de cocaína en el país, terminar de elaborar aquí el clorhidrato de cocaína aprovechando la gran industria química que tiene el país, y después llevar, desde los puertos locales hacia Europa la droga ya lista.

Este descontrol quedó evidenciado a principios de julio del mismo año, cuando se conoció un informe interno de la Auditoría General de la Nación (AGN), que luego de evaluar los procedimientos en los puertos de Buenos Aires, Campana y San Lorenzo, entre julio de 2010 y junio de 2012, concluyó –en más de 300 páginas– que los escáneres instalados en los puertos no servían para detectar estupefacientes.

"Del relevamiento llevado a cabo surgió que ninguna de las terminales cuenta con escáneres cuyo software permita diferenciar entre elementos orgánicos e inorgánicos", se lee en este informe. También se alertó que no había un protocolo claro en cuanto a cómo manipular los precintos y que no funcionaban las cámaras de seguridad tanto en el puerto de Campana como en el de San Lorenzo.

En otro informe, la AGN también evaluó de manera negativa el funcionamiento de la Aduana en los aeropuertos de Córdoba, Ezeiza y Mendoza, aunque en el caso de Córdoba, tras difundirse esta noticia, el fiscal federal Gustavo Vidal Lascano fue hacia la terminal aérea y corroboró que, en apariencia, el sistema de seguridad sí funcionaba.

Junto a estas críticas, el titular de la AGN, Leandro Despouy, denunció que los puertos de la Argentina eran "zonas liberadas" para el tráfico de drogas. Agregó que había una "ausencia deliberada" del Gobierno para el control de los puertos y las fronteras del país.

A todo esto, desde la AFIP respondieron que Despouy carecía de conocimiento técnicos para opinar así y que el país había aprobado estándares internacionales de seguridad aduanera.

Pero más allá de las denuncias y desmentidas, la realidad es una: por el país, la droga corre de manera muy cómoda.

A los pocos días también se conoció que había sido un fracaso el Operativo Norte, implementado desde junio de 2011 en el norte del país para contrarrestar el ingreso de vuelos clandestinos. Los promocionados radares, en realidad se tratan de aparatos ya utilizados en la Guerra de Malvinas, en 1982, que fueron "mejorados". Los aviones para perseguir aeronaves ilegales no están preparados para hacerlo y la tecnología que se ha incorporado lejos está de haber sido la más necesaria. Las compras, coincidiendo con las fuentes, parecen responder más a un negocio que a una decisión estratégica. De esta manera, las avionetas clandestinas continúan ingresando a toda hora, en especial en la provincia de Santiago del Estero y en el norte de Córdoba.

Pero lejos de ser un país de tránsito, semejante cantidad de droga que pasa por territorio argentino va dejando secuelas internas.

Antes del severo relevamiento sobre la "exportación" de cocaína, Argentina ya había sido ubicada en el primer puesto, en América latina, en cuanto al consumo de cocaína (y el segundo de todo el continente, detrás de los Estados Unidos), en el Informe Mundial de Drogas de la ONU.

Un conjunto macro que deriva en lo micro: "quioscos", "dealers", ejército de jóvenes cooptados por los "narcos", ajustes de cuenta, escaladas de violencia, dramas familiares. La violencia como cadena, según observaron Auyero y Berti en Buenos Aires (2013), descripción que, pese a que duela, también representa a esta Córdoba.

"En realidad, creemos que la cadena de violencia aquí develada actúa, entre los residentes de Arquitecto Tucci, como lo opuesto a una expresión liberadora. Es, más bien, una confirmación de la idea de que el lugar donde viven es un espacio 'otro', estigmatizado y estigmatizante, peligroso y relegado, en el sentido literal del término: un lugar apartado y subordinado" (Auyerto y Berti, 2013).

Referencias bibliográficas

Auyero, J., Bertí, M. F. (2013). La violencia en los márgenes. Una maestra y un sociólogo en el conurbano bonaerense. Serie Discusiones. Buenos Aires: Katz Ed.

Tenti Fanfani, E. (1999). Civilización y Descivilización. Revista estudios sociales. Año XXXV, N° 127. Buenos Aires.

Ritos y violencia en Córdoba. Los jóvenes y el Estado Penal

*Lucas Crisafulli**
*Inés León Barreto***

Introducción

No todas las historias de las instituciones tienen un hilo conductor de producción e interpretación. Pero algunas sí. La del poder punitivo bien podría hilvanarse a partir de los discursos en un primer término y de las prácticas luego, vinculados con la construcción sistemática de un destinatario predilecto del poder de castigar del Estado. Brujas, inmigrantes, judíos, armenios, subversivos o joven delincuente han sido (y son) el objeto de la persecución estatal –a veces legal, a veces ilegal y la mayoría de las veces en esa cornisa difusa entre sus fronteras–.

Construidos como portadores de todos los males, y por ello descontextualizados histórica y políticamente, los destinatarios preferidos del castigo del Estado han mutado siempre en una suerte de chivos expiatorios, no solo en su condición de víctima sacrificable, sino también porque su invisibilización produce algún tipo de seguridad entre los espectadores, lo que implica que logra una forma de

** Abogado. Profesor en la cátedra de Criminología de la Facultad de Derecho y Ciencias Sociales de la Universidad Nacional de Córdoba. Investigador en el proyecto dirigido por Ana Correa: "Producción de sentidos y subjetividad en el espacio carcelar: acceso a derechos y justicia", Centro de Investigaciones de la Facultad de Filosofía y Humanidades, UNC. CE: lucascrisafulli@hotmail.com*

*** Abogada. Profesora en la cátedra de Criminología de la Facultad de Derecho y Ciencias Sociales de la Universidad Nacional de Córdoba. Investigadora en el proyecto dirigido por Ana Correa: "Representaciones sociales en seguridad: el espacio carcelar", Centro de Investigaciones de la Facultad de Filosofía y Humanidades, UNC. CE: leonbarretoines@hotmail.com*

solidaridad simbólica entre los que quedan fuera de ese sector seleccionado. Estas víctimas –brujas, inmigrantes, judíos, armenios, subversivos o jóvenes de sectores populares– han sido producto de un contexto histórico, económico, cultural determinado. Cada proyecto político escogió sus enemigos e instauró así la racionalidad punitiva en las antítesis de su legitimidad. Por eso el teocentrismo "produjo" las brujas, y por eso el liberalismo de finales del siglo XIX y principios del XX en nuestro país seleccionó a los inmigrantes anarcosindicalistas. Aquel grupo que se atrevía a cuestionar la conformación de las bases del Estado Nación devino enemigo a combatir.

El presente ensayo tiene como objetivo analizar la racionalidad política actual, en Córdoba, que erige a los jóvenes de las barriadas como enemigos. Pero también es la intención de estas líneas describir aquellos discursos que producen enemigos y escudriñar los ritos que el Estado realiza como nueva forma de eliminación: las prácticas de las detenciones masivas por código de faltas a jóvenes cordobeses por su cuádruple condición de pobre, mestizo, barrial y joven.

Rasgos socioterritoriales y sectores populares

Pensamos a las violencias –esa violencia prepolítica y desorganizada proveniente de un lugar, y aquella violencia política y organizada desde el Estado para conservar, desde el otro– como impuestos salvajes a pagar para seguir consumiendo un plus abonado en las sociedades de capitalismo tardío que distribuye por igual el deseo efímero por las mercancías pero no los medios para adquirirlas. Por un lado, entre el deseo de la mercancía y su placer (siempre finito en cuanto infinito es el deseo por consumir) se encuentra solo la violencia. Por el otro, entre la conservación de lo permitido y la utilización de los mismos medios prohibidos, se encuentra también la violencia, en este caso ideológica.

Ahora bien, una tercera violencia aparece aquí. No ya la de quien quiere consumir y no alcanza, ni la del Estado que violenta aquella otra violencia. Aparece la violencia en la que se imponen sutilmente ambas violencias como forma "natural" de interacción social, es decir, la violencia de la ideología a la que también podemos llamar seguridad, pues dicho término ha sido impuesto de forma hegemónica siempre en sentido conservador.

Que en los últimos treinta años a nivel mundial se haya construido hacia dentro de cada Estado a los jóvenes de sectores populares como portadores de todos los males sociales no es casual. Aquellos expulsados de la cadena de consumo son incluidos en la cadena punitiva. En efecto, la instalación de las ideas neoliberales no vino solo a producir modificaciones en el mercado, sino que dejó una profunda huella en lo socioterritorial: la desigualdad exacerbada como una consecuencia casi obvia de esta forma de capitalismo predatorio también cristalizó en nuevas formas espaciales; no solo en la ya clásica tensión entre ciudades barrios para pobres y barrios cerrados para ricos, sino también en aquellos espacios que, declarados como públicos, no todos, pueden transitarlos ni utilizarlos.

Si la tensión en el capitalismo del siglo XIX analizada por Karl Marx fue entre burgueses y proletarios, la tensión durante el neoliberalismo es más elemental: ya no se trata del trabajador en lucha por exterminar las formas de explotación, sino de expulsados del sistema que bregan por incluirse en las cadenas laborales, aunque sea como explotados. Esta transformación producida por el neoliberalismo deja a una importante porción de la sociedad al margen de todo vínculo de utilidad usufructuada por el capitalismo: hay una porción que en términos de mercado es excedente. ¿Qué rol juegan las lógicas de encierro? Ya no es la cárcel, la fábrica o la escuela que intentan disciplinar a los sujetos en términos foucaultianos; sino nuevas lógicas punitivas que transforman a las víctimas del sistema económico en victimarios del sistema social: allí reside el rol de víctima sacrificable de los jóvenes de sectores populares devenidos chivos expiatorios; contra ellos no solo se depositan todos los males sociales, sino también todos los esfuerzos estatales. Son ellos la prueba viviente del fracaso del neoliberalismo. Sin embargo, lejos de ser concebidos como tales, se los construye en tanto enemigos en una estrategia continuista de instauración de una cierta legitimidad de prácticas, discursos y políticas. Por eso las cárceles pobladas de jóvenes ya no son fábricas disciplinadoras, sino mero depósito de mercadería humana fallada. Ya no se requiere disciplinar, pues el mercado puede prescindir de estos jóvenes.

Claro que si un segmento del sistema penal ha sufrido serias transformaciones, no es el de la cárcel (aunque sí podríamos hablar de su aumento y su cambio de función), sino el sistema contravencional. Los números indican que los últimos diez años en Córdoba ha habido un crecimiento de 709% de la cantidad de detenidos por contravención. Ya ni siquiera delincuentes, sino meros escandalizadores públicos, ebrios, caminando sin su documento o más concretamente: transitando por espacios públicos construidos y pensados para una clase media-alta con las credenciales inadecuadas, esto es, ser pobre, mestizo y portar la cultura del barrio en sus cuerpos, materializada como vestimenta, accesorios o tonada cordobesa.

El sociólogo francés Loïc Wacquant (2010) utiliza una distinción para describir el sistema penal norteamericano, país con la tasa de encarcelamiento más grande del mundo: no existe un encarcelamiento masivo según Wacquant, sino un hiperencarcelamiento selectivo. Enrejar masivamente implicaría que todas las clases sociales se encuentren representadas en las prisiones; sin embargo, en EE.UU. hay una sobrerrepresentación de la población afrodescendiente en primer término y latina en segundo lugar. Además de ser no-blanca, la mayoría de los detenidos en Estados Unidos es pobre. Esta diferenciación nos resulta útil para explicar el sistema contravencional cordobés. Pese a la extensión que desde hace diez años viene sufriendo, al aumento exagerado de la cantidad de detenidos, no están representadas todas las capas sociales en las prisiones contravencionales. Hay una sobredimensión de un sector social por sobre otro. Aquí, a diferencia de los EE.UU., no es la población afrodescendiente la principal destinataria de las políticas de seguridad. El objeto de las políticas securitarias, su materia prima, es el negro cordobés. Una combinación de variables socioculturales y económicas son las que le dan forma a este sujeto, nuevo enemigo construido desde el discurso hegemónico como portador de todos los males y, a su vez, con los pasaportes erróneos para circular libremente por los espacios públicos. Aquellos sujetos víctimas del neoliberalismo, de las políticas de ajuste, del desempleo masivo, son los nuevos sujetos sacrificables a quienes, construidos como enemigos desde los discursos y las prácticas, no solo se tolera sino que también se alienta la aplicación del dolor a través del encierro contravencional.

El neorracismo o la taxonomía de las pieles

¿Qué hace que jóvenes se conviertan en objeto de castigo? ¿Qué elementos juegan a nivel material y simbólico para expulsar encerrándolos? ¿Cuál es ese pasaporte que no tienen? Las descripciones vagas sobre la clase social no son suficientes para dar cuenta de la segregación de la que son objeto. En un primer acercamiento diremos que transitan con el estigma construido en un continente indígena colonizado por europeos y que dio como resultado el mestizaje. Ser mestizo, morocho, oscuro, trigueño; en definitiva: no blanco. La tonalidad de su piel será la primera marca simbólica de ese pasaporte que le veda la circulación y permanencia en un territorio para blancos y de la clase media. He aquí pues, en la mirada escrutadora del policía, el racismo encarnizado. Se trata de una ideología que esencializa atributos físicos o étnicos de un grupo humano, atribuyéndole caracteres sociales o culturales por su adscripción a una "raza", con el fin de inferiorizarlos. Desde luego, utilizar la palabra "raza" en las definiciones de racismo conlleva la dificultad de definirla. Por un lado, los sectores conservadores que postulaban la existencia de la raza –como Gobineau– se negaban a sí mismos como racistas. Por otro, sectores más progresistas de distintas disciplinas sociales, como así también biólogos y genetistas, negaron la existencia de razas y postularon una única raza, la humana sobre el supuesto de que si no hay razas, no hay racismo.

Un análisis más detenido de la cuestión nos obliga a puntualizar qué entendemos por racismo y qué alcances daremos al semantema en nuestro contexto histórico. Es innegable la inexistencia de razas en el sentido dado por el racismo científico de finales del siglo XIX y principios del siglo XX. Vale decir, la raza entendida como la esencialización de la identidad y de caracteres y habilidades sociales a partir de rasgos fenotípicos. En ese caso la raza es una construcción social para legitimar una estructura de explotación hacia todos aquellos considerados como de razas inferiores. Sí, en cambio, existe una multiplicidad de fisonomías socialmente adscriptas a una raza. Por cierto, negar lo racial no conlleva la eliminación, así sin más, de las prácticas racistas, sino que simplemente oculta la importancia de lo fenotípico –la pigmentación de la piel, por ejemplo– en las prácticas políticas, lo que ha dado como resultado la negación del racismo en las estrategias de control y segregación. Para los estudios sociales poco importan las clasificaciones sobre razas. Pero sí interesa la taxonomía simbólica sobre atributos físicos que construyen un espacio social. Vale decir, no es lo físico como tal, sino el universo de representaciones que las marcas en el cuerpo generan y cómo esos signos son leídos por el poder punitivo del Estado; es decir, si bien no existen razas, sí existen atributos físicos que son construidos como estigmas, y ser morocho es, en estas tierras, parte de esas características socialmente despreciadas.

La sociedad moderna se construye a partir de distintas estratificaciones. Edad, sexo, "raza", clase, normalidad son criterios de clasificación no neutrales. Si el discurso hegemónico se construyó desde la cosmovisión de un adulto, varón, blanco y de clase media, parece viable pensar que quien no ingresara en esos parámetros, sería inferiorizado. Dicha minusvaloración tampoco es imparcial, pues si el objetivo de todo discurso hegemónico es lograr la dominación, resulta obvio quién sería subalterno y quién pertenecería a las elites dominantes. Sin embargo, no es solo el pigmento de la piel lo que hace del joven objeto de intervención policial. Habrá otros jóvenes mestizos que sin embargo, tienen las credenciales adecuadas para habitar el espacio. Margulis y Belvedere (2003:79) constatan que a "medida que se desciende en la escala social, se oscurece el color de la piel": entablando una relación entre clase y raza, analizan la categoría de "racialización de las relaciones de clase" para referirse a la configuración simbólica, política y social en la que la "raza" funciona como disvalor o estigma que acompaña a la clase.

Desde los inicios remotos del sistema penal, atrapar al pobre ha sido una de sus mayores aficiones. Quienes ardían en la hoguera de la Inquisición no eran profesores universitarios, hacendados o miembros del clero o la nobleza; eran pobres. Personas sin recursos económicos. Este afán de perseguir pobres ha sido una constante, pues mientras más cerca se está del poder económico, más lejos se está del poder punitivo. A estas variables hay que sumarles la portación de una cultura. A tal fin, resulta útil el aporte de Rossana Reguillo Cruz (2012: 77), quien advierte que el término socioestética suele referirse a la "relación entre componentes estéticos y su proceso de simbolización, a partir de la adscripción de los jóvenes a los distintos grupos identitarios". El joven controlado es quien se conduce con una socioestética específica que lo estigmatiza. Calzado, ropa, accesorios, formas de tatuajes, cortes y colores de cabello operan en el mundo simbólico en tres direcciones: identifica/diferencia/reconoce. En primer lugar, funcionan como emblemas para identificarse entre iguales, como una marca de reconocimiento y adscripción a un grupo de pertenencia. En segundo término, actúan en tanto diferenciación de la Otredad, para reconocer al otro como distinto. Por último –y ello es lo más relevante en nuestro análisis–, funcionan para los miembros de las fuerzas de seguridad como una marca cultural con la cual reconocer al enemigo a combatir. En este sentido, y así como no cualquier característica fenotípica, ni toda clase social conllevan el estigma, no toda socioestética es portadora de prejuicio. La socioestética es particularmente regional y depende de la ciudad. Por ejemplo, la socioestética racializada es en Córdoba la vinculada con la cultura del cuarteto[1], y en Buenos Aires, la de la cumbia villera[2]. La socioestética en particular y la pertenencia identitaria de los jóvenes en general, se fusiona –y se completa siempre– con la música, funcionando en los mismos sentidos simbólicos que la ropa o el corte de cabello: identifica/diferencia/reconoce.

En el caso de nuestra ciudad, es particularmente importante la gorra como objeto cultural. Tan es así que en Córdoba se organiza la ya famosa "Marcha de la Gorra", un evento multitudinario donde convergen militantes sociales, organismos de Derechos Humanos y "pibes de los barrios" para protestar contra el Código de Faltas. La elección de la gorra como elemento distintivo no es menor: es parte de un accesorio que identifica a los jóvenes de las barriadas populosas. Pero también, con otros colores y usos distintos, identifica a la policía. Esos colores y formas son la metáfora de escenarios cotidianos en los cuales unos son vigilados y castigados mientras otros se constituyen en vigiladores y castigadores: unos expulsados y controlados, otros verdugos y controladores. En síntesis, características fenotípicas, clase social y socioestética son esas credenciales interrelacionadas que hacen de este joven el objeto del control. Por supuesto que no todas lo son: ser mestizo y pobre y llevar una marca cultural asociada al cuarteto son los sellos en un pasaporte que desde el Estado Provincial son entendidos como peligrosos.

A modo de cierre

¿Con qué enfrentar un concepto hegemónico de seguridad impuesto como forma solapada de racismo y de violencia simbólica de relaciones interclase? ¿De qué modo defenderse de una ideología utilizada por el poder del Estado para castigar a unos con miras a la seguridad de otros?

Creemos que los Derechos Humanos son una pauta, una guía y una herramienta para comprender el sufrimiento humano, o su reverso, la dignidad humana. Existen otros marcos, otras epistemologías y otros enfoques para llegar quizás, al mismo resultado. Sin embargo, el poder simbólico de los Derechos Humanos y su uso estratégico, dan cuenta de un paradigma privilegiado por cuestiones políticas, a la hora de articular reclamos efectivos. Desde esta mirada, no buscamos la construcción de una cultura basada en los Derechos Humanos por fetichizar la ley como objeto de adoración y cumplimiento, sino porque entendemos que ello haría disminuir el sufrimiento humano. No negamos el origen moderno y occidental, pero advertimos los usos contrahegemónicos como basamento para la construcción de ciudadanías en los márgenes.

El racismo, en tanto implica siempre una violencia aunque más no sea simbólica –cuando no física, llegando al extremo del exterminio– se funda en la minimización del otro, negando o quitándole una parte de su humanidad. Foucault (1996) plantea que el racismo es la condición de aceptación del homicidio estatal y representa la condición con la cual se puede ejercer el derecho/poder de matar. En cambio, la construcción de una cultura basada en los Derechos Humanos comprende a todos por igual, implica entendernos como igualmente vulnerables y devuelve la humanidad al otro en tanto es un igual merecedor de protección y cuidado. El enfoque de derechos tiende a dar una visión político-histórica de las conquistas, siempre en términos procesuales y de inacabados resultados, con una vigilancia colectiva siempre alerta para no perder lo ganado y lograr nuevos derechos o profundizaciones de los ya existentes. Los derechos no se otorgan ni se mendigan, sino que se arrancan y se conquistan en luchas sociales, muchas de las cuales no han sido posibles sino por el derramamiento de sangre de quienes entendieron que la construcción de una cultura basada en el respeto por los Derechos Humanos nos involucra en un colectivo.

Más de sesenta y cinco años después de que el mundo se "enterara" de los horrores de los que es capaz el racismo con los campos de concentración nazi y a treinta años del "nunca más" argentino a la violación sistemática de los Derechos Humanos por parte del Estado, el racismo como práctica estatal cristalizada en la violencia institucional sigue vigente. El principio de vivir libre de toda discriminación, el principio de vivir en libertad, se institucionaliza cada vez más en leyes, tratados y declaraciones; sin embargo, pareciera que las pulsiones de emergencia de un Estado de Policía acechan constantemente.

El poder simbólico de los Derechos Humanos ha construido un discurso tan poderoso que ni siquiera los sectores más conservadores o retrógrados se atreven a criticar, pese a lo cual cuando los derechos humanos entran en acción a través de las políticas públicas, el racismo de la discursividad social ingresa a escena. Aunque la igualdad ante la ley es un principio básico que permite un mínimo de convivencia, al recibir un tratamiento por parte del Estado igual al recibido por los sujetos racializados, nos quejamos, no por cómo tratan al distinto, sino porque nos trataron como a él. La movilización popular y la militancia desde el paradigma de los Derechos Humanos son nuestras únicas armas frente al neorracismo latinoamericano. Solo esperamos –si no es ingenuo hacerlo– que estas conquistas no cuesten más vidas humanas.

Notas

1 El cuarteto es una música popular cordobesa que no solo se escucha, sino que principalmente se danza en "Los Bailes del Cuarteto". Los sectores burgueses e ilustrados de Córdoba "procuran ubicarse a una distancia prudencial [del cuarteto] con el objetivo de distinguirse de lo que, para ellos, es un género musical sin valor artístico y propio del (mal) gusto de los sectores populares, a cuyos miembros denominan, utilizando categorías raciales para indicar desigualdades sociales, negros" (Blázquez, 2009: 18).

2 La cumbia como ritmo musical ha adquirido ribetes propios en Buenos Aires, sobre todo, a partir del subgénero "cumbia villera", cuyas letras dan cuenta del proceso de desproletarización producido por el neoliberalismo. Así como el cuarteto, este género está asociado a los sectores populares, pero con una mayor identificación con la delincuencia. Véase De Gori (2005).

Referencias bibliográficas

Balibar, É. (1991). Existe el Neo-racismo. Raza, nación, clase. Madrid: IEPALA (pp. 31-48).

Blázquez, G. (2009). Músicos, Mujeres y algo para tomar. Los mundos de los cuartetos en Córdoba. Córdoba: Recovecos.

Butler, J. (2010). Marcos de guerra. Vidas lloradas. Buenos Aires: Paidós.

Carmichael, S. & Hamilton, Ch. (1967). Black Power: the politics of liberation in American. New York: Vintage.

Crisafulli, L. (2013). Hacia dónde va la fuerza de la fuerza policial. XIV Congreso Nacional y IV Latinoamericano de Sociología Jurídica; Sociedad Argentina de Sociología Jurídica y Universidad Nacional de Córdoba. Córdoba: Hispania.

Crisafulli, L. (2012): "Seguridad y Derechos Humanos: Tensiones en el campo contravencional". III Seminario Internacional Universidad, Estado y Sociedad; Prosecretaría de Relaciones Internacionales de la Universidad Nacional de Córdoba. Córdoba.

Crisafulli, L. (2007). El Castigo penal en la época neoliberal. Revista de derecho penal y procesal penal. Buenos Aires, 8 (pp.1500-1518).

Crisafulli, L. & León Barreto, I. (Coords.)(2011): ¿¡Cuánta Falta!? Código de Faltas, Control Social y Derechos Humanos. Córdoba: Inecip.

De Giorgi, A. (2005). Tolerancia Cero. Estrategias y prácticas de la sociedad de control. Barcelona: Virus.

De Gori, E. (2005). Notas sociológicas sobre la cumbia villera. Lectura del drama social urbano. Convergencias. Universidad Autónoma del Estado de México. Año 12, vol. 38.

Foucault, M. (1979). La Arqueología del saber. México: Siglo XXI.

Foucault, M. (1996). Genealogía del racismo. Buenos Aires: Altamira.

Lvovich, D. (2003). Nacionalismo y Antisemitismo en la Argentina. Buenos Aires: Javier Vergara.

Margulis, M. & Urresti, M. (1999). La Segregación negada: Cultura y Discriminación Social. Buenos Aires: Biblios.

Ratier, H. (1971). El Cabecita Negra. Buenos Aires: Centro Editor de América Latina.

Ratier, H. (1975). Villeros y Villas Miserias. Buenos Aires Centro Editor de América Latina.

Reguillo Cruz, R. (2012). Culturas Juveniles. Formas Políticas del Desencanto; Buenos Aires: Siglo XXI..

Rozenmacher, G. (1967). Cabecita Negra. Buenos Aires: Centro Editor de América Latina.

Scarponetti, P. & Ciuffolini, A. (Comps.)(2011). Ojos que no ven, corazón que no siente. Relocalización territorial y conflictividad social: Un estudio sobre los Barrios Ciudades en Córdoba. Córdoba: Nobuko.

Spósito, D. & Crisafulli, L. (2011). Por qué unos cuerpos valen más que otros. Racismo y retórica oficial en el Código de Faltas. En¿¡Cuánta Falta!? Código de Faltas, Control Social y Derechos Humanos. Córdoba: Inecip (pp. 53-64).

Todorov, T. (1991). Nosotros y los otros. México. Siglo XXI.

Wacquant, L. (2010). Las cárceles de la miseria: Buenos Aires: Manantial. Wieviorka, M. (2009): El Racismo. Una introducción. Barcelona: Gedisa.

Zaffaroni, E. R., Alagia, A. & Slokar, A. (2002). Derecho Penal. Parte General. Buenos Aires: Ediar.

Zaffaroni, E. R. (2012). La Cuestión Criminal. Buenos Aires: Planeta.

Violencia y sexo. Reflexiones desde el consultorio

*Liliana Maurutto**

La omnipresencia de los episodios violentos ocupa hoy titulares de muchos medios locales. Más allá de edades, condición social, cultural o económica, se trata de un flagelo presente en la intimidad de la pareja o de la familia, en la escuela, en los centros de salud, en el lugar de trabajo, en las calles. Ahora bien, ¿de qué hablamos cuando hablamos de violencia? Según la Real Academia Española, proviene del latín *violentĭa*. 1. f. Cualidad de violento. 2. f. Acción y efecto de violentar o violentarse. 3. f. Acción violenta o contra el natural modo de proceder. 4. f. Acción de violar a una mujer. Sin embargo, a medida que los vocablos ruedan en la sociedad, asumen diferentes usos, matices, aristas.

¿Cuál es la frontera entre agresividad y violencia? El primer significante se refiere a una energía básica presente en el sujeto y útil para sobrevivir y construir; una energía que puede reconocer al otro sin afectar su identidad o su autoestima, respetando sus derechos. El segundo

** Médica del consultorio de Ginecología del Hospital del Niño Jesús. Profesora Asistente en la cátedra de Teorías de Crecimiento y Desarrollo, Escuela de Ciencias de la Educación, Universidad Nacional de Córdoba, Argentina. CE: lamaurutto@yahoo.com.ar*

significante, en cambio, es una desviación insana de la agresividad, signada por una relación de poder asimétrica que niega al otro, le altera su identidad y su autoestima, desconoce sus derechos. Por eso un acto violento atenta contra la integridad de una persona con el objetivo de doblegar su voluntad u obligarla a realizar determinadas acciones. Existen personalidades violentas y también existen factores facilitadores del acto violento: tal es el caso de aquellos sujetos cuya personalidad se construyó sobre la base de una crianza rígida, de estructura patriarcal, con desprecio, desvalorización y abusos.

En la práctica médica, en el consultorio de Ginecología, es posible advertir indicios de la presencia de violencia en el noviazgo a través de la anamnesis o entrevista realizada por el médico. Se trata de una pesquisa delicada, ya que en muchas oportunidades la adolescente no se autopercibe en tanto víctima de violencia, porque recibe como actos de amor los acosos, las indagatorias y las exigencias de rendición de cuentas de su pareja.

Algunos indicadores que hablan

1. Según la OMS, 3 de cada 10 adolescentes sufren violencia en el noviazgo.

2. Aproximadamente, en un 70% de los casos la violencia es psicológica (gritos, menosprecio, burlas, celos, insultos, amenazas, revisar su celular o correo electrónico).

3. En un 20% de los casos se trata de violencia física (empujones, tirones de pelo, cachetadas, trompadas).

4. Un 10% sufre violencia sexual (obligación de tener relaciones sexuales, sometimiento a prácticas sexuales no consensuadas, negativa a usar métodos anticonceptivos, etc.).

5. Según la bibliografía consultada, en Argentina, 4 de cada 10 mujeres son víctimas de maltrato físico, emocional o sexual. En Buenos Aires, el 80% de las mujeres adultas maltratadas reconocieron haberlo sido también en su juventud. En el 82% de los casos, la edad del agresor está entre los 25 y 60 años de edad.

Recurrencias en el consultorio

Como consecuencia de los actos violentos, la joven poco a poco va cambiando su comportamiento, pierde la individualidad, puede experimentar trastornos en su alimentación o en el sueño, consumir sustancias adictivas, disminuir el rendimiento escolar, contraer alguna infección de transmisión sexual, tener un embarazo no planificado o sufrir aislamiento, lo que puede llevarla a la depresión y en algún caso, al intento de suicidio. Claro que si bien lo más frecuente es que el varón sea el sujeto violento, otras veces es la mujer quien ejerce la violencia y lo hace a través de los celos y el control: en tales casos, deja menor cantidad de huellas visibles y suele recurrir al maltrato psicológico, la manipulación, la extorsión o el chantaje. No obstante, los victimarios, en un 80% de los casos son del género masculino; quizás por esa razón pareciera que hablar de violencia de género implica hablar de violencia contra la mujer. Hay características recurrentes en las víctimas de violencia. Generalmente tienen baja autoestima, dejan que su pareja decida por ellas y no se atreven a dar su opinión. Entonces callan y además se sienten culpables. Sienten que no pueden hacer planes o tener un proyecto propio. Por otra parte, el victimario exige saber los horarios de su pareja, qué hace, con quién habla, a quién ve; es difícil que se integre a la familia o al grupo de amigos de su pareja, lo cual facilita la dominación, la burla, la humillación e incluso el daño físico. El agresor procura justificar sus estados violentos dando lástima, mintiendo, simulando, instituyéndose como víctima; dice estar arrepentido pero es incapaz de pedir perdón y manipula de tal manera a su pareja que ésta termina creyendo que ella provocó la situación violenta y que debe darle otra oportunidad, con lo cual el circuito recomienza.

La violencia sexual se da cuando una persona aprovecha la confianza de otra o sabe que ejerce poder sobre ella y la obliga a hacer algo no deseado durante una relación sexual o utiliza la fuerza física, presión psicológica, armas o alguna sustancia química para someterla sexualmente. Su manifestación tiene importancia médico-legal. Existe la violación, que implica penetración por vía vaginal, anal y/u oral y que es frecuente en casos de asalto sexual, cuando la víctima no suele conocer a su atacante. En la infancia, la gran mayoría de los abusos son solapados, perpetrados por familiares o conocidos muy cercanos al niño, hacia los cuales la pequeña víctima siente afecto, admiración y confianza. Muchas veces los niños son obligados a ver pornografía e inclusive son utilizados por pedófilos para la producción y venta de material audiovisual distribuido en todo el mundo. Otras formas de violencia sexual no incluyen la penetración y no son menos graves: esto ocurre cuando una persona es obligada a tocar el cuerpo de otra o a dejarse tocar, masturbar a alguien o masturbarse, dejarse besar contra su voluntad.

Procedimientos y recursos, leyes y programas

En el año 2011 se reglamentó la ley 26.485 que protege a las mujeres víctimas de la violencia sexual y que define la violencia como: "Toda conducta, acción u omisión que de manera directa o indirecta, tanto en el ámbito público como en el privado, basada en una relación desigual de poder, afecte su vida, libertad, dignidad, integridad física, psicológica, sexual, económica o patrimonial, así como también su seguridad personal". Esta definición alcanza a aquellas conductas o acciones "perpetradas desde el Estado o por sus agentes".

Hay lugares específicos para realizar la denuncia. En los hospitales se brinda atención médica a las víctimas y se procede según pautas establecidas a realizar estudios y/o tratamientos que varían según la gravedad de las lesiones, el tipo de abuso sexual, la edad de la víctima, etc. También se puede proceder a la prevención del embarazo y de las infecciones de transmisión sexual, ya que se tiene en cuenta el tiempo transcurrido entre el ataque sexual y la consulta médica. En todos los casos se realiza un seguimiento que incluye pruebas de laboratorio periódicas y monitoreo de tratamiento, si lo hubo. Otra dimensión de la atención a la víctima reside en la asistencia psicológica. No sólo es necesaria esa primera contención de profesionales de la salud mental en el momento de la denuncia; también lo es la terapia, que brinda herramientas necesarias para superar un hecho traumático.

Existe un marco legal que permite defender a las víctimas. En el año 1948, en la declaración de los Derechos Humanos por parte de la ONU se esbozaba la intención de proteger a las víctimas de violencia. También lo expresado en los artículos 1 y 2 de la Convención de Belém do Pará: "Debe entenderse como violencia contra la mujer cualquier acción o conducta basada en su Género, que cause muerte, daño o sufrimiento físico, sexual o psicológico a una mujer, tanto en el ámbito público como privado".

Otro instrumento jurídico es la ley 24.417 contra la Violencia Familiar, que en sus primeros artículos manifiesta:

> Artículo 1°.- Toda persona que sufriese lesiones o maltrato físico o psíquico por parte de alguno de los integrantes del grupo familiar podrá denunciar estos hechos en forma verbal o escrita ante el juez con competencia en asuntos de familia y solicitar medidas cautelares conexas. A los efectos de esta Ley se entiende por grupo familiar el originado en el matrimonio o en las uniones de hecho.
>
> Artículo 2°.- Cuando los damnificados fuesen menores o incapaces, ancianos o discapacitados, los hechos deberán ser denunciados por sus representantes legales y/o el Ministerio Público. También estarán obligados a efectuar la denuncia los servicios asistenciales sociales y educativos, públicos o privados; los profesionales de la salud y todo funcionario público en razón de su labor. El menor o incapaz puede directamente poner en conocimiento de los hechos al Ministerio Público.

Por otra parte, la Ley 26.061 garantiza los derechos de las niñas, niños y adolescentes, al explicitar:

Art. 1 - Objeto. Esta ley tiene por objeto la protección integral de los derechos de las niñas, niños y adolescentes que se encuentren en el territorio de la República Argentina, para garantizar el ejercicio y disfrute pleno, efectivo y permanente de aquellos reconocidos en el ordenamiento jurídico nacional y en los tratados internacionales en los que la Nación sea parte.

Los derechos aquí reconocidos están asegurados por su máxima exigibilidad y sustentados en el principio del interés superior del niño.

La omisión en la observancia de los deberes que por la presente corresponden a los órganos gubernamentales del Estado habilita a todo ciudadano a interponer las acciones administrativas y judiciales a fin de restaurar el ejercicio y goce de tales derechos, a través de medidas expeditas y eficaces.

Art. 2 – Aplicación obligatoria. La Convención sobre los Derechos del Niño es de aplicación obligatoria en las condiciones de su vigencia, en todo acto, decisión o medida administrativa, judicial o de cualquier naturaleza que se adopte respecto de las personas hasta los dieciocho años de edad. Las niñas, niños o adolescentes tienen derecho a ser oídos y atendidos cualquiera sea la forma en que se manifiesten, en todos los ámbitos.

Los derechos y las garantías de los sujetos de esta ley son de orden público, irrenunciables, interdependientes, indivisibles e intransigibles.

Art. 3 – Interés superior. A los efectos de la presente ley se entiende por interés superior de la niña, niño y adolescente la máxima satisfacción, integral y simultánea de los derechos y garantías reconocidos en esta ley.

Se debe respetar:

a) su condición de sujeto de derecho;

b) el derecho de las niñas, niños y adolescentes a ser oídos y que su opinión sea tenida en cuenta;

c) el respeto al pleno desarrollo personal de sus derechos en su medio familiar, social y cultural;

d) su edad, grado de madurez, capacidad de discernimiento y demás condiciones personales;

e) el equilibrio entre los derechos y garantías de las niñas, niños y adolescentes y las exigencias del bien común;

f) su centro de vida. Se entiende por centro de vida el lugar donde las niñas, niños y adolescentes hubiesen transcurrido en condiciones legítimas la mayor parte de su existencia. Este principio rige en materia de patria potestad, pautas a las que se ajustarán el ejercicio de la misma, filiación, restitución del niño, la niña o el adolescente, adopción, emancipación y toda circunstancia vinculada a las anteriores cualquiera sea el ámbito donde deba desempeñarse.

Cuando exista conflicto entre los derechos e intereses de las niñas, niños y adolescentes frente a otros derechos e intereses igualmente legítimos, prevalecerán los primeros.

Art. 4 – Políticas públicas. Las políticas públicas de la niñez y adolescencia se elaborarán de acuerdo a las siguientes pautas:

a) fortalecimiento del rol de la familia en la efectivización de los derechos de las niñas, niños y adolescentes;

b) descentralización de los organismos de aplicación y de los planes y programas específicos de las distintas políticas de protección de derechos, a fin de garantizar mayor autonomía, agilidad y eficacia;

c) gestión asociada de los organismos de gobierno en sus distintos niveles en coordinación con la sociedad civil, con capacitación y fiscalización permanente;

d) promoción de redes intersectoriales locales;

e) propiciar la constitución de organizaciones y organismos.

En Córdoba, la ley provincial 9.283 de Violencia Familiar expresa en su Artículo 3: "Se entenderá por violencia familiar, toda acción, omisión o abuso dirigido a dominar, someter, controlar o agredir la integridad física, psíquica, moral, psicoemocional, sexual y/o la libertad de una persona en el ámbito del grupo familiar, aunque esa actitud no configure delito". En el Art. 4 indica: "Quedan comprendidas en este plexo normativo, todas aquellas personas que sufriesen lesiones o malos tratos físicos o psíquicos por parte de algunos de los integrantes del grupo familiar, entendiéndose por tal, el surgido del matrimonio, de uniones de hecho o de relaciones afectivas, sean convivientes o no, persista o haya cesado el vínculo, comprendiendo ascendientes, descendientes y colaterales".

Además, el Programa Nacional de Salud Sexual y Procreación Responsable, formula los siguientes objetivos:

a) Alcanzar para la población el nivel más elevado de salud sexual y procreación responsable con el fin de que pueda adoptar decisiones libres de discriminación, coacciones o violencia.

b) Disminuir la morbimortalidad materno-infantil.

c) Prevenir embarazos no deseados.

d) Promover la salud sexual de los adolescentes.

e) Contribuir a la prevención y detección precoz de enfermedades de transmisión sexual, de VIH/SIDA y patologías genital y mamaria.

f) Garantizar a toda la población el acceso a la información, orientación, métodos y prestaciones de servicios referidos a la salud sexual y procreación responsable.

g) Potenciar la participación femenina en la toma de decisiones relativas a su salud sexual y procreación responsable.

Asimismo, la ley N° 26.150 de Educación Sexual Integral establece en su Articulo 1°: "Todos los educandos tienen derecho a recibir educación sexual integral en los establecimientos educativos públicos, de gestión estatal y privada de las jurisdicciones nacional, provincial, de la Ciudad Autónoma de Buenos Aires y municipal. A los efectos de esta ley, entiéndase como educación sexual integral la que articula aspectos biológicos, psicológicos, sociales, afectivos y éticos".

Finalmente, entre los objetivos principales del Programa Nacional de Educación Sexual Integral, –cuyos destinatarios son los educandos del todo el sistema educativo nacional– figuran:

a) Incorporar la educación sexual integral dentro de las propuestas educativas orientadas a la formación armónica, equilibrada y permanente de las personas.
b) Asegurar la transmisión de conocimientos pertinentes, precisos, confiables y actualizados sobre los distintos aspectos involucrados en la educación sexual integral.
c) Promover actitudes responsables ante la sexualidad.
d) Prevenir los problemas relacionados con la salud en general y la salud sexual y reproductiva en particular.
e) Procurar igualdad de trato y oportunidades para varones y mujeres.

En Córdoba, el Consejo Provincial de la Mujer es responsable de impulsar, diseñar y monitorear Políticas Públicas con perspectiva de género para eliminar todo tipo de discriminación. Integrado por mujeres representantes de los poderes del Estado organizadas en una mesa ejecutiva y comisiones tales como: Violencia de Género y Derecho Humanos, Niñez y adolescencia, Trabajo, Mujer rural, Cultura, Salud, habitad y Medio Ambiente, dicho organismo coordina programas, proyectos y actividades, y atiende a víctimas directas e indirectas de delitos contra la integridad sexual. A tal efecto, el Consejo Provincial de la Mujer cuenta con un programa de atención interdisciplinaria para víctimas de actos violentos y cuenta con convenios con el Tribunal de Justicia, el Ministerio Público, el Ministerio de Seguridad y la Fiscalía General de la provincia. Del Consejo Provincial depende la "Casa de la Mujer y del Niño", que ofrece acogimiento psicológico y asistencia legal a niñas, adolescentes y adultas sin límite de edad, y a varones hasta los 14 años.

En muchos países del mundo se han utilizado los medios de comunicación y las redes sociales para informar sobre este problema, promoviendo la denuncia con el fin de disminuir las cifras de violencia en las parejas jóvenes, para evitar la morbilidad y la mortalidad como consecuencia de diferentes actos violentos. Sin embargo, mucho es lo que queda por hacer, tanto en términos jurídicos como en la conciencia social extendida.

Referencias bibliográficas

Documentos de la OMS y OPS (1990).

Documentos de la ONU.

Leyes Nacionales: 24.417; 25.673; 26.061; 26.150; 26.485.

Ley Provincial: 9.283

Consejo Provincial de la Mujer. Córdoba. Argentina.

Datos estadísticos. INDEC.

Fundación Mujer, Paz y Desarrollo. Córdoba. Argentina.

Embajada de España en Argentina.

El derecho a la salud de nuestros adolescentes/jóvenes

*Margarita Barrón**
*Mario Eduardo Carbonetti***

Tal como lo señalara la Asamblea General de la Naciones Unidas en el año 2003, la salud es una esfera primordial en el desarrollo de los adolescentes, entendiendo con la Organización Mundial de la Salud (OMS) que esta franja etaria comprende un grupo humano heterogéneo, con límites de edades difusas entre los 9-10 años y los 25 años o tal vez más. De ahí que el concepto de adolescente se solape con el de joven. A esto debemos agregar que para generar políticas públicas destinadas a estos jóvenes, se deben conocer primero sus problemas e intereses para lo cual es imperioso contar con su participación.

Otro aspecto a considerar es la concepción de política pública que adoptamos. Al decir de Zygmunt Bauman (2004), "La política es muchas

* *Pediatra. Doctora en Medicina y Cirugía. Trabaja con adolescentes y jóvenes desde 1976. Profesora Titular Plenaria de Teorías de Crecimiento y Desarrollo. Escuela de Ciencias de la Educación. Facultad de Filosofía y Humanidades. Directora de la Carrera de Especialización en Adolescencia. Investigadora del Centro de Investigaciones de la Facultad de Filosofía y Humanidades (CIFFyH) y de la Secretaría de Ciencia y Tecnología (SECyT). Universidad Nacional de Córdoba. CE: margarita@barron.com.ar*

** *Médico Pediatra. Especialista en Salud Pública. Doctor en Medicina y Cirugía. Profesor Titular de Salud Comunitaria. Escuela de Medicina. Facultad de Ciencias Médicas. Docente de Posgrado. Coordinador Académico de la carrera de Especialización en Salud Social y Comunitaria. Investigador de la SECyT y CIFFyH. Universidad Nacional de Córdoba. CE: mario@carbonetti.com.ar*

cosas a la vez, pero difícilmente podría ser alguna de esas cosas si no fuera en primer lugar el arte de traducir problemas individuales en asuntos públicos, e intereses comunes en derechos y obligaciones individuales".

En 2013 la evaluación de la propuesta de considerar la salud como esfera primordial a la que deben ordenarse las políticas públicas de los países firmantes de los acuerdos internacionales, muestra progresos incongruentes entre las leyes sancionadas, su efectiva puesta en práctica, los servicios existentes, las acciones de atención primaria de salud y las acciones educativas que se realizan los diferentes efectores con jóvenes en las diferentes regiones del país y en la provincia de Córdoba en particular.

En primer lugar, como la salud está articulada e influenciada profundamente por aspectos educativos, socioeconómicos y culturales, las políticas orientadas a promover y proteger la salud se ven interpeladas por las diferencias sustanciales en como acceden y sostienen su derecho a la salud los jóvenes de nuestra ciudad y de la provincia de Córdoba, verificándose situaciones por demás diversas, tanto en que se refiere a demandas de usuarios como a servicios brindados.

Según el Informe Ejecutivo de la 1° Encuesta Iberoamericana de Juventudes, titulada "El Futuro ya llegó" CEPAL-OIJ (2004) se plantea que están mejor provistos de salud pero menos reconocidos en su morbimortalidad específica.

Se han sancionado varias leyes que favorecen su acceso a la salud, pero eso no quita que el desconocimiento real de los derechos que les brindan, impida a algunos jóvenes su apropiación y disfrute. Por otro lado, su aplicación choca con creencias y costumbres acendradas, protocolos de trabajo muy arraigados en los equipos de trabajo que no adecuan a las propuestas de las nuevas leyes y también proyectos de vida que se transmiten de generación en generación y que en ciertos casos, tampoco tienen que ver con las nuevas propuestas surgidas de los acuerdos internacionales, los que a su vez no siempre son aceptados por toda nuestra población. Estas cuestiones obstaculizan la aplicación de las leyes de derecho destinadas a incrementar la salud de los jóvenes. Es que hablar de salud para esta población hoy es un gran desafío que implica un abordaje interdisciplinario y el reconocimiento del fuerte impacto que otros campos disciplinares tienen sobre la misma, incluida la influencia, muchas veces negativa, de los medios de comunicación social.

Tanto en el campo legislativo como en el de los medios de comunicación, cuando se habla de los requerimientos de sus necesidades de salud, educación o trabajo, es poco frecuente que se escuchen las voces diversas de los jóvenes, sea precisando sus expectativas o propuestas de ejecución. Y no es porque no tengan buenas propuestas para hacer, o porque carezcan de interés sobre el tema, o porque la salud no sea una cuestión que les preocupe. Ni que existan sectores a los que no les interese participar. ¿Será que seguimos intentando construir para "su mundo" sin tomar en cuenta su necesidad de protagonismo, las diferencias que ellos plantean para hacerlo más inclusivo o aún más, para aceptar que probablemente desean vivir en uno o varios "mundos" diferentes a nuestros criterios?

Los mayores riesgos a la salud entre los jóvenes de Córdoba incluyen:

- Conductas violentas: accidentes, violencia de género, suicidio, homicidio.
- Consumo, abuso o adicción al alcohol, el tabaco y otras drogas psicoactivas.
- Riesgos a la salud reproductiva: relaciones sexuales inseguras, inadecuado uso de anticonceptivos y embarazos en adolescentes, infecciones de trasmisión sexual.

Son estas situaciones que viven nuestros adolescentes las que podemos analizar en diferentes claves. Comenzaremos por hacer señalamientos referidos al momento del desarrollo que están transitando lo que nos brinda algunos elementos para facilitar la comprensión.

Aspectos neuropsicológicos del desarrollo

Uno de los avances más relevantes en relación al desarrollo de los adolescentes y jóvenes se refiere a las bases neuropsicológicas que predisponen a las adicciones y a las conductas violentas en la adolescencia (Giedd JN. ,2004; Chambers A., Taylor J. Potenza M.2010). Se ha demostrado que el desarrollo es más tardío en la corteza prefrontal, la parte del cerebro que coordina las funciones cognitivas más complejas, zona que alcanza su mayor nivel de desarrollo después de los 20 años. Esto se visualiza claramente en el gráfico N° 1.

Gráfico N°1

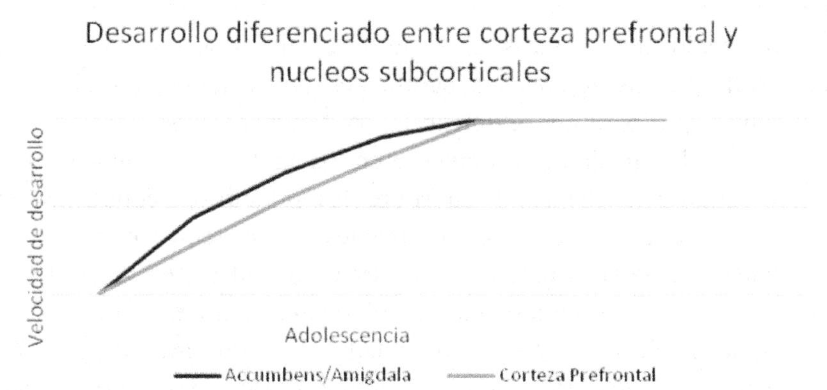

El Córtex Prefrontal actúa regulando la actividad de las regiones subcorticales –el llamado cerebro de reptil– como el **núcleo accumbens y el septum,** relacionados con los circuitos de placer, la **amígdala** relacionada con las conductas violentas, con el manejo de la ira, la territorialidad y el **hipotálamo** relacionado con los cambios endócrinos que inician la pubertad y el manejo hormonal y también la sed, el hambre. Estas áreas subcorticales del cerebro inter-relacionadas están comprometidas en la **búsqueda de premio por el**

comportamiento y en circuitos de placer y exploración. En los "juegos de recompensas" en los adolescentes, se verifica **menor inhibición en esta zona**, en relación a los adultos. Por eso los adolescentes pueden tener **mayor tendencia a actividades de riesgo y exploración, con comportamientos de premio y búsqueda de sensaciones ya que esta zona no está suficientemente regulada aún por la corteza prefrontal**.

La corteza prefrontal es la responsable de actividades como planificar, razonar, tomar decisiones, establecer metas, controlar impulsos, regular la conducta por medio de la retroalimentación ambiental, planear acciones, evaluarlas, modificar lo planificado de acuerdo a los resultados, organizar el tiempo y el espacio a la vez que se va adquiriendo un pensamiento abstracto y flexibilidad en el trabajo cognoscitivo.

Analizados los avances científicos relacionados con el diferente desarrollo de las regiones subcorticales en relación con el córtex prefrontal que permiten explicar la predominancia de conductas de riesgo y de búsqueda de recompensa en los adolescentes, analizaremos ahora la información recabada sobre las principales conductas que ponen en riesgo la salud de los jóvenes. Utilizaremos para ello los resultados de trabajos de campo cuantitativos entre 1999 y 2011, con encuestas a 11.735 adolescentes escolarizados y no escolarizados, de ambos sexos, de 15 y 19 años en ciudades de la Provincia de Córdoba, siguiendo el modelo validado del "Youth Risk Behaviour Surveillance" del Centro para el Control y la Prevención de Enfermedades de Atlanta (EE.UU.).

Si bien nos proponemos centrarnos en los adolescentes de Córdoba, es interesante comparar lo que dicen referentes latinoamericanos sobre el tema en las conclusiones de las II Jornadas de Actualización en Salud Integral del Adolescente organizadas por la Universidad ISALUD y publicadas en su revista de mayo 2014.

Mónica Borile, de Argentina, propuso estimular el desarrollo personal, prevenir conductas de riesgo, responder a las necesidades de este grupo etario considerando su alta vulnerabilidad, como resultado del abandono y la negligencia social a través de suicidios, violencia sexual, familiar y social, problemas de salud mental, adicciones, embarazos no buscados, abortos, muertes maternas de adolescentes.

Susana Grunbaum, responsable del Programa Nacional de Adolescencia y Juventud del Uruguay hizo hincapié en **no hablar de fracasos sino repensar y rearmar** los programas. Es que un ítem a lograr es que la atención que se brinda, se mantenga en el tiempo. Se basan en 3 planteos: la manera de financiar el sistema (nuevo impuesto para posibilitar el acceso de más población a la salud 60%, reorientando recursos), el modelo de atención (fijar metas asistenciales; se paga por meta lograda: control gratuito anual de salud, actividades de salud extramuros, obligatoriedad de desarrollar talleres de salud en otros ámbitos por parte de todos los prestadores de salud, capacitación de recursos humanos). Los principales problemas que refiere son de salud mental que llevan a lesiones, suicidio, consumo de alcohol, abandono escolar: los que más necesitan son los que menos reclaman porque desconocen sus derechos. Resalta la importancia de las Consejerías.

María del Carmen Calle Dávila, vicepresidenta de la Confederación de Adolescencia y Juventud de Iberoamérica y el Caribe (CODAJIC), Programa Nacional de Adolescencia Perú habla del acceso universal de los adolescentes a una atención integral y diferenciada, la promoción de un entorno saludable y énfasis en las redes de oportunidades, la alianza con los diferentes sectores sociales e institucionales, el empoderamiento de los jóvenes para defender sus derechos y cumplir sus responsabilidades. Propone Servicios de atención con horarios y espacios diferenciados donde se atienda a adolescentes/jóvenes teniendo en cuenta sus necesidades y expectativas, en espacios intramurales, extramurales móviles de atención integral y centros de desarrollo juvenil donde se potencie la conformación de redes intersectoriales y de oportunidades.

Roberto Curi Hallal, especialista en Salud Mental de Brasil habla del Capitalismo de ficción que nos consume y señala la importancia de dar a los jóvenes noción ética de la vida y los valores. Esta construcción de valores es la que se debería tener como premisa en cualquier acción educativa que se tenga.

Paz Boedo Hoecker de Chile señaló los cambios de paradigmas tradicionales para poder actuar sobre los determinantes de la salud, es decir aquellos factores y mecanismos por los cuales las condiciones sociales afectan el nivel de salud y posibilitar intervenciones a través de políticas sociales y de Atención primaria, pero evitando la medicalización. No considerarlos sujetos u objetos de riesgo sino sujetos de derechos, no grupo vulnerable sino actor de cogestión, "no generación anómica, ni anémica ni turba anímica sino juventud que está en la acción pública". También señaló la importancia de resaltar sus competencias, las que deben medirse por sus capacidades formales de juzgar y valorar las situaciones y dejar de cometer el error clásico del paternalismo de considerar inmaduro o incapaz a todo el que tiene un sistema de valores distinto al nuestro. También planteó cómo actuar ante dilemas éticos, frecuentes en la atención de adolescente y que se resuelven trabajando interdisciplinariamente, incluyendo el comité de ética.

Enrique Berner Argentina, describió un programa del Hospital Argerich que promueve poner en circulación la palabra en la sala (taller) de espera para debatir o plantear distintas circunstancias que viven. Propone centrarse en visibilizar no sólo los cambios en los adolescentes sino también saber que les está pasando a los padres en la crianza de los hijos. El taller de sala de espera sensibiliza y da apertura a la palabra, rompiendo la barrera generacional y el concepto de poder hegemónico del profesional. Romper estas barreras facilita interactuar con los adolescentes apostando a generar una vida con proyectos.

Coincidentemente accedemos el 16 de mayo a un informe de la Presidencia de la Nación en el que se refiere que Argentina fue reconocida por la OMS como modelo en calidad de atención de los adolescentes por la inclusión de una importante cantidad de servicios brindados a través del Programa Nacional de Salud Integral en la Adolescencia y el programa SUMAR. Entre las prestaciones brindadas se citan controles médicos, promoción y prevención de la salud, control del embarazo adolescente, la atención de casos de consumo episódico excesivo de alcohol y la atención de tentativas de suicidio adolescente, entre otros.

Si bien coincidimos que es un buen programa, también debemos reconocer que su implementación no es equitativa, con lo que no todos los jóvenes tienen acceso real a estos servicios de salud descriptos. Es que aunque las propuestas pueden ser las mejores, la realidad es que su ejecución en el interior del país está aún en vías de conformarse y la atención de los jóvenes hoy depende más de los programas locales que venían desarrollando muchos profesionales desde hace varias décadas, trabajando para resolver las complejas necesidades de salud de sus pacientes.

Un hecho irrefutable es que la morbilidad y la mortalidad circulan entre los jóvenes por carriles diferentes. Analicemos los resultados de mortalidad.

El primer motivo de muerte en adolescentes de 10 a 14 años es por causas externas (accidentes, suicidios, homicidios) y representa el 32% de los fallecimientos en mujeres (135 casos) y 48% en los varones (300 casos).

Gráfico 2.

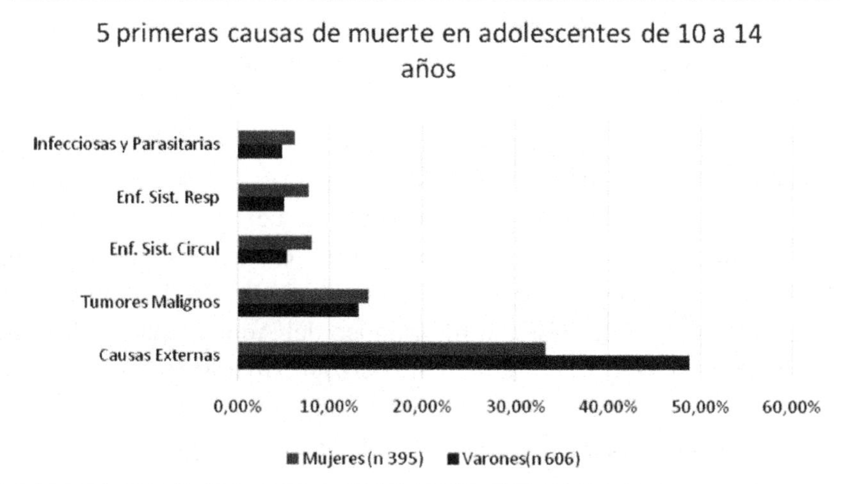

Si bien la primera causa de muerte en adolescentes/jóvenes de 15 a 19 años es también por causas externas (accidentes, suicidios, homicidios), representa el 37% de los fallecimientos en mujeres (839 casos) y 48% en los varones (2784 casos).

Gráfico 3.

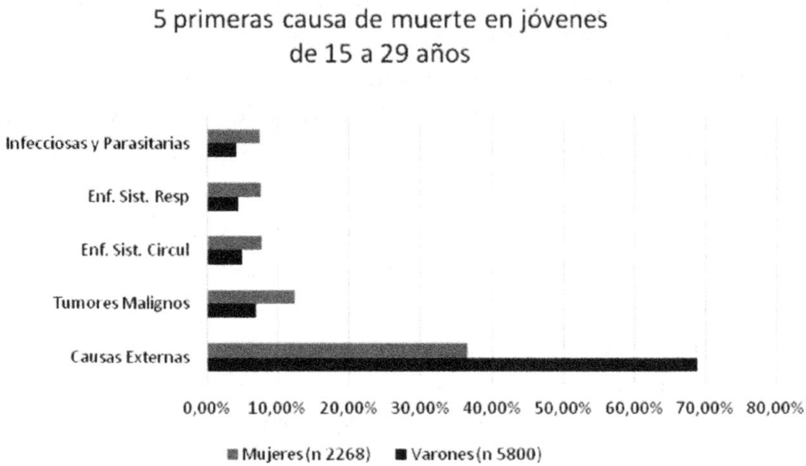

Córdoba tiene una larga trayectoria en la atención de adolescentes desde fines de la década del 70 cuando se crea el Comité de Adolescencia de la Sociedad Argentina de Pediatría y se comienza a trabajar en los hospitales públicos en Servicios de Adolescencia.

En 1983 se crea la Secretaría de la Juventud dependiente del Gobierno de la Provincia de Córdoba.

En la Escuela Superior de Comercio Manuel Belgrano junto a la cátedra de Clínica Pediátrica, se crea el Centro Universitario de Atención del Adolescente que comienza ya a utilizar la Historia Clínica del Adolescente y del Sistema Informático del Adolescente (SIA). Los avatares políticos que nos caracterizan fueron generando la desaparición de todos estos espacios dedicados exclusivamente a la atención de las necesidades diversas de los jóvenes. Sólo quedó la Casa del Joven dependiente del gobierno de la provincia de Córdoba, convertida en un espacio dedicado a la salud mental.

Actualmente se ha conformado una nueva Comisión Intersectorial de Adolescencia que se reúne periódicamente en la Defensoría de los Derechos delos Niños, Niñas y Adolescentes. Depende de la Dirección de Maternidad e Infancia del Ministerio de Salud de la Provincia contando con un marco legal validado. A ella concurren referentes estables de las diversas localidades provinciales.

Las actividades se centran en la capacitación profesional multidisciplinar en Seguridad vial, Salud sexual y reproductiva, Violencia, Alimentación saludable y Promoción la participación juvenil para que realicen capacitaciones en cascada. Se está capacitando a los profesionales de los equipos de salud para la utilización de la Historia Clínica Adolescente y del SIA.

El trabajo se plantea en tres ejes:

a) Trazar un Mapa de Recursos.

b) Crear Espacios Amigables que favorezcan la Participación de los adolescentes.

c) Crear una Plataforma Virtual para que la Comisión se mantenga en contacto, compartiendo información en un espacio dinámico e interactivo que facilite la presencia de la Comisión en las redes sociales como otra opción para crear un vínculo con los adolescentes.

En síntesis: otro nuevo comienzo.

¿Qué nos dicen nuestras investigaciones?

Analizaremos ahora la información recabada sobre las principales conductas que ponen en riesgo la salud de los jóvenes. Utilizaremos para ello los resultados de trabajos de campo cuantitativos entre 1999 y 2011, con encuestas a 11.735 adolescentes escolarizados y no escolarizados, de ambos sexos, de 15 y 19 años en ciudades de la

Provincia de Córdoba, siguiendo el modelo validado del "Youth Risk Behaviour Surveillance" del Centro para el Control y la Prevención de Enfermedades de Atlanta (EE.UU.).

Los mayores riesgos a la salud entre los jóvenes de Córdoba incluyen:

- Conductas violentas: accidentes, suicidios, homicidios, violencia de género, bullying.
- Consumo, abuso o adicción al alcohol, tabaco u otras drogas psicoactivas.
- Riesgos a la salud reproductiva: relaciones sexuales no protegidas, sea por no uso de preservativo o de otros medios anticonceptivos, embarazo, aborto, e infecciones de trasmisión sexual.
- Conductas alimentarias inapropiadas, malnutrición, obesidad y trastornos de conductas alimentarias tales como anorexia nervosa, bulimia, binging, entre otros.

Resultados

Se encuestaron 11.735 adolescentes, varones y mujeres de 15 a 19 años de edad, de la Ciudad de Córdoba y de 5 ciudades del interior de la provincia: Río Cuarto, Carlos Paz, Río Tercero, San Francisco del Chañar, Mina Clavero-Cura Brochero y San Francisco, sorteadas de acuerdo a su población y área geográfica. De los encuestados escolarizados 45% asisten a escuelas públicas, 28% a escuelas privadas y 22% son no escolarizados. Es de hacer notar que en esta encuesta los adolescentes de Córdoba escolarizados públicos y no escolarizados pertenecen a los mismos barrios con lo que se establece una relación de mayor igualdad en cuanto a nivel socio-económico restando como diferencia la escolaridad.

El 70% de los adolescentes viven en familias tradicionales, 18,4% en familias monoparentales, 0,6% en instituciones, 9% en familias reconstituidas y 2% con otros familiares. Sin embargo existen diferencias significativas entre las ciudades analizadas siendo por ejemplo más elevado el número de mujeres adolescentes que no conviven con sus familias de origen con valores significativos para las no escolarizadas.

Otro aspecto en el que se ven diferencias de gran importancia es el relacionado con la escolaridad de los padres y madres con respecto a la condición social, y el hecho de estar escolarizado o no y la ciudad en que vive.

El analfabetismo entre los padres de los escolarizados que asisten a la escuela pública es en promedio de 1,1% pero llega al 3,5% en Río III, en tanto que entre los no escolarizados el porcentaje de analfabetos es de 5,5%, pero si incluimos a los que sólo leen y escriben encontramos que la cifra trepa a 16,5%. Entre los escolarizados privados esta categoría no está presente. En cuanto a padres con escolaridad primaria incompleta es de 39,4% para los no escolarizados, de 8,5% para escolarizados en escuelas públicas con variantes en ciudades como Río Cuarto donde llega al 11%. Entre los alumnos con escolaridad privada este nivel tampoco está presente. En el otro extremo, entre los no escolarizados los padres con estudios terciarios o universitarios no son categorías presentes y representan el 6,1 y el 14,7% entre los que asisten a escuelas públicas y 38% entre los de escuelas privadas. Obviamente se observa una concentración mayor de graduados universitarios en la ciudad de Córdoba que duplica la concentración respecto de las ciudades del interior provincial. En cuanto al nivel educativo de los encuestados no escolarizados, 61% de las mujeres y 50% de los varones han completado su escolaridad primaria en tanto el resto no lo ha logrado y los escolarizados están cursando actualmente el nivel secundario.

Otro tanto ocurre al analizar los resultados obtenidos en relación a la situación laboral de los padres y encuestados. Entre los no escolarizados, los padres tienen en su mayoría trabajos no estables especialmente las mujeres y muchos dependen de planes de ayuda. Entre los mismos adolescentes, 80% de las mujeres y 53,8% de los varones no trabajan, es decir no estudian ni trabajan con el consiguiente riesgo. Estas cifras son elevadas en relación a la encuesta anterior.

Entre los adolescentes escolarizados 57% de los padres tienen trabajo estable. En tanto que el 14,8% de los padres tiene trabajos temporarios y 13% changas, cifra que trepa en Villa Carlos Paz a 30% en cada categoría. La desocupación ronda el 2,6% con cifras tope en Río III con 5,1%. Las madres tienen trabajo estable en un 40,4% y cifras semejantes a las de los padres en cuanto a trabajo temporario pero en un 37% no trabajan por elección propia. Los adolescentes que estudian también trabajan en un 19% pero sólo 4,7% tienen trabajos estables, 10,3% temporarios y 3,3% changas. Evidentemente estas diferencias también se marcan en la vivienda y sus características.

En cuanto a las relaciones intrafamiliares se percibe un deterioro progresivo en el diálogo con los progenitores, especialmente el padre, más marcado en varones no escolarizados y en los jóvenes del interior. Las mujeres no escolarizadas sienten que confían en ellas en un 61%, cifra que asciende tanto en varones como en mujeres escolarizados al 82%. Cifras similares se presentan cuando responden si son tenidas o tenidos en cuenta para tomar decisiones que los afectan.

Si bien todos los adolescentes conocen los riesgos inherentes a conducir bajo el efecto de alcohol o drogas o bien de ir como pasajero de quien está conduciendo en ese estado, cifras que rondan el 20% se mantienen en todas las categorías demostrando desaprensión y omnipotencia ("a mí no me va a pasar", "unas cervecitas no hacen nada", "yo ya tengo cultura alcohólica").

Haber sido intimidado o ridiculizado son respondidas positivamente por 30% de los no escolarizados y 33% de los escolarizados marcándose como cifras tope Río IV (38%), Villa Carlos Paz (40%)y Río III (41%). Haber sido obligado a hacer cosas no deseadas bajo amenaza es respondida afirmativamente por 10% de las mujeres y 17,5% de los varones no escolarizados, en tanto que entre los escolarizados el 7% pero con variaciones importantes entre ciudades, ya que en Villa Carlos Paz respondió afirmativamente el 15,5% de los varones y en las mujeres el 5%.

Las amenazas son declaradas por 7% de las mujeres y 9% de los varones no escolarizados, en tanto que entre los escolarizados se dan cifras más altas, con 5% y 15% respectivamente.

Gráfico 4.

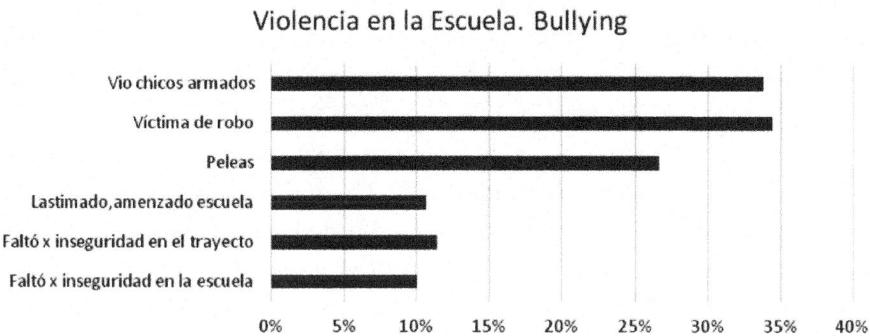

De esta manera, 100% de las mujeres no escolarizadas afirman que nunca son intimidadas o reciben insultos con frases de carácter sexual, mientras que el 18% de los varones dice que sí, cifra que trepa al 29,5% en los varones escolarizados y 14,5% de las chicas. Profundizando el tema, el 3,3% de las chicas no escolarizadas afirman que nunca las obligan con amenazas a situaciones de carácter sexual aunque los varones lo reportan en 11,8% de los casos y entre los escolarizados, los varones el 7,6% y las mujeres el 8%.

Así, 6,1% de las mujeres y 5,9% de los varones no escolarizados y 9% de los escolarizados admiten haber sido amenazados con armas.

Todas las preguntas que implican participación activa de quien observa un hecho delictivo o que perjudique a un tercero demuestran que más del 50% de los adolescentes, no se involucran para tratar de evitarlo y un 30% sólo se involucra alguna vez.

Las preguntas que apuntan a la participación directa en acciones que dañen a otros como ridiculizar o robar cosas a un compañero tampoco mostraron diferencias sustanciales entre los grupos. Esto cambia cuando se trata de golpear a alguien en donde las cifras en varones no escolarizados trepan al 30%, y es del 27% en mujeres escolarizadas.

Respecto del suicidio, entre los no escolarizados el 23,5% de los varones pensó seriamente en el suicidio, al igual que el 24,2% de las mujeres. Entre los varones escolarizados el 21,7% y el 13% de las mujeres.

Estuvieron detenidos por llevar armas 6,1% de las mujeres y 17,6% de los varones no escolarizados y 5,5% de los varones y 45 de las mujeres escolarizados.

Los varones fueron detenidos por participar en una pelea asciende a 23,5% entre los no escolarizados y 14,5% de los escolarizados y sólo 6,1% de las mujeres no escolarizadas y 3% de las escolarizadas.

Estuvieron detenidos por robo el 17,6% de los varones y 3% de las mujeres no escolarizadas y el 4,5% de los varones y mujeres escolarizados.

Intentaron suicidarse un 8.8% de las mujeres y el 11,8% de los varones no escolarizados, así como el 4% de los varones y 9,9% de las mujeres escolarizadas. Estos valores se intensifican en los periodos 2001-2002 y 2011-2013.

El 11,1% de los varones y 3% de las mujeres no escolarizados fueron atendidos en un hospital por intento de suicidio, en tanto que entre los escolarizados el 3,5% de los varones y el 5% de las mujeres.

Grafico 5.

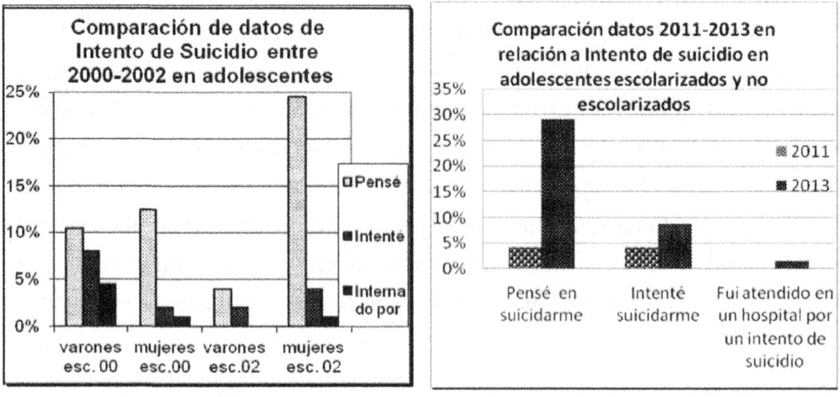

Al 18,1% de los varones y al 9% de las mujeres le han ofrecido droga en la escuela (esta cifra triplica la recogida en 2001). Al 25,1% de los varones y al 6,7% de las mujeres le han ofrecido droga en los alrededores de la escuela (anteriormente era del 10%). El 30,7% fumó cigarrillos en la escuela.

El 15,1% de los varones y 12% de las mujeres bebió alcohol en horario escolar. 10% fumó marihuana en horario escolar en el último mes. Estas cifras muestran un fuerte deterioro de las conductas e incremento del riesgo en relación a años anteriores.

Cuando analizamos la situación en los boliches, la oferta de droga parece ser mayor: el 25,2% de las mujeres y el 50% de los varones no escolarizados afirman que le han ofrecido drogas allí en el último mes. En cuanto a los escolarizados varones 30% y 15% en las mujeres afirma lo mismo.

Un 60,6% de las mujeres y 52,9% de los varones no escolarizados dicen que nunca consumieron tabaco, en tanto que entre los varones escolarizados el 61,5% también se abstiene y las mujeres el 54%.

El 78,8% de las mujeres y un 94,1% de los varones no escolarizados no consumió marihuana en el último mes, valor que entre los escolarizados corresponde al 88,4% (varones) y 90% (mujeres).

Sólo los escolarizados admitieron haber consumido cocaína en el último mes en un 8%.

El consumo de inhalantes en el último mes fue reconocido por 5,9% de los varones y 3% de las mujeres no escolarizadas y 6% de los escolarizados.

Nunca consumieron esteroides un 93,8% de los varones no escolarizados y 92,5% de los escolarizados.

Durante la última relación sexual, habían consumido alcohol el 15,6% de las mujeres y el 27,8% de los hombres no escolarizados y el 47,2% de los varones y 41% de las mujeres escolarizados.

Durante la última relación sexual, niegan consumo de drogas el 75,8% de las mujeres y el 77,8% de los varones no escolarizados y el 64,6% de los escolarizados.

Consumieron el primer cigarrillo completo en un 22,2% entre los 11 y los 13 años en los varones, y en un 19,0% a los 14 años en las mujeres no escolarizados y entre los escolarizados 66,4% antes de 14 años.

Consumieron el primer porro de marihuana completo en un 40,0% entre los 16 y los 17 años en los varones, y en un 37,5% a los 15 años en las mujeres entre los no escolarizados y entre los escolarizados un 49% antes de 14 años.

Probaron cocaína en cualquiera de sus formas a los 16 años el 57,1% los varones y 50% las mujeres.

Entre los no escolarizados el primer vaso de vino completo se consumió en un 21,4% entre los 12-14años en los varones, y en un 38,1% a los 15 años en las mujeres, en tanto que entre los escolarizados el 41% antes de los 14 años.

El primer vaso de cerveza completo se consumió en un 17,6% entre los 13 y los 14 años en los varones, y en un 29,6% a los 14 años en las mujeres. En los escolarizados el 55,4% de los varones tomó su primer vaso de cerveza completo luego de los 14 años como el 76% de las mujeres.

En cuanto al consumo de cerveza los días de semana, entre los no escolarizados el 25,0% de los varones toma 3 vasos de cerveza completos mientras que en las mujeres el porcentaje es mayor: 33,3% toma entre 1 y 5 vasos. Entre los varones escolarizados 30,8% toma 1 vaso, 25%, dos y 15,4%, 3. En los fines de semana el consumo se incrementa. En las mujeres escolarizadas, el consumo de cerveza es 1 y 2 vasos 30% y los fines de semana entre 2 y 3 vasos el 38,7%.

Los no escolarizados varones en un 20% toman 5 vasos de vino completos mientras que el 39,1% de las mujeres consume 2 vasos. Entre los escolarizados los valores también son altos: un vaso 31,4%, dos 11,4%, tres cuatro y cinco vasos: 5,7% cada uno. Los valores son menores para las mujeres. Durante el fin de semana el 18,7% toma un vaso y el 17,9% cuatro. Las mujeres 1 vaso el 19,8% y 2 el 13,6%.

Respecto del Fernet con Coca, entre los no escolarizados, el 47,1%

de las mujeres consumen un vaso mientras que el 15,4% de los varones consume entre 5 y 15 vasos en un fin de semana. Entre los escolarizados los días de semana toman uno el 19,2% y dos el 15,4% en el fin de semana 20,7%, un vaso de Fernet completo, 15,7%, dos y 20% cuatro. El consumo de Fernet en días de semana es más bajo 6,5% un vaso en mujeres y en el fin de semana 20,7% un vaso.

Es importante señalar la evolución del consumo de sustancias adictivas de chicos escolarizados y no escolarizados, con un incremento en la frecuencia de consumo alcohol, tabaco, marihuana y cocaína a lo largo del periodo estudiado.

Gráfico N°6.

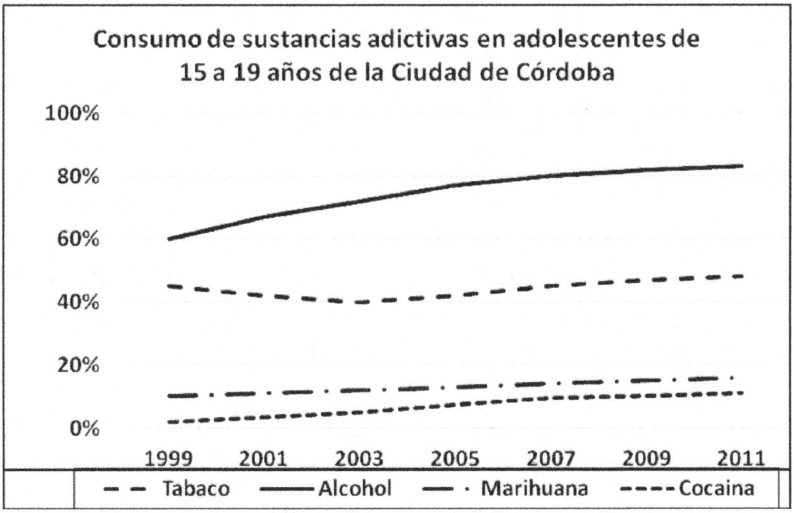

Salud Sexual y Reproductiva

Los resultados de nuestra investigación señalan que el uso de preservativo tiene una variación muy importante según la población juvenil atendida, notándose que en las poblaciones de mejor nivel educativo llega a 83% siendo en poblaciones de menores recursos educativos tan sólo del 28%. Asimismo, los otros métodos de anticoncepción relatados no siempre son reconocidos como efectivos sino que tienen características poco científicas. Estos datos coinciden con lo señalado por la Sociedad Argentina de Ginecología Infanto-Juvenil: el 34,4% de las mujeres de entre 10 y 20 años no usaron ningún método anticonceptivo durante su primera relación sexual; el 8% usó un método no efectivo y el 0,5% utilizó el método del "ritmo menstrual". De ello resulta que el 42,9% de las mujeres jóvenes está en riesgo de adquirir una Infección de trasmisión sexual o de quedar embarazada en su primera relación sexual.

Un hecho a remarcar, según nuestros datos, es el mayor conocimiento de los síntomas de infecciones de transmisión sexual entre los escolarizados, lo cual ha permitido que algunos jóvenes accedan más a la consulta y reciban tratamiento adecuado. Sin embargo aún resta una enorme tarea en este sentido ya que los valores aún son bajos y si bien un 6% reconoce haber tenido síntomas de infección de trasmisión sexual, sólo la mitad recibió tratamiento específico para la misma después de una consulta.

El porcentaje de adolescentes de 15 a 19 años que acepta haber tenido un embarazo se mantiene estable, por lo que resulta otra asignatura pendiente, al igual que el de aquellas que se han practicado un aborto, sin embargo ha cambiado el método elegido para realizarlo. En nuestra región los partos de adolescentes representan el 22,7% del total de partos. La maternidad temprana –antes de los 15 años–, es expresión de múltiples problemas sociales y sanitarios, pobreza, falta de educación, inequidad de género, contextos familiares adversos. Debe ser considerada riesgosa, ya que ocurre en una situación de violación de derechos y genera una mortalidad materna que duplica la de las madres de mayor edad.

Según un informe de la Alianza Argentina para la salud de la madre, recién nacido y niño (ASUNEN) en el marco de la Semana Internacional del Parto Respetado –mayo 2014– en Argentina, cada 3 horas una niña da a luz y se convierte en madre de otro niño o niña. Córdoba ha adherido actualmente a la ley 25.929 sancionada en 2004 que establece los derechos de las mujeres en relación con el embarazo, trabajo de parto, parto y posparto, entre las cuales están el derecho a la información sobre intervenciones médicas posibles para su eventual elección haciéndola partícipe del accionar de los profesionales, a ser tratada con respeto y en consideración de pautas culturales, al parto natural que respete sus tiempos biológicos y psicológicos, y a estar acompañada durante todo el proceso.

Sí ha habido un ligero aumento de mujeres y varones que relatan haber sido acosados sexualmente o abusados (de 5,4% en 2007 a 7,6% en 2013) probablemente relacionado con mayor toma de conciencia y rechazo hacia estas actitudes que en ciertos momentos pueden haber estado naturalizadas.

Conducta alimentaria y prácticas deportivas

La alimentación que realizan nuestros adolescentes es deficitaria: alta en hidratos de carbono, grasas y sal, con escaso consumo de verduras, frutas y legumbres. Utilizan "comida chatarra" como consumo habitual fuera de su hogar. Pasan largos periodos de tiempo sin consumir alimentos. Su consumo de vitaminas, oligoelementos y fibras suele ser escaso.

Gráfico 7.

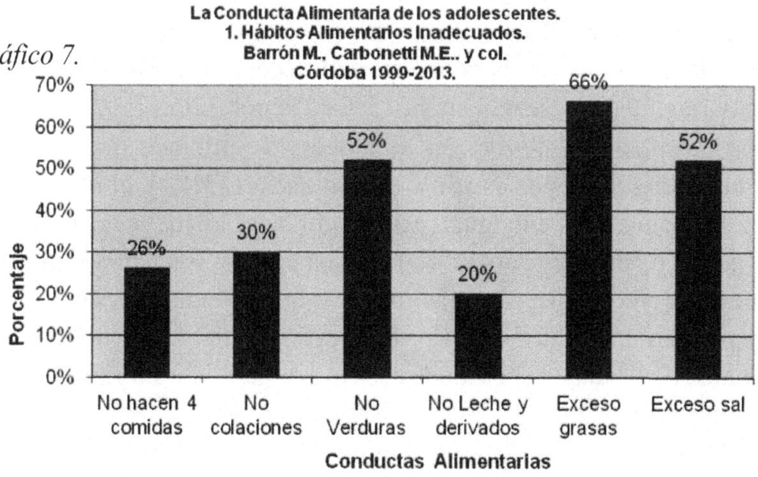

La relación peso/talla es adecuada en la población atendida a excepción de aquellos que superan P75 de Índice de Masa Corporal para su edad, resultado consecuente con la epidemia de sobrepeso y obesidad. A esto se agrega una importante dificultad en la percepción de la imagen corporal, que si bien se da más frecuentemente entre las mujeres, se hace cada vez presente entre los varones.

Gráfico 8.

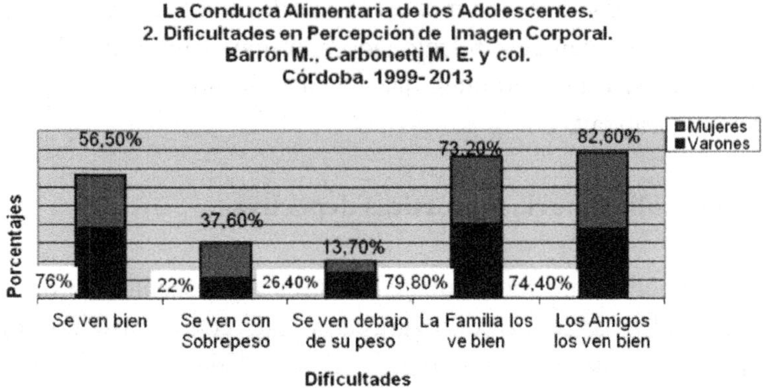

Más de un 40% de los adolescentes realizaron dietas, con o sin intensas actividades físicas a fin de modificar su peso en el último mes. Este es el paso previo para la aparición de trastornos de conducta alimentaria que se presentan en un 15% de la población.

Los resultados referidos a prácticas deportivas muestran una marcada preferencia por asistir a un gimnasio (35%) y el 40% de los jóvenes involucrados en alguna actividad física, lo cual es considerado muy positivo, aunque aún se refleja una mayor frecuencia entre los varones. De ellos, un 32% practica diariamente, un 36% entre 3 y 5 veces por semana y un 31% 1-2 veces por semana. La media de horas semanales dedicadas a actividades físicas es de 8 con un rango entre 2 y 28 horas semanales.

El 25% participa de un equipo deportivo escolar y 20% juega en un club o asociación deportiva. Sólo 26,2% realizó un chequeo médico completo antes de iniciar el entrenamiento y competición. Un 13,8% recibió indicaciones dietéticas o medicamentosas para mejorar su rendimiento físico por parte de un médico, un entrenador. El resto se automedicó.

Conclusiones

Los resultados que hemos presentado no hacen sino corroborar la necesidad de conocer y considerarlos intereses, necesidades, expectativas y presiones a las que están sometidos los adolescentes, de forma de lograr una comprensión más realista de las situaciones que transitan y los problemas que deben resolver. Está claro que existen distintos intereses y necesidades según los diferentes grupos de la sociedad y esto debe ser la base de la elaboración de las políticas públicas destinadas a estos jóvenes. Para ello es imprescindible su participación en la elaboración de todas las propuestas, su puesta en marcha, seguimiento, adaptación permanente a los cambios y su evaluación de manera que el derecho al acceso a la salud sea cada vez más real.

Para ello se hace necesario que las políticas públicas se articulen entre distintos sectores ya que no hay salud sin educación, sin justicia, sin equidad, sin trabajo digno, sin viviendas.

Elena Duro citando a Catoriadis marca la necesidad de asumir ante nosotros mismos y ante los adolescentes el hecho de que ya no existe un mundo prometido, sino uno deseable, posible de ser pensado, que no es único sino que responde a las expectativas, necesidades y posibilidades de cada uno que lo intente en un marco de respeto de los derechos de todos.

Referencia bilbiográficas

Asunen. Alianza Argentina para la salud de la madre, recién nacido y niño. En nuestro país, cada 3 horas, una niña da a luz y se convierte en madre de otro niño o niña. Disponible en: www.asunen.org. Consultado el 20/05/14.

Barrón, M. (Comp) (2010). Adicciones. Nuevos paraísos artificiales. Serie Adolescencia Educación y Salud 4. Córdoba (Argentina): Brujas.

_______________(2005). Inequidad sociocultural, riesgo y resiliencia. Serie Adolescencia Educación y Salud 1. Córdoba (Argentina): Brujas.

Bauman, Z. (2004). La Sociedad Sitiada. Buenos Aires: Fondo de Cultura Económica.

Castoriadis, C. (1997). El avance de la insignificancia. Buenos Aires: Eudeba.

Centers for Disease Control and Prevention. "Youth Risk Behavior Surveillance Summaries" (2003). En Morbidity and Mortality Weekly Report (2006). Pág. 55 (No. SS-#).

CEPAL-OIJ. (2004). Informe Ejecutivo de la 1° Encuesta Iberoamericana de Juventudes, titulada "El Futuro ya llegó".

Chambers, R.A.; Taylor, J.R. & Potenza, M.N. (2003). Developmental neurocircuitry of motivation in adolescence: A critical period of addiction vulnerability. Am J Psychiatry. Jun 2003; 160(6): 1041–1052. New York, USA.

Duro, E. (2006). Adolescencias y Políticas Públicas: de la invisibilidad a la necesaria centralidad. Unicef.

Giedd, J.N. (2004). Structural Magnetic Resonance Imaging of the Adolescent Brain. Ann. N.Y. Acad. Sci. 2004; 1021: 77-85

Krauskopf, D. (2004). La inclusión social de los y las adolescentes en las políticas de salud. Disponible en http://www.codajic.org/sites/www.codajic.org/files/InclusionSocialKrauskopf.pdf- Consultado el 09/08/2014

Ley Nacional N°25929. Disponible en http://test.e-legis-A

MIDES y Ministerio de Salud Pública de la República Oriental del Uruguay. Detección de consumo de alcohol: Intervención breve para Adolescentes y Jóvenes. Disponible en http://www.codajic.org/node/720. Consultado el 09/08/2013

Molina Prado, R. (2013). Consumo de Tabaco, alcohol y drogas. Pediatría Integral; XVII (3): 205-216. Madrid, España.

Pozo Iribarría, J.; Pérez Gómez, L. & Ferreras Oleffe, M. (2008). Adicciones y nuevas tecnologías de la información y de la comunicación: perspectivas de su uso para la prevención y el tratamiento. Logroño: Gobierno de La Rioja, Servicio de Drogodependencias.

Presidencia de la Nación (2014) "Argentina fue reconocida como modelo en calidad de atención de los adolescentes". Disponible en http:// www.msal.gov.ar/prensa/index.php?option=com_content&view=artic le&id=1993%3Aargentina-fue-reconocida-como-modelo-en-calidadde-atencion-de-los-adolescentes&catid=1%3Anoticias1993#sthash. EXh9nOan.dpuf

Salvo, M. E.; Daldevich, D.; Vázquez S y col. (2011). Investigación exploratoria sobre salud sexual y reproductiva (SSR) y prevalencia de violencia familiar (VF) y de pareja (VP) en la adolescencia. Disponible en http://www.sagij.org.ar/ginecologia-infanto-juvenil/vol-18numero-2-2011/

Unicef (2012). Estado Mundial de la Infancia 2012. Niñas y niños en un mundo urbano. Nueva York. EEUU.

Universidad ISALUD. (2014).Conclusiones de las II Jornadas de Actualización en Salud Integral del Adolescente organizadas por la Universidad ISALUD. Buenos Aires. Disponible en http://www.isalud. edu.ar/revista_isalud/mayo14/ . Consultado el 20/05/14.

Jóvenes con discapacidad: algunas consideraciones desde Córdoba

*María Cristina Schiavoni**

En la actualidad hablamos de discapacidad desde un enfoque inclusivo que pretende la inserción de las personas con discapacidad en todos lo ámbitos: educativo, laboral, socio-cultural y recreativo. Dejamos atrás esa concepción que ponía el acento en la "dis", desde la enfermedad, de lo que no puede, para partir de lo que sí puede, lo que sí tiene, que no es poco.

Hace más de treinta años que trabajo con personas con algún tipo de discapacidad y, a través de ellos, he podido comprobar cuánto se ha progresado, tanto en la conceptualización de la misma cuanto en las oportunidades que hoy se le ofrecen.

Podemos observar desde un cambio de paradigma hasta la visibilización –aún no del todo completa– de estas personas.

Se calcula que alrededor del 10% de la población mundial tiene algún tipo de discapacidad. Sus causas y consecuencias son muy variadas, dependiendo de las disposiciones políticas que se adoptan en los

* *Lic. en Psicopedagogía. Doctora en Ciencias de la Salud. Profesora adjunta en Teorías del Crecimiento y el Desarrollo y del Seminario de educación especial, Escuela de Ciencias de la Educación, Facultad de Filosofía y Humanidades, Universidad Nacional de Córdoba. Investigadora y docente de posgrado CE: quiquisch@yahoo.com*

diferentes países.

Como afirma expresamente Pantano (2010) "...se pone cada vez más en evidencia la necesidad de superar el desconocimiento o la indiferencia en relación a diferentes problemas sociales para concretar acciones orientadas a un quehacer positivo, cotidiano, 'en la corriente principal de la vida' (mainstreaming) que permita la participación y desarrollo de todas las personas más allá de las diferencias, particularmente las planteadas por la discapacidad... Se pone énfasis en que se trate de una acción concreta y efectiva, que no se reduzca a discursos bien intencionados sino a una aplicación decidida, fundada, hábil e idónea, respaldada, continua, sostenida y apoyada en el derecho a la vida y a la diferencia. Es decir llevar a la práctica, implementar, tanto las intenciones, los propósitos, leyes o declaraciones como todo aquello que ponga en actos posibilidades y alternativas válidas de participación para todos los miembros de la comunidad de que se trate. Pasar del dicho al hecho, entre los cuales, según el refrán popular, hay un largo trecho. Se trata, entonces, de pensar en acortar la distancia entre el decir y el hacer más aún 'hacer bien', producir Buenas Prácticas, mejores prácticas".

Cuando hablamos de políticas públicas nos referimos a orientaciones generales de la acción pública. Orientaciones emanadas, en principio y legítimamente, de los poderes públicos y que intentan regular o controlar lo que desde la esfera pública se hace en un determinado ámbito. Esas orientaciones no siempre son explícitas o ni siquiera conscientes pero sin duda existen y pueden ser analizadas y evaluadas. Se despliegan en el macrosistema pero, indudablemente, afectan al mesosistema y al microsistema (Bronfenbrenner, 1987), es decir, interesan y afectan a otros agentes: a las familias, comunidades, Organizaciones estatales y No gubernamentales.

La consigna hoy afirma más que nunca el brindar igualdad de oportunidades, inclusión plena y la posibilidad de desarrollar al máximo sus potencialidades.

A nivel nacional, en la 56° Asamblea Ordinaria del Consejo Federal de Discapacidad (Abril, 2013) reunió a representantes gubernamentales y no gubernamentales de las provincias del país, quienes debatieron acerca de las políticas públicas en materia de discapacidad, para todo el territorio nacional.

La Asamblea, realizada en el Palacio San Martín, en la Ciudad de Buenos Aires, estuvo presidida por la titular del Consejo Federal de Discapacidad y de la Comisión Nacional Asesora para la Integración de las personas con Discapacidad (CONADIS), Silvia Bersanelli, quien señaló que "se ha avanzado a nivel de políticas públicas y discapacidad a nivel nacional y provincial" y señaló la importancia de promover esta profundización en los municipios con la participación activa de las organizaciones de la sociedad civil de y para las personas con discapacidad.

A través de una entrevista realizada a la Lic. Patricia Balistreri, Coordinadora del Equipo de Integración Escolar y Diversidad de la Subsecretaría de Estado de Promoción de la Igualdad y Calidad Educativa, del Ministerio de Educación de la provincia de Córdoba, nos afirma que "aquí el tema principal es la integración". Se realiza Capacitación y Asesoramiento a todas las personas que así lo requieran. Las principales dificultades son: contención, rol del docente de apoyo en la escuela secundaria (muchas disciplinas, muchos profesores, etc.), "lo que sí es positivo –nos aclara– es que los Coordinadores de Curso vehiculizan, mediatizan con la institución y se han convertido en consultores nuestros, es una vía muy rica, se trabaja también directivos y gabinetistas, pero esta figura del Coordinador suma al poder asesorar continuamente. En lo que va de febrero-marzo de este año (2014), las asesorías han crecido notablemente en forma cuantitativa.

Se realiza integración y atención a la diversidad desde hace más de 27 años y puede decirse que los procesos en el nivel inicial y primario están instituidos, pero en el secundario se está "haciendo camino": Hay integración, pero se atienden nuevas adolescencias que sumadas a su crisis personal se añade la discapacidad".

En el transcurrir de la entrevista surge el comentario acerca de una resolución del Consejo Federal de Educación N° 174/12, explicita en su articulo 28: "Las niñas y los niños con discapacidad que hayan acreditado terminalidad de primaria, ingresarán y cursarán en una escuela secundaria común; con el asesoramiento, aportes de los docentes y equipos técnicos educativos de educación especial en las configuraciones de apoyo que se requieran. Los/as estudiantes que, aun teniendo terminalidad de primaria, no puedan acceder a la totalidad de los espacios curriculares del nivel secundario, asistirán a escuelas o centros de educación integral de adolescentes y jóvenes con discapacidad compartiendo, siempre que sea posible, espacios curriculares en escuelas con estudiantes de la misma franja etárea".

"Esto –nos comenta la Lic. Balistreri– generó en Córdoba una gran discusión, porque significaría un retroceso en los procesos de integración escolar, por ello durante el año 2013 se reunieron y trabajaron Supervisores de Enseñanza Media junto a Supervisores de Educación Especial, del Ministerio de Educación de la provincia de Córdoba, quienes concluyeron que en esta provincia, a partir del año 2014, los niñ@s y adolescentes integrados en la escuela común, realizarán todas las materias y los que requieran alguna eliminación de asignatura, se les respetará el proceso hasta que finalicen su secundario".

Esto significa un posicionamiento inclusivo que determina el Marco Político y respeta la autonomía de las provincias, tal como figura en la Ley Federal de Educación.

Desde la Municipalidad de Córdoba se plantean Estrategias diferentes para necesidades distintas: "Se encuentran dos grandes grupos poblacionales que presentan diversas necesidades a cubrir. Uno está conformado por personas con discapacidad que son residentes de zonas urbano marginales; muchos de ellos se encuentran excluidos de los servicios de salud, educación, rehabilitación y carecen de ámbitos de integración social y comunitaria. El otro grupo está constituido por personas con discapacidades con sus necesidades básicas satisfechas pero en desventaja a la hora de una plena participación y desarrollo de sus potencialidades. Esa clasificación fue la base para la formulación de dos estrategias complementarias que dieron lugar a sendos programas: para el primer grupo se desarrolló el Programa de Inclusión Social; para el segundo grupo, el Programa para la Plena Participación, con componentes focalizados para abordar distintos aspectos en los que pueden presentar desventajas para su integración las personas con discapacidad".

En Córdoba está en vigencia el Programa de Plena Participación para las Personas con Discapacidad que afirma: "Los derechos de las personas con discapacidad a participar en sus sociedades respectivas pueden hacerse realidad, primordialmente, mediante una acción política y social. Muchos países están tomando medidas importantes para eliminar o reducir las barreras que se oponen a la plena participación".

Numerosas leyes y ordenanzas del ámbito municipal se refieren por ejemplo a Infraestructura Urbana accesible: que se realiza coordinando las acciones con áreas públicas y privadas, por la accesibilidad en la infraestructura, mobiliario y transporte de la ciudad. Allí se afirma que se continúa con el trabajo y se incorporan las modificaciones en el Código de edificación de la ciudad de Córdoba.

Sin embargo, en la realidad y en lo cotidiano se observan, a pesar del espíritu de la letra y los esfuerzos realizados, muchas dificultades, ya que hay sitios públicos y privados sin rampas para discapacitados, ómnibus que no las poseen, taxis que no llevan discapacitados "porque la silla de ruedas no entra en el móvil, porque el taxi tiene el tubo de gas en el baúl", entre otras.

En lo que se refiere al Servicio de Apoyo a la Integración escolar, se coordinan acciones con la Dirección de Discapacidad y la Dirección de Educación Municipal, para lograr la integración de personas con discapacidad y la accesibilidad en las escuelas.

Para esta tarea es preciso contar también con el apoyo de las familias, lo que no siempre se puede llevar a cabo, no sólo en el ámbito municipal sino también en el provincial, pues no siempre las familias cuentan con el tiempo, ni con la actitud necesarios para realizarlo.

Describen también el Programa de inclusión, Capacitación, localización y seguimiento del Empleo, a través de entrevistas, confección de base de datos, búsqueda y ubicación según perfil con el puesto requerido, al respecto se comenta que otras organizaciones, tanto públicas como privadas, se dedican a esta tarea, la cual no es nada fácil, ya que los empleadores a pesar de que pueden descontar de sus ganancias el hecho de tener empleados con algún tipo de discapacidad, no lo hacen con la frecuencia ni con el porcentaje que por ley, podrían hacerlo.

Se encuentran en funcionamiento, a modo de ejemplo, algunas de las acciones que tiene en su planificación la Municipalidad de Córdoba, aún cuando pueden observarse otras de gran interés:

- La emisión de cedulones municipales en Sistema Braile, para la población de personas ciegas y/o Macrotipo para la población de personas ciegas o de Baja visión respectivamente.
- Servicio de Intérpretes de Lengua de Señas, a disposición en la Planta Baja del Palacio Municipal para la población de personas sordas y/o hipoacúsicas que acudan a realizar sus respectivos trámites.
- Baños accesibles de la planta baja del Palacio Municipal.
- Periferia y accesos a la Municipalidad con transitabilidad accesible.

Proyectos que se encuentran aún en desarrollo

De acuerdo con Pablo Molero: "La promoción humana de las personas con discapacidad no se reduce solamente a asegurar determinadas prestaciones, sino que tiene que ver con la salud, el trabajo, la educación, la rehabilitación, la accesibilidad a la información y a la comunicación, la participación plena en los diferentes ambientes sociales, el acceso a todos los lugares y actividades que la población accede, la capacitación profesional, el acceso al transporte público, el ocio, la posibilidad de formar una familia, la participación en aquellas decisiones que tocan a su vida, ser tenidos en cuenta en la organización social no como ciudadanos pasivos a quienes se les da, sino como miembros activos de un cuerpo social en el que todos cuentan, eliminación de las barreras que impiden o dificultan su participación y creación de las oportunidades necesarias para que puedan por sí mismos o por representantes, si los necesitan, hacer oír su voz.

Todo esto implica un cambio fundamental en la consideración o valoración de las personas con discapacidad: mirada positiva sobre ellas, consideración de sus capacidades y de las adaptaciones sociales para que dichas personas puedan acceder a todos los ambientes y los apoyos necesarios para que puedan expresar su parecer y sus dones".

Con lo expuesto podemos concluir que las políticas públicas para la discapacidad, son a veces, meras intenciones o promulgaciones en leyes y ordenanzas pero que en la realidad no se desarrollan activamente respuestas para sus necesidades, por más que se hagan determinadas cosas, se consigan ciertos logros, incluso se destinen algunos recursos económicos. Para que esto cambie se requiere un compromiso moral, sentirse exigido desde adentro de uno mismo hacia la vida de cada persona y sus necesidades.

Debe generarse entre las ONGs, de y para personas con discapacidad y con fines sociales y el Estado una estrategia de articulación para que se puedan encontrar conjuntamente caminos que posibiliten todo lo anteriormente dicho.

La grave crisis que vive este sector no es solamente económica. La situación de las personas con discapacidad es una de las expresiones de la crisis moral que, como sociedad, tenemos que enfrentar. La quita de recursos económicos, la falta de recursos humanos y de compromiso con esta temática, es una muestra clara de lo que hay en el corazón de muchas personas en nuestro país. Para algunos esta población forma parte de aquel porcentaje que no está dentro de las políticas sociales, porque el modelo que se impone no es para todos. En muchos casos, considero que se piensa en reducir la vida a un mero pasar, cuando estas personas quieren vivir plenamente. Para quienes razonan así, los pobres, los débiles, los enfermos crónicos, las personas con discapacidad no cuentan, están fuera del sistema, tienen que arreglarse como puedan, recogiendo las migajas que sobren y que otros tengan ganas de dejar caer (Pablo Molero).

Algunos de los programas desarrollados para los jóvenes con discapacidad, parecen ser no tanto el resultado de un accionar estratégico, planificado y previsible, acordado con los actores involucrados en la temática, sino más bien producto de iniciativas personales, sujetas a la contingencia, que dependen de un mero voluntarismo, muchas veces individual.

Recordemos que la familia es el principal microsistema en el que reside el niño. Por ello incrementar el potencial de desarrollo de un niño con discapacidad depende, en gran medida, de que la familia le proporcione unos adecuados cuidados y apoyos socioemocionales. Una integración eficaz a lo largo del ciclo vital depende del apoyo y cuidado familiar.

Tanto la familia como la escuela, tienen la responsabilidad de inculcar y desarrollar los derechos de niños y jóvenes con discapacidad: La Educación Especial, específicamente, tradicionalmente segregada en el sistema educativo, se sitúa hoy en una nueva dimensión, deja de centrar la mirada en el déficit de los sujetos, poniendo el énfasis en sus capacidades, necesidades y las respuestas educativas.

En este campo asistimos a una reconceptualización de los supuestos epistemológicos, ideológicos y metodológicos, cuyos aportes están dando lugar a la construcción de una educación inclusiva que dé lugar a la problematización de las diferencias en contextos de diversidad sociocultural.

Por tanto, es importante priorizar:

- el respeto a los derechos humanos.
- el valor de la vida, la diferencia, la salud y la educación.

Esto implica un cambio de actitud y toma de conciencia social en torno a generar acciones que respondan a equiparar oportunidades; entendida como la búsqueda de actuaciones diferentes que tiendan a hacer real la igualdad, reconociendo diversos puntos de partida para mejorar la calidad sustantiva de vida humana.

Para trabajar con personas con algún tipo de discapacidad es preciso sostener una actitud de perfeccionamiento constante que permita elaborar nuevos recursos personalizados y una permanente adecuación curricular de los mismos.

Para ello se necesita poseer un sólido y profundo conocimiento de las características físicas, psicológicas, familiares, etc.; de estas personas a fin de no caer en preconceptos, prejuicios y/o errores diagnósticos que rotulen a un niño, a un adolescente o adulto, impidiéndole desarrollar sus capacidades reales.

Todo ello para lograr **la inclusión plena de estas personas en todos los ámbitos: educativo, laboral, social y recreativo**. Se necesita:

- Promover mayor cantidad y calidad de información estadística.
- Visibilizar el tema como algo que nos atañe a todos y no sólo a las personas que tienen una discapacidad. Una gran parte de las personas desconoce las posibilidades que ellos tienen y entre la ignorancia y el temor los excluyen de sitios tales como: la escuela y el trabajo, ámbitos preferenciales para que puedan desarrollar sus potencialidades y habilidades.
- Diseñar campañas de sensibilización, a través de los medios de comunicación, incluso incorporando a personas con discapacidad, donde la comunidad toda pueda conocer lo que sí pueden hacer los niños y adolescentes con algún tipo de discapacidad.
- Desarrollar Programas de formación parental para incrementar el conocimiento y entendimiento del desarrollo del niño, para la correcta crianza y supervisión, recibiendo información sobre el tipo específico de discapacidad y las expectativas reales en el desarrollo.
- Involucrar a las familias para que se comprometan al máximo en los diferentes programas y actividades, acompañando y apoyando a sus hijos.
- Favorecer las modificaciones legislativas, políticas y del entorno social, que contribuyan al fomento de las actitudes y comportamientos saludables.
- Transformar y/o adaptar los espacios públicos para convertirlos en espacios accesibles, que brinden máxima comodidad (rampas, señalizaciones en Braile, canales de señalización, etc.).
- Adaptar los sistemas de transporte para que sean de fácil acceso para estas personas.

- Todos los trabajos en comisiones (de vital importancia), ONGs, consejos, se realicen con la participación de los jóvenes con discapacidad, ya que "pensamos por ellos", "hacemos por ellos" pero nos olvidamos de escucharlos y responder verdaderamente a sus necesidades.
- Alentar las investigaciones en torno a esta temática.
- Conformar espacios de debate y construcción colectiva permanente.
- Y, por sobre todo, **respetar sus derechos**.

Referencias bibliográficas

Barrón, M. (comp.) (2005). "Inequidad socio-cultural. Riesgo y resiliencia". Serie Adolescencia, Educación y Salud. Córdoba: Brujas.

Crespo, A. (comp.) (2010). "De la Educación Especial a la inclusión social". Buenos Aires: Letra Viva.

Goffman, E. (1996). "Estigma". Cap.: Estigma e identidad social. Ed. Amorrortu.

Molero, P. (2002)."La problemática asistencial y de promoción humana de las Personas con discapacidad, en tiempos de ajuste". En Eroles, C. & Ferreres, C. (Comp.) (2002). La Discapacidad, una cuestión de Derechos Humanos. Buenos Aires: Espacio Editorial

Pantano, L. (2010). "Buenas Prácticas en materia de Discapacidad". En Crespo, A. (comp.) (2010). De la Educación Especial a la inclusión social.
Buenos Aires: Letra Viva.

Perez, L.; Fernández Moreno, A. & Katz, S. (comp.) (2013). Discapacidad en Latinoamérica. Voces y experiencias universitarias. Buenos Aires: Edulp.

Schiavoni, M. C. (2005). "Adolescencia y Discapacidad". En Crabay, M. (2005). Prevención y Educación III. Córdoba: UNRC.

________________ (2007). "Educar a través de actitudes prosociales como alternativa al maltrato en niños y jóvenes discapacitados" en

Crabay, M. (2007). Adolescencias y Juventudes: Desafíos actuales. Córdoba: Brujas.

Skliar, C. (2007). ¿Y si el otro no estuviera ahí? Madrid: Miño y Dávila.

Skliar, C. & Larrosa, J. (2009). Experiencia y alteridad en Educación. Santa Fe: Homo Sapiens.

Adicciones: Políticas Públicas y redes juveniles saludables

*Gabriela María Richard Losano**

Cuida de mis labios, cuida de mi risa. Llévame en tus brazos. Llévame sin prisa.
No maltrates nunca mi fragilidad, pisaré la tierra que tú pisas. **Jorge Guerra y Jorge Drexler, 2007.**

Introducción

Argentina es no sólo un país de producción, tráfico y consumo de drogas sino también de reinversión de los capitales derivados de este circuito comercial. Estas acciones que configuran el fenómeno adictivo y cuentan con la participación de jóvenes, generan una dinámica que mueve la trama social hacia un deterioro progresivo, inverso a procesos de promoción humana, cuyos costos no es posible cuantificar, ya que amenazan la paz y el desarrollo social sustentable. Tales luces y sombras

* *Egresada de Psicología por la Facultad de Psicología de la Universidad Nacional de Córdoba. Trabaja como docente en la Universidad Nacional de Córdoba y de la Universidad Católica de Córdoba. Fundadora y directora de Fundación ProSalud. Se ha especializado en el campo de la educación sexual y de la prevención y asistencia de adicciones. CE: gabriela.m.richard@gmail.com; www.fundacionprosalud.org*

hacen necesario interrogarnos acerca de lo que estamos haciendo como sociedad, lo que no estamos haciendo y lo que deberíamos hacer para afrontar el complejo fenómeno de las adicciones y fundamentalmente para lograr el desarrollo de ese capital humano, en el que la salud ocupa un lugar central para una integración con equidad. Preocuparse sólo por el narcotráfico es estéril cuando no se tienen en cuenta las otras piezas del engranaje.

En esta dirección todas las respuestas, si se pretenden eficaces y capaces de dar sentido al esfuerzo que impliquen, deberán encuadrarse en políticas públicas integrales –educación, salud, desarrollo social, ambiente, economía, seguridad– y ser sostenidas en el tiempo. Existe, sin embargo, una brecha entre lo que es percibido y sentido como un problema por la gente, y el armado de la agenda pública que define las políticas de Estado que habilita el agravamiento del flagelo de las adicciones; por eso es urgente reconocer el problema en toda su complejidad, y actuar en consecuencia.

El trabajo con jóvenes nos ofrece una oportunidad para actualizar ese diagnóstico y al mismo tiempo sumar actores sociales con capacidad para accionar procesos transformadores en presente y futuro. A continuación presentaré reflexiones, algunas de las cuales surgieron de la observación del contexto en general y otras de la evidencia que resulta de más de 20 años de trabajo con jóvenes de la provincia de Córdoba, en el marco de proyectos implementados por Fundación ProSalud.

Consideraciones generales

Tradicionalmente el concepto de políticas públicas se restringía al campo de lo gubernamental; sin embargo, con el transcurso de los años se fue ampliando hasta incluir a otros actores sociales como la comunidad y sectores no gubernamentales. De hecho, la participación y responsabilidad ciudadanas son centrales en el éxito de las mismas; en líneas generales, la eficacia de las políticas públicas está ligada a la capacidad de administrar recursos de todos los sectores para afrontar problemas, y a instalar las condiciones para evitar que estos aparezcan o se amplifiquen, por lo que, cuanto más poder posea quien lleve adelante estas estrategias de acción, mayor será su alcance. En este sentido, la responsabilidad del sector gubernamental es indelegable, pues supone la posibilidad de alentar en mayor o menor medida el trabajo conjunto de todos los nodos de la gran red social.

La franja etaria de los jóvenes conforma un segmento social de gran importancia, y aunque no siempre está incluida en la agenda de las políticas de Estado, si lo está en la mayoría de las estrategias de marketing orientadas a marcar tendencias e imponer hábitos de consumo acordes a los intereses de diversos grupos económicos cuyo interés es aumentar los consumidores de sus productos. Vivimos en una sociedad cuya cultura del consumo condiciona modos de pensar y hacer. Niños y adolescentes constituyen el público más preciado por su permeabilidad a incorporar nuevas creencias y patrones de conducta, por lo cual el consumo de sustancias adictivas crece entre ellos. Tal como lo señala Míguez (1998), cuando un adolescente camina por la noche con una botella en la mano, no consume sólo la bebida, sino también lo que espera de ella y lo que un grupo social le ha vendido que puede esperar. Como contrapartida, mientras el mercado moldea actitudes y prácticas favorables al consumo en general y de sustancias adictivas en particular, las políticas públicas no siempre cuentan con planes capaces de educar para la toma de decisiones saludables frente a este tipo de presión. Según un sondeo de opinión realizado en 2013 por la Fundación ProSalud (Proyecto Gente Bicho de Luz) entre niños de 9 a 13 años, prevalecen creencias que no colaboran a la identificación de prácticas de riesgo. Ante la pregunta de si una persona que consume sustancias puede volverse dependiente sin darse cuenta, sólo el 19,11% responde acertadamente, el 49,30% de los encuestados piensa que el consumo no lleva a la adicción y un 31,59% no sabe responder. La disociación entre prácticas de consumo de sustancias psicoactivas y el desarrollo de procesos adictivos es alentada por los proveedores para suprimir mecanismos de autorregulación, que en tal caso se perciben como innecesarios.

En la perspectiva del derecho a la salud y la identidad, es cada vez mayor el número de niños y adolescentes, huérfanos de un contexto que los proteja de estas influencias del entorno, y que sufren a causa de situaciones ligadas al consumo de sustancias psicoactivas: sufren cuando son criados por personas adictas o al convivir con hermanos u otros familiares que tienen este problema, cuando a diario ven a su pareja o a sus amigos desarrollar dependencias crecientes, cuando quieren ayudarlos y no saben cómo. Es un sufrimiento profundo y amargo, muchas veces no expresado, frente al cual no siempre encuentran en su entorno una perspectiva alentadora posibilitadora de resolverlo. Por el contrario, la percepción es que el problema se agrava y muy pocos son los que le hacen frente. Así, el acostumbramiento y la resignación emergen como respuesta.

La agenda pública debería ser sensible a una problemática socialmente relevante, para luego incidir en el diseño de las políticas públicas que desarrollen un conjunto de respuestas organizadas en tres fases: planeación, implementación y evaluación. En el campo de las adicciones, atravesado por la variable del mercado con su polifacético juego de oferta y demanda, las políticas públicas suelen denominarse políticas de drogas o de adicciones según donde pongan el foco: en la reducción de la oferta del objeto droga, o en la reducción de la demanda del mismo, y finalmente esto opera como un sesgo operativo. Desde hace dos décadas también se ensayó otra postura de alcance ambiguo, enfocada a reducir el riesgo del consumo o a reducir el daño que el consumo produce. Con el transcurso de los años, este enfoque no mostró evidencias de eficacia alguna, pues terminó operando como amplificador de la tolerancia social respecto del consumo en general y arraigando las prácticas de consumo ya instaladas, funcionales al mercado de las distintas sustancias adictivas. La tendencia actual es enfocar el fenómeno de modo integral desde el derecho a la salud en un sentido amplio que incluye dignidad y honorabilidad, y promover las prácticas que suponen su ejercicio, cuestionando el consumo de sustancias psicoactivas por su capacidad de distorsionar procesos de toma de decisiones y también la inserción en las redes de producción, tráfico y venta por la subordinación creciente al líder de aparatos delictivos que esto genera. Todo ello, en cuanto estrategia para alentar la reducción de la demanda de consumo y el aumento de la presión que se ejerce desde la oferta, lo cual se complementa con la promoción del derecho a la identidad; en lo relativo al ejercicio de la autonomía para afrontar las consecuencias de alienación propias de la promoción del consumo masivo en general, y de las sustancias psicoactivas en particular (legales e ilegales). Este nuevo paradigma se expresa en el plan de desarrollo de Medellín (Colombia), una de las ciudades que más ha padecido a causa del fenómeno de narcotráfico y consumo de drogas, pero que está logrando sobreponerse y dar un ejemplo alentador. Iniciado en 2003 y sostenido hasta el presente, en la etapa en curso la propuesta denominada "Medellín, Hogar de vida" busca ocupar los espacios, con todo aquello que promueva deseos de vida y salud. No obstante, el paradigma tradicional sigue muy arraigado tanto en individuos como en instituciones. Incluso en el segundo decenio del siglo XXI, el enfoque dominante sigue siendo de tipo cortoplacista y fragmentario, centrado en la urgencia y con abordajes asistencialistas más que en estrategias educativas y preventivas. Este enfoque funciona según el supuesto de que sancionando leyes se modificará la trama que genera y sostiene el problema, en vez de proponer consensos participativos, con el aporte de diversos sectores sociales, incluyendo a los jóvenes. Abundan las discusiones en torno a leyes que deben regular las prácticas y se descuida su implementación, la asignación de presupuesto y el funcionamiento de las instituciones. Muchas de las reglamentaciones ya sancionadas duermen en cajones, tal como la Ley N° 23.358 que establece la inclusión de contenidos necesarios para prevenir la drogadicción en los planes de estudio de los niveles de enseñanza primaria y secundaria, y que espera desde 1986 poder ser de utilidad para niños y jóvenes de todo el país.

Ahora bien, ¿qué lugar ocupan los jóvenes en este contexto?, ¿cuál es el rol de los adultos?, ¿qué intereses operan en el armado de las agendas públicas?, ¿cuáles son los incentivos que refuerzan unas y otras prácticas?, ¿qué papel tienen las instituciones? La juventud no es solo un proceso biológico, sino también psicológico, social y cultural, y por lo tanto asume características diferentes en distintos contextos y escenarios. Cuando se estudian y proponen políticas para jóvenes, es necesario incluir todas estas categorías de análisis. Algunos autores se niegan a hablar de "juventud", refutando la homogeneidad del concepto que esto supone, y hablan de "juventudes" que coexisten incluso dentro de un mismo país, ciudad, barrio o institución. Según el estudio de Barrón (2014) sobre el consumo de sustancias en jóvenes de la ciudad de Córdoba, el 66,4% de los no escolarizados y el 69% de los escolarizados declara no haber consumido en el último mes marihuana. Este porcentaje se eleva al 92% en los escolarizados que no consumió cocaína en los últimos 30 días. Si agrupamos a los jóvenes según sus consumos de marihuana o cocaína, advertimos que la mayoría no ha consumido recientemente, y por lo tanto, deberían ser abordados para reforzar su elección por las prácticas saludables. Esta sería la estrategia más conveniente; sin embargo, la mayoría de las acciones habitualmente se destinan de modo excluyente a atender a quienes ya están consumiendo, que son minoría. Tal direccionamiento termina posicionando las prácticas de consumo por encima de las saludables, que no logran ser suficientemente legitimadas como para facilitar su adopción o arraigo por parte de los jóvenes. Un ejemplo de ello es la disponibilidad en instituciones públicas de protocolos para actuar frente a alumnos que consumen alguna droga, pero no para implementar programas de prevención que pueden ser aprovechados por todos los alumnos, tanto la mayoría que no consume y como la minoría que sí lo hace. Cuando se afirma que la prevención ha fracasado, convendría preguntarse si lo que realmente se ha realizado es prevención y de qué tipo. En general las acciones se restringen a asistencia, información y control. Poco o casi nada se dedica a la prevención específica del consumo de sustancias adictivas combinada con educación para la salud y promoción de contextos habilitantes de sentidos y proyectos de vida que alienten a prácticas saludables, como alternativa a las prácticas con diverso potencial adictivo que aumentan la vulnerabilidad individual y social.

Políticas públicas e iniciativas locales. El proyecto Gente Bicho de Luz y la Fundación ProSalud (1997- 2014)

El trabajo con jóvenes que realiza la Fundación ProSalud opera como una ventana a esta realidad multifacética en permanente movimiento, e invita a profesionales y referentes sociales a repensar objetivos y estrategias vigentes orientadas no sólo a controlar el fenómeno adictivo, sino también al desarrollo de una sociedad con mayor calidad de vida, en término de prácticas saludables, integración y armonía social.

La iniciativa Gente Bicho de Luz (GBL) tiene su antecedente en uno diseñado para la Municipalidad de Laguna Larga en 1991, cuyo eje fue retomado en 1992 en el marco de un proyecto destinado a alumnos universitarios, también diseñado por la Fundación ProSalud e implementado con el apoyo de la Federación Universitaria y la Secretaría de Asuntos estudiantiles de la Universidad Nacional de Córdoba. Tras este breve recorrido, en 1994 comienza una nueva etapa donde el Concurso de afiches es destinado a jóvenes de 13 a 18 años de toda la provincia de Córdoba, y toma la forma de proyecto, que en un período de 20 años permite reflexionar sobre los jóvenes, los adultos y las instituciones como parte del escenario donde se establecen los lazos entre unos y otros. El proyecto GBL se diseña y rediseña anualmente con el propósito de constituirse en un espacio catalizador y habilitante de recursos, deseos y acciones individuales, grupales e institucionales, capacitado para instituir o fortalecer procesos saludables y preventivos. La propuesta estimula a niños y jóvenes a participar en torno a acciones concretas que les permiten expresar sus ideas y sentimientos sobre temas que les preocupan, con una proyección solidaria: hacer algo que ayude a otros; esto los ubica en un lugar protagónico en el cual pueden registrar la complejidad de lo social y experimentarse a sí mismos como agentes de transformación. El proyecto es un dispositivo multidimensional que combina un certamen de mensajes preventivos con un sondeo de opinión destinado a jóvenes de 9 a 18 años de la provincia de Córdoba. Su estrategia facilita la innovación continua gracias a la participación y al respeto de las diferencias de edad (categoría naranja, verde y roja, según la franja etaria), con la tutoría de adultos que operan como referentes locales voluntarios.

Los jóvenes encuentran en este proyecto un escenario que les ofrece protagonismo en la prevención de problemas sentidos por ellos como graves: el VIH/sida, las adicciones, el embarazo no deseado, la falta de cuidado del ambiente, la violencia, el mal uso de la tecnología forman un escenario que también permite emerger al capital humano y social de individuos e instituciones. Así, el sujeto desempeña un rol activo con capacidad de iniciativa y gestión de la participación masiva y afronta la alta incidencia de la lógica de mercado no siempre afín al bien común; invita a participar y para ello usa herramientas que activan deseos saludables y no de evitación o lucha. El contexto motivacional se establece asociando los conceptos de salud o prevención con algún aspecto que contribuya al capital social: paz, libertad de expresión, solidaridad, imaginación, amor, elección responsable, etc.

Para los jóvenes, participar les permite sentirse importantes y encontrar una oportunidad donde transformar la tristeza o el enojo que viven a diario, en esperanza. A las instituciones les ofrece la oportunidad de contar con material de apoyo e incentivos externos para fortalecer las actividades previstas en la planificación anual, para conocer a sus beneficiarios desde otra perspectiva, y facilitar la expansión de vínculos prosociales a modo de un rizoma saludable (Richard, 2010). La condición de participación es hacerlo en grupo, lo que propicia el abordaje de temas complicados en un ambiente protegido. Asimismo, el uso de las encuestas para pares y para adultos que provee este dispositivo favorece el diálogo y opera como soporte del conocimiento propio y del otro. En cierto sentido, el proyecto aporta favorablemente a las políticas públicas juveniles, en tanto opera como contexto habilitante de recursos saludables individuales, grupales e institucionales, visibiliza y da protagonismo a los jóvenes, y reivindica también el rol de los adultos.

Hemos corroborado cómo unos y otros disfrutan el hecho de que la Fundación ProSalud dé cuenta y aprecie aquello que han logrado trabajando conjuntamente. Para muchos chicos, especialmente los de localidades del interior, el sólo hecho de presentar su trabajo en un proyecto de alcance provincial y obtener un certificado por hacerlo, o el estar en el evento de cierre del proyecto, constituye una situación memorable y opera como incentivo especial. En otros casos, su esfuerzo luego les vale el reconocimiento de las autoridades escolares o de otras instituciones locales, hecho que opera como reforzador positivo de esta buena disposición a cuidar la salud y a promoverla entre pares.

A lo largo de los años, hemos observado el modo en que dos etapas del proyecto contribuyen a legitimar las buenas prácticas: el evento para la entrega de distinciones y certificados –auditorios de la Universidad Nacional de Córdoba y Museo de la Mujer de la Secretaría de Cultura del Gobierno de Córdoba–, y la exposición de los 40 trabajos destacados –en Centros de Participación Comunal, Museo Emilio Caraffa, Capilla del Buen Pastor–. Aquí, los lugares públicos siempre operan como buenos escenarios para el encuentro, para aprender a expresarse frente a otros y para compartir los frutos de un trabajo silencioso. Aprendimos que niños, jóvenes y adultos necesitan esta instancia de reconocimiento, que también les sirve para conocer a sus pares. En todas las instituciones, con distintos niveles de organización y cobertura siempre se desarrollan proyectos que promueven la salud, generalmente bajo la iniciativa de adultos con vocación y comprometidos con su función educadora, pero que muchas veces trabajan en soledad; en este sentido, el proyecto opera como oportunidad para darlos a conocer. Los escenarios facilitadores de la expresión de lo saludable y resiliente y los lugares de encuentro también son habilitantes de un sentimiento de comunidad y pertenencia.

Cuando los chicos expresan, "somos muchos" los que estamos con ganas de hacer estas cosas, "no nos conocíamos, somos de distintas ciudades, pero pensamos parecido", se construye colectivamente un poderoso incentivo para sostener este modo de ver y de hacer el mundo.

Entre los jóvenes circula el "yo participé", "yo estuve", "yo puedo", "yo existo", "yo valgo", "yo doy para ayudar a otro"; y de este modo se produce la ampliación del yo al nosotros.

Estos sentimientos son los mismos que también desarrollan los adultos, y en conjunto, se produce una dinámica positiva que alienta a dar continuidad a este tipo de actividades. Cuando educadores o padres llevan los trabajos a la sede de la Fundación también se produce una situación de diálogo de gran valor: ellos expresan un gran deseo de compartir su experiencia y su hallazgo. Ver participar a los chicos, conocer su modo de pensar, advertir sus creencias a través de las encuestas, les ayuda a nutrir el vínculo que comparten durante todo el año, y tal vez, a reenfocar sus estrategias de trabajo. Desde la perspectiva conceptual de Roche (2010), estos contextos proveen incentivos y facilitan la comunicación entre grupos diversos, en los que se puede ser protagonista de procesos transformadores, en los que la diferencia se respeta y en los que puedo inspirarme en lo que hace el otro sintiéndolo al mismo tiempo como parte de un colectivo que a todos nos integra. Este enfoque, según el mismo autor, parte del postulado según el cual las personas somos básicamente prosociales, por lo que la intervención estará enfocada en facilitar procesos y no en enseñar ni cambiar sin rescatar nada de lo que ya hay (Roche, 2010). La última fase del proyecto consiste en pintar murales: los afiches, con la colaboración del municipio, se trasladan a la pared, y allí dejan su huella. La alegría de los chicos y el trabajo compartido se revelan como confirmación de un proceso de construcción colectiva que se expande desde lo privado hacia lo público, habilitando la reflexión de todos quienes puedan disfrutar los mensajes en gran formato. Así, desde 1997 y con un corte longitudinal, el proyecto Gente Bicho de Luz muestra el proceso como oportunidad de retroalimentación e incidencia: los productos gráficos y los indicadores estadísticos obtenidos nos orientan acerca de cómo direccionar nuestro plan de trabajo a fin de optimizar la estrategia de promoción de salud y prevención específica en cada nueva etapa.

Cuando el trabajo de los jóvenes expresa los estilos del mundo adulto

El trabajo con jóvenes interpela siempre a los adultos. Pensar la juventud, pensar las políticas públicas que contengan y guíen a los jóvenes, necesariamente nos conduce a enfocar todo lo que los adultos dicen/decimos y hacen/hacemos. Los jóvenes no manejan la industria, la comercialización o la agencia publicitaria que vende la ilusión de que la gente se completa por las cosas que compra; ellos no escriben las letras de las canciones populares ni organizan los llamados masivos a la barra de la disco mientras bailan. Según Hugo Míguez (1998) este condicionamiento que proviene del mundo adulto, es el que debe reconocerse y afrontarse en el trabajo preventivo: de ahí nuestra invitación a detenernos a pensar sobre nuestro rol como personas adultas; no sólo como tradicionalmente se hacía, en tanto analistas o investigadores, sino en carácter de integrantes de un sistema en el que los procesos vinculantes definen y redefinen continuamente las cartografías vitales, identidades, posibilidades, esperanzas y conflictos. Hablar de los jóvenes es también referirse al mundo adulto a partir del cual se nutren sus afectos e identidades. Las producciones gráficas expresan esta vinculación, revelan las características individuales de los integrantes del grupo y del trabajo de preparación llevado a cabo de la mano del adulto facilitador del proceso. En las producciones gráficas hay dos grandes estilos de abordaje:

a) Desde el aliento a la vida: estimulan a disfrutar la vida, a tomar responsabilidad por las elecciones personales, a tener esperanza en un cambio posible;
b) Desde el miedo: utiliza imágenes, colores, palabras que apelan al peligro para alentar la prevención.

Si bien las consignas de la convocatoria plantean con claridad que los criterios de selección se asocian al primer grupo, a lo largo de los años se continúan presentando afiches con el tipo de argumentación basada en el mal y la muerte. El éxito comunicacional de ambos estilos se comprueba en las exposiciones realizadas, al escuchar los comentarios que generan unos y otros. Según los estándares tradicionales, todavía arraigados en un extenso sector social, para poder prevenir parecería ser "políticamente correcto" establecer una brecha con lo que es considerado enfermo, disfuncional, transgresor, mediante expresiones tales como "la droga te mata", "el SIDA es muerte", "no sigas el camino del mal", etc. Estos son mensajes qûe apelan a lo extremo y pierden eficacia al momento de hacer la transferencia que supone la apropiación de un mensaje, en un contexto en el que los matices son muchos y la influencia del entorno favorece interpretaciones funcionales a aquellos que asocian el consumo a la diversión y momentos de bienestar.

Por el contrario, cuando se apela a sentidos positivos, incluso cuando la decodificación del mensaje no sea directamente referida al tema que se procura prevenir, el impacto es diferente: se logra contribuir a la construcción de un contexto habilitante de proyectos individuales y colectivos facilitadores de sentido, lo cual llena vacíos y proyecta el deseo de cuidado de la salud personal y del otro. Esto es expresado por los mismos jóvenes, tanto por los que muestran sus producciones como por los que las ven. La pregunta emergente de esta experiencia y todavía queda abierta es: ¿qué guía o contención tienen los adultos para poder generar o acompañar actividades preventivas eficaces?

Las dinámicas socioinstitucionales que este Proyecto provoca y de las que al mismo tiempo forma parte, funcionan también como un observatorio informal de las políticas públicas locales. El ámbito educativo ofrece un excelente campo de diagnóstico de problemas sanitarios tales como el consumo de sustancias y las prácticas sexuales de riesgo. Sin embargo, las señales presentes no son tenidas en cuenta por el ámbito sanitario, entrenado en asistir cuando el daño ya se ha revelado, y en el mejor de los casos, con marcos teóricos destinados a reducir el daño en campo del consumo de drogas, antes que a prevenirlo. El espacio de articulación entre ambas áreas, en general, se refiere a visitas para dar charlas, y la información obtenida por esta vía no es aprovechada para redireccionar las políticas de salud ni de educación. A esto se suman algunos inconvenientes:

- En el ámbito del sistema de salud: los efectores de salud provinciales no cuentan con servicios de asistencia en adicciones para menores de 14 años, es decir que hay un vacío muy peligroso si se considera que la edad de inicio de los procesos adictivos actualmente se sitúa en los 11 años, y edades aún más tempranas. Los centros de salud municipales, accesibles por su descentralización, no disponen dispositivos asistenciales de ningún nivel de complejidad. Por eso es que existe un sub-registro de casos de consumo de sustancias vinculado a la falta de recursos capaces de identificar el problema o a la falta de los profesionales con la información necesaria para hacer un diagnóstico temprano u ofrecer información preventiva.
- En el ámbito educativo: en escuelas primarias se advierten que las prácticas de riesgo (por consumo o por venta de sustancias) ya están presentes: muchos niños juegan a consumir, producir o vender drogas en los recreos. En numerosos establecimientos de nivel medio se venden y consumen drogas. Sin capacitación docente programada y evaluada institucionalmente, en las escuelas se usan

marcos de acción diferentes que generan desconcierto entre los adultos y entre los jóvenes, incluso cuando existe un acuerdo en no criminalizar las prácticas de consumo. Unos alientan la percepción del riesgo sobre el consumo de sustancias y la evitación del mismo por no ser una práctica saludable; otros promueven la aceptación de los consumos recreativos, que clasifican como no problemáticos, y en consecuencia operan como factor predisponente a esta práctica.

Acerca de la relación jóvenes-drogas: aportes para una mirada multidimensional

En un recorrido que va desde lo macro a lo micro, poniendo el foco en los jóvenes, se registran diversos sentimientos, creencias, percepciones sobre sí y sobre las instituciones, que contribuirán al análisis desde la complejidad. Ese registro surge como resultado de observaciones en el trabajo de campo con jóvenes en el marco de diferentes proyectos como Proyecto Gente Bicho de Luz y otros tales como Línea Red Vida (servicio de orientación telefónica sobre adicciones y sida), Red de Lideres en Salud Comunitaria, y programa terapéutico TS/GPS, implementados por Fundación ProSalud. Con el objetivo de evitar generalizaciones que no contribuyen a direccionar adecuadamente las diversas estrategias posibles, agrupo estos registros según sea que los jóvenes consuman o no sustancias adictivas.

- En el conjunto de los jóvenes, consuman o no consuman sustancias psicoactivas algunos de los factores destacables son: deseo de sentirse importantes, protagonistas de algo útil para otros; deseo de sentirse parte de algo que los reconozca e incluya con sus habilidades y posibilidades; desagrado ante la sensación de que son rotulados, clasificados, analizados; desorientación acerca de qué cosas concretas, accesibles a sus posibilidades, pueden hacer para ayudar; desahogo y entusiasmo cuando vivencian la posibilidad de hablar de temas que les provocan un dolor profundo, conjuntamente con la de ubicarse en un escenario que alienta a desempeñar un rol transformador. En el caso de los que ya han iniciado un consumo, al no usarse los tradicionales filtros que pasan por lo criminal o patológico, sino enfocar los ejes de autogobernabilidad y masificación, colonización o domesticación progresivas, el desahogo se combina con el desconcierto, y en muchos casos, con una predisposición al cambio de prácticas.

- En los jóvenes que no consumen sustancias: suele primar un profundo sentimiento de orgullo por su capacidad para autodefinirse pese a la presión del entorno, lo cual siempre se percibe de modo confortable, por lo que disfrutan el conocer otros jóvenes que explícitamente comparten su forma de pensar y actuar. En algunos casos desarrollan sentimientos de malestar, angustia, dolor al percibir los efectos de las drogas en su entorno: hermano/as, novio/as, compañero/as de curso, vecino/as, amigo/as. Cuando albergan deseos de ayudar a las personas que consumen, en general aparecen sentimientos de impotencia derivados de las respuestas que niegan el problema ("es mi vida", "hago lo que quiero", "yo lo controlo", "no es un problema"), soledad por temor a contar lo que saben a otras personas que podrían ayudarlos, desorientación por no saber a quién pedir ayuda, desesperación por no poder acceder a tratamientos específicos a causa del elevado costo de los mismos. Siempre están atentos a que se los oriente respecto de este problema, y en general guardan con avidez folletería pertinente a su solución.
- Los jóvenes que ya están consumiendo perciben el consumo de sustancias como algo natural, tienen poca motivación y/o resistencia ante la propuesta de tratamiento; manifiestan vergüenza de admitir un problema ligado al consumo de drogas, a ser llamado "drogón"; se niegan a iniciar un proceso terapéutico temprano, por no reconocer su nivel de consumo correspondiente al de un "drogadicto" (según esquemas terapéuticos tradicionales) y/o tener miedo a ser identificado como tal por los padres, los empleadores, la escuela, etc.; temen a la condena de los pares que consumen o les venden, por iniciar un tratamiento –en algunos casos el temor se refiere a los que le han "dado" droga para consumir, pero luego no

logran pagar, endeudándose y debiendo someterse a las reglas de sus proveedores para no ser agredidos–, o al aislamiento en el caso que se dejara de lado las prácticas ligadas al consumo; les desalienta saber el fracaso de tratamientos previos, propios o ajenos ("Vi cómo quedó después de hacer el tratamiento; ahora está peor y yo no quiero eso para mí"); cuentan con poca ayuda de su entorno –por resignación, negación, desinformación o temor–, para orientarlos a aproximarse a espacios promotores del cambio. Esto se agrava dada la escasez de espacios de contención y orientación para familiares, parejas o amigos de las personas consumidoras de sustancias. La escuela y los centros de atención primaria de la salud carecen de dispositivos para identificar tempranamente los casos de consumidores incipientes de sustancias y motivarlos para iniciar oportunos procesos de cambio de actitudes conductas. El sistema de salud no siempre cuenta con instancias articuladoras para brindar contención y guía a personas con problemas de consumo y enlazarlas con especialistas cuando es necesario; les cuesta identificar/encontrar grupos de pertenencia y referencia que operen como alternativa saludable a la presión del grupo de pares y vendedores de sustancias que alientan su consumo; los lugares de tratamiento no les resultan atractivos. Su localización no siempre es accesible –los hospitales públicos no cumplen la ley de salud mental que contempla la existencia de servicios de adicciones–. Los sistemas de admisión complejos y lentos suelen operar como expulsivos para quienes no logran construir su demanda, no se adecuan al ritmo o no contribuyen a problematizar el consumo en el caso de procesos adictivos recientes ni promueven el valor de la abstinencia como legítima práctica saludable; cuando inician un tratamiento, los procesos de cambio se ven cuestionados por el avance de redes sociales, atravesadas por vínculos afectivos con personas dedicadas a la venta de sustancias o con consumidores compulsivos crónicos en paulatino deterioro.

A modo de conclusión

Las ONGs tienen un rol fundamental en la construcción de políticas públicas sobre adicciones para y con jóvenes, razón por la cual el Estado debería diseñar estrategias para facilitar alianzas que potencien los recursos de cada actor social y el trabajo coordinado.

La selección del campo de lo saludable, definido desde la perspectiva de la complejidad, como estructurante de las políticas públicas, da sentido a los tres niveles de intervención –promoción, prevención y asistencia– y aun reconociendo las limitaciones, supera la falta de incentivo que supone trabajar al momento de restringirse a reducir lo dañado. Las estrategias de prevención logran eficacia cuando son facilitadoras de conductas saludables esperadas, lo que requiere contextos habilitantes para practicarlas. Esperar a que se establezcan cambios a partir del acopio de información o de la reacción a estímulos diseñados para provocar temor exclusivamente, no ha demostrado dar resultados. Por el contrario, los proyectos con mejores oportunidades para consolidar los objetivos de salud afines a las políticas públicas juveniles, son aquellos que permiten a los sujetos mirarse y pensarse a sí mismos desde la diversidad, desde lo singular que los define, a fin de ser protagonistas o emerger como líderes saludables, por encima del etiquetamiento reduccionista bajo conceptos de rebaño tales como "culturas juveniles". El enfoque belicista, que plantea el problema de las adicciones como una batalla ganada o perdida, por su esencia binaria, útil para ciertas estrategias de marketing, es en sí mismo erróneo, pues genera expectativa sobre la ausencia de conflicto según sea que gane uno u otro bando, en tanto que la realidad, es conflicto continuo, gestión del caos y movimiento hacia reordenamientos progresivos. La historia, incluso con sus aspectos dolorosos y violentos, se resignifica en cortes temporales que superan la dimensión de lo humano. Para abordar un fenómeno complejo, las políticas públicas habrán de enfocar con la suficiente amplitud y perspectiva temporal, de modo que pueda cobrar sentido incluso aquello que parece no tenerlo, con esperanza y confianza en un proceso de transformación cuyo horizonte es un mundo mejor. La posibilidad de dejar un buen legado a los jóvenes, da un sentido renovado al trabajo dedicado al desarrollo social sustentable, que supone personas libres de los efectos colonizadores de las sustancias psicoactivas.

Referencias bibliográficas

Míguez, H. (1998). Uso de sustancias psicoactivas. Buenos Aires: Paidós Richard, G. (2009). Prevención de adicciones. Reflexiones desde la perspectiva del vínculo adulto/joven. En Barron, M. (comp.)(2010). Adicciones. Los nuevos paraísos artificiales. Indagaciones en torno de los jóvenes y sus consumos. Colección Adolescencia Educación y Salud. Córdoba: Brujas.

___________(2009). Tejido social (TS) y Grupos ProSalud (GPS). Abordaje de problemas por consumo de sustancias psicoactivas en jóvenes. Sistemas Familiares, 21 (1). Buenos Aires.

___________(2011). Salud, redes sociales y producción de sentido en prevención de adicciones. Reflexiones a partir de experiencias en el trabajo con jóvenes. En Haciendo en Redes. Buenos Aries: CICCUS.

Consumo de sustancias y promoción de salud en adolescentes. Una experiencia en el dispensario público

*María Victoria Saracho**

Palabras Introductorias

El consumo de sustancias en adolescentes constituye una problemática de gran relevancia y complejidad en la actualidad, a tenor de su magnitud, gravedad –efectos en la salud física y mental de los jóvenes y sus familias–, y edad de inicio –cada vez más temprana.

El presente trabajo pretende describir la experiencia del proyecto de intervención llevado a cabo durante el año 2011, en la Sala de Espera del Centro de Salud N° 46 de barrio Santa Isabel II Sección de la ciudad de Córdoba, denominado "Prevención del Consumo de Sustancias y Promoción de la Salud en adolescentes. La Familia como pieza fundamental en el desarrollo saludable de los hijos".

Su objetivo principal fue promover un espacio de reflexión para adolescentes –entre 12 y 18 años– y padres que dé cuenta de los factores de riesgo que inciden en el consumo de sustancias en los adolescentes como así también desarrollar estrategias en habilidades psicosociales para la prevención de dicho consumo y promoción de la salud.

** Licenciada en Psicología, Universidad Nacional de Córdoba (UNC). Especialista en Adolescencia, Facultad de Filosofía y Humanidades y Facultad de Psicología (UNC), Investigadora de la Secretaría de Ciencia y Tecnología (Secyt) (UNC). Integrante de Proyectos de Responsabilidad Social Universitaria (RSU), Universidad Católica de Córdoba (UCC). Posgrado en Salud Social y Comunitaria (UNC). Posgrado en Psiquiatría Infanto-Juvenil (Sanatorio Morra). Posgrado en Indicadores Psicopatológicos en el diagnóstico de niños (UNC). CE: victoriasaracho@gmail.com*

Bajo la metodología taller, se abordaron una agenda de temas orientada a identificar los principales factores de riesgos personales, familiares y sociales que inciden en el consumo de sustancias en adolescentes como así también los factores de protección frente a dicha problemática.

Se destacó a la familia como una pieza fundamental en la prevención del consumo de sustancias y en el desarrollo saludable de los adolescentes por ser los padres los principales responsables de la formación de los hijos e hijas. De esta manera se hizo hincapié en los modos de fortalecer los factores protectores frente a las adicciones desde el vínculo familiar.

Fundamentación

El proyecto de referencia surge como respuesta a una genuina y generalizada preocupación de la comunidad de barrio Santa Isabel II sección de la ciudad de Córdoba, en relación a la problemática local del consumo de drogas en los jóvenes.[2]

Los estudios especializados en esta materia coinciden en que la adolescencia es la etapa de la vida donde la experimentación con el alcohol y otras drogas tienen mayor presencia (SEPADIC, 2011). Los adolescentes son considerados un grupo de alto riesgo debido a **las características propias de la edad** en la que se encuentran. Es una etapa de transformaciones que lleva al sujeto a una búsqueda incesante de nuevos escenarios de socialización y nuevas formas de sociabilidad a fin de lograr consolidar su identidad personal y social (Cardozo, G. y Alderete A. M., 2009).

[2] A los efectos de recabar información sobre el consumo de sustancias en adolescentes del barrio mencionado, realizamos encuestas sobre una muestra de 50 jóvenes de entre 12 y 17 años de edad de ambos sexos, de los cuales 30 eran varones y 20 mujeres; 38 escolarizados, y 12 no escolarizados. El 80% de los encuestados dijeron consumir alcohol, el 76% cigarrillo y el 30% drogas ilegales (ej. Marihuana). Las edades donde se observó mayor consumo de sustancias son entre los 15 y 17 años. La mayoría de los encuestados, que totaliza un 76%, manifiesta no tener conocimiento sobre los efectos que provocan dichas sustancias.

Las influencias que reciben de los medios de comunicación, de sus grupos de pares y del **contexto social** también son factores de riesgo que inciden en la problemática del consumo de sustancias. Podrían nombrarse como principales características de este entramado socio cultural actual a: la inmediatez, la lógica del consumo, la levedad –es decir, la lógica del todo vale-, lo estético, el valor de lo que se ve y se muestra. Hay una sobrevaloración de la imagen, ignorancia de cualquier ideal ético. Se observa un exacerbado individualismo (Galende, 1997), competencia, la inadecuación relativa de los sistemas escolares, la búsqueda desenfrenada del placer, inestabilidad de las estructuras familiares, exposición de las drogas y el alcohol, la violencia, la globalización y la revolución digital.

En este sentido, Susana Guiñazú (2010) manifiesta que "el discurso social actual no sólo facilita el consumo, sino lo promueve como valor social; valor que permite al sujeto la superación (ilusoria) del sentimiento de soledad, tedio, vacío, sufrimiento, en que suele caer el hombre de hoy" (p. 16).

A razón de lo que venimos comentando, podemos afirmar que los "jóvenes de hoy necesitan de adultos que estén dispuestos a abrirse a sus valores sin dejar de ser adultos; que sean modelos identificatorios para poder apoyarse en ellos, que actúen con firmeza y con adecuada delimitación de planos de responsabilidad" (Bonavita, Y, Tula, M. A., Varas, M. E., y Hensel, S., 2012, p. 19). De esta manera adquiere fundamental importancia **la familia como pieza fundamental** en el desarrollo saludable de los hijos e hijas, y por lo tanto, los principales agentes preventores (SEPADIC, 2010).

En esta misma línea de análisis sostenemos que la familia debe contribuir a que el hijo adolescente desarrolle una **identidad**, entendida como un proceso constante de construcción de nuestra forma de ser que se reafirma y reestructura a lo largo de toda la vida, a partir de experiencias de la niñez, afectos, relaciones cercanas, dificultades y oportunidades, dudas e inquietudes; que pueda desarrollar un adecuado sentimiento de **autoestima**, entendida como un sentimiento que los sujetos desarrollan hacia sí mismos. Se vincula con la posibilidad del sujeto de plantearse y proponerse metas realistas, de reconocer sus propios errores y limitaciones en forma positiva, examinando sus deseos y diferenciándolos de las demandas de su red de relaciones personales, teniendo la fortaleza necesaria para atravesar los conflictos y las frustraciones, para valorar los propios logros y encontrar satisfacción en la vida. Este sentimiento de autoestima ayuda a distinguir los deseos y las decisiones propias frente a los demás y, en ese sentido actúan como factor de protección frente a las adicciones (Ministerio de Salud de la Nación, 2010).

La familia también debe contribuir a desarrollar en el hijo la capacidad de **tolerar la frustración**, que deviene necesaria para afrontar los errores, las equivocaciones, los proyectos que se interrumpen, etc. y enfrentar creativamente los problemas. Las personas tendrán más posibilidades de enfrentar adversidades si se sienten valoradas, respetadas, queridas y con confianza, capaces de pedir ayuda, consejos y opiniones de los otros (Ministerio de Salud de la Nación, 2010).

Y por último debe contribuir al desarrollo del **autocuidado**, entendido como las decisiones que una persona toma y las prácticas que adopta con la intención de conservar o mejorar su salud. El autocuidado está directamente relacionado con la valoración que cada uno tiene de sí mismo y el conocimiento de los propios límites (Ministerio de Salud de la Nación, 2010).

Por estos motivos es que, desde el Dispensario N° 46 advertimos la importancia y la necesidad de crear un espacio en el cual los jóvenes y sus padres sean los protagonistas. Se tendió a elaborar propuestas con los jóvenes, familias de los mismos, profesionales de la salud, para apuntar no sólo a la prevención de problemas psicosociales, sino también a la **promoción de la salud** como un proceso educativo integral que contempla una visión positiva del ser humano considerándolo capaz de desarrollar conocimientos, actitudes y **habilidades sociales** para enfrentar, superar, aprender, fortalecerse y transformarse a partir de las situaciones más difíciles y adversas que le toque vivir, como lo es en este caso para los jóvenes, enfrentarse a situaciones de oferta o disponibilidad de sustancias, la presión del grupo de pares ante el acceso al consumo y en ocasiones el consumo familiar, entre otras situaciones (Cardozo, G., 2008).

Lineamientos Metodológicos

En el presente apartado se expone el diseño y secuencia del Proyecto de intervención. El mismo, supone la realización de nueve talleres, de dos horas de duración cada uno, en los que se trabajan diferentes temáticas referidas a la prevención del consumo de sustancias en adolescentes bajo una metodología interactiva, participativa, y reflexiva de aprendizajes cooperativos entre pares.[3]

Se utiliza como soporte teórico-práctico el material bibliográfico elaborado por la Secretaria de Coordinación en Prevención y Asistencia de las Adicciones del Ministerio de Gobierno de la Provincia de Córdoba (SEPADIC), para el Programa de Capacitación para Padres y Madres denominado "Pasar al Frente". Dichas actividades fueron adaptadas a las particularidades de la comunidad en la que se intervino y al diseño del Proyecto de Intervención *sub examine*.

El proyecto se planifica en tres etapas:

a) ***Difusión y convocatoria*** destinados a padres y adolescentes de barrio Santa Isabel II sección de la ciudad de Córdoba, a través de folletería, afiches, carteles, llamados telefónicos y charlas informativas en Escuelas y Centros de Salud de barrio Santa Isabel II y zona de influencia (barrio Cabildo, Ampliación Cabildo, Villa Libertador).

b) ***Talleres semanales con adolescentes*** de entre 12 y 18 años, **y sus padres,** pertenecientes a barrio Santa Isabel II sección y zona de influencia. Las actividades están previstas para realizarse en forma grupal, en pequeños grupos o en forma individual. Cada encuentro

---

[3] Cada taller se realiza bajo la Coordinación de una Licenciada en Psicología. Asimismo, dos observadoras no participantes, una Licenciada en Psicología y otra Licenciada en Trabajo Social, son las encargadas de tomar registro de todo lo que acontece en los encuentros.

cuenta con una primera parte teórica, en la que se expone el tema, y una parte práctica donde se aplican técnicas y dinámicas interactivas, tales como dramatizaciones, lectura e interpretación de cuentos, grupos de discusión, análisis de autobiografía, frases incompletas, preguntas a desarrollar, verdaderofalso, entre otras.

Los temas de los talleres son:

- **Tema del primer taller:** *La Familia y su Rol en la prevención de las Adicciones:* La familia, su función educadora; Los factores que vuelven vulnerables a las familias frente a las drogas; Prevenir en familia; Actividades.
- **Tema segundo taller:** *Generalidades sobre las Drogas y las Adicciones:* ¿Qué son las drogas?; ¿Porqué las personas consumen drogas?; ¿Cuáles son las relaciones que se pueden establecer con las drogas?; ¿Cuáles son las drogas legales y cuáles las ilegales? ¿Cuáles son más nocivas?; ¿Cuáles son y cómo se diferencian las drogas de consumo más habitual?; Características más significativas de algunas drogas: alcohol, tabaco, psicofármacos, marihuana, cocaína, pasta base-paco, éxtasis, inhalantes; Actividades.
- **Tema Tercer Taller:** *La familia, la comunidad y su entorno:* Factores de Riesgo y de Protección; Resiliencia: Características de Jóvenes Resilientes, Factores familiares que favorecen la Resiliencia; Actividades.
- **Tema Cuarto Taller:** *Comunicación*: La comunicación como proceso; El ruido; Dificultades más comunes en el proceso de comunicación; La comunicación en la familia: Barreras en la comunicación familiar, Padres e hijos, comunicar e interrogar, más allá de la comunicación verbal; Las drogas y nuestros hijos: algunos factores que aportan a una mejor comunicación; Actividades.
- **Tema Quinto Taller:** *Importancia de las habilidades sociales:* Los primeros pasos; La comunicación con el otro; La interacción asertiva: empatía y asertividad, tabla de derechos asertivos; Actividades.

- **Tema Sexto Taller:** L*os límites, las normas, las reglas:* La relación entre padres e hijos: crecimiento y cambios en la familia, los límites y los vínculos; Actividades.
- **Tema Séptimo Taller:** *La codependencia:* La codependencia en el rol de los padres; Actividades.
- **Tema Octavo Taller:** *Red de apoyo, La noche, la Previa y grupo de pares.*
- **Tema Noveno Taller:** *Taller de cierre. Integración de todos los temas vistos en los encuentros anteriores. Encuesta evaluativa.*[4]

c) Reuniones semanales con el equipo responsable de ejecutar proyecto, con el propósito de evaluar el diseño y ejecución de cada uno de los talleres, teniendo en cuenta: a) el grado de cumplimiento de los objetivos (general y específicos) y los resultados frutos logrados con la acción.
b) Revisar qué aspectos de la práctica han resultado apropiados para facilitar el trabajo y cuáles podrían mejorarse (organización, utilización de recursos, etc.).

Conclusiones

En la experiencia de trabajo descripta verificamos cumplimentado el *objetivo* general del proyecto, ya que hemos logrado crear un espacio para los adolescentes y sus padres con el fin de abordar los factores de riesgo que inciden en el consumo de sustancias en los adolescentes como así también desarrollar estrategias en habilidades psicosociales para la prevención del consumo de sustancias y promoción de la salud.

[4] La encuesta se estructura con las siguientes preguntas: ¿Cuáles eran sus expectativas cuando comenzó a trabajar en los talleres?; Después de haber transitado un camino compartido. ¿Se cumplieron sus expectativas?; ¿Cuál fue el tema que más le sirvió para aplicarlo en su vida diaria? ¿Por qué?;¿Qué otras temáticas le hubiera gustado que se trate en el taller?; ¿Le pareció apropiado trabajar juntos padres y adolescentes? Si No ¿Por qué?; ¿Le gustaría que el año que viene se repitan estos talleres? ¿Qué otros temas les gustaría tratar?; Indique las Luces (lo positivo) y Sombras (lo negativo) del proyecto.

De esta conclusión medular, es posible desgranar tres aspectos centrales que han coadyuvado al impacto favorable del trabajo realizado en la comunidad: a) se trató del primer proyecto organizado desde el centro de salud que comprende a los adolescentes junto a sus padres – familia– como destinatarios directos; b) se abordó una problemática, identificada por y desde la comunidad como prioritaria; c) se contó con la participación efectiva y permanente de la comunidad, brindando herramientas en habilidades para la vida indispensables para la prevención relacionada con el consumo de drogas.

Ampliando estos puntos, consideramos, en primer término, que llevar a cabo el presente proyecto a partir de la demanda explícita de varios grupos de habitantes de barrio Santa Isabel II Sección, influyó notablemente en la generación de interés y compromiso de los participantes. El proyecto era percibido como una iniciativa realizada **por, para y con la comunidad.**

En segundo término, destacamos que a lo largo del trabajo de intervención hemos explicado los factores de riesgo y de protección, procurando fundamentalmente brindar herramientas para prevenir el consumo de sustancias y promover la salud, transmitiendo lo que se debe hacer como personas, como familia y como comunidad para evitar diferentes problemáticas en los adolescentes. Específicamente, el tópico adicciones, pudo ser enfocado desde su *complejidad*, analizando sus componentes personales, vinculares, sociales, culturales, económicos y políticos, etc., que dan cuenta de la necesidad de aproximarse al mismo desde una perspectiva integral.

En base a los registros y encuestas finales, advertimos un aporte en el trabajo con los adolescentes para la construcción de estrategias que les permitan integrarse en su familia y grupo de pares de diferentes formas a lo largo del tiempo, armar y desarmar vínculos afectivos sin riesgo para su integridad personal, para su identidad o para su autoestima. En este sentido, observamos, escuchamos y acompañamos a los adolescentes y padres, dejando de lado temores y prejuicios, con un fuerte sustento en el conocimiento del consumo de sustancias y de los adolescentes, apuntando a la prevención y a la promoción de la salud, propiciando el desarrollo de la autoestima, el cuidado de sí mismo y de los otros, las relaciones asertivas dentro del núcleo familiar, la tolerancia a la frustración, toma de decisiones, el uso del tiempo libre y la comunicación ya que son factores protectores personales frente al consumo de sustancias.

En tercer término, debemos destacar que el aprendizaje aludido se vio altamente favorecido en base a la propuesta de trabajar con la familia como eje fundamental. Hemos procurado que los adolescentes construyan a nivel familiar, remarcando la importancia determinante que ésta tiene en la promoción de la salud y en la prevención del consumo de sustancias, como institución social, creada y transformada por hombres y mujeres en su accionar cotidiano, individual y colectivo (Jelin E., 2010).[5]

En cuarto término, ponemos de resalto que los resultados de este trabajo no se reducen sólo a los participantes del proyecto sino que trascienden a la comunidad en general, constituyendo cada participante un vehículo de cambio social y cultural.

Finalmente, destacamos la importancia de la participación comunitaria en actividades de promoción de la salud y prevención de enfermedades, partiendo de la familia como eje principal y estratégico, para la consecución de una mejor *calidad de vida.*

A modo de reflexión conclusiva, siguiendo el pensamiento de la Prof. Lic. Susana T. Guiñazú, es dable señalar que:

> "[L]as instituciones destinadas a la educación y a la salud de nuestros adolescentes y jóvenes, se deben anticipar al futuro, haciendo una lectura

[5] En este sentido, es de destacar, que se hizo hincapié en los modos de fortalecer los factores protectores frente a las adicciones desde el vínculo familiar, con una recepción y respuesta positiva por parte de los asistentes en relación a: compartir tiempo, pensamientos y emociones, promoviendo la expresión de los diferentes integrantes del grupo familiar sin evaluación ni censura, demostración de interés por las ideas, inquietudes y preocupaciones de los otros, valorar lo que los diferentes integrantes hacen y son, demostrando aprobación y afecto y respetar a los demás, tomando en cuenta sus opiniones y considerando sus silencios (Posgrado en Salud Social y Comunitaria. Módulo 10 a: "Problemáticas Sociales de Salud Prevalentes" UNC. 2012). En este sentido, que trabajó sobre la puesta de límites y reglas claras, la comunicación, es decir el saber escuchar al otro, saber interpretar lo que le pasa, brindarle afecto, contención, cariño.

acotada y pertinente del presente, pero, debemos reconocer que, también anticipa el futuro de nuestros jóvenes, cuando no hace nada por ellos en el presente. Saber es hacer y mientras sabemos y hacemos, más nos sentimos ser para ayudar a otros a que sean... Educar al joven para que no caiga en conductas destructivas hacia sí mismo o hacia el medio, obliga a todos los encargados de su educación (escuela, familia, sociedad) a bregar por una formación humana que le permita fortalecer su sentido de pertenencia, su necesidad de identidad, sus posibilidades de realización a través de un proyecto de vida personal viable, en un ambiente de seguridad, respecto, comprensión y estímulo que facilite el desarrollo de lo vivencial, crítico, reflexivo, en un marco de libertad y compromiso" (Guiñazú, 2009: 18).

Referencias bibliográficas

Bonavita, Y., Hensel, S., Tula, M.A., y Varas, M.E. (2012). "Juventud. Hacia un futuro con porvenir". Buenos Aires: Editorial Dunken.

Cardozo, G. (2008). "Habilidades para la vida. Una propuesta educativa en promoción de la salud." Córdoba: Edit. Universidad Nacional de Córdoba.

Cardozo, G. y Alderete, A. M. (2009). Adolescentes en riesgo psicosocial y resiliencia. Psicol. Caribe, n.23.

Galende, E. (1997). "De un Horizonte Incierto". Buenos Aires: Editorial Paidós.

Guiñazú, S. T. de (2010). "La Drogadicción en el contexto socio cultural e histórico actual". En Barrón, M. (Comp.), "Adicciones: Nuevos paraísos artificiales.". Córdoba: Brujas.

Jelin, E. (2010). "Pan y Afectos". México: Fondo de Cultura Económica.

Ministerio de Salud de la Nación, Programa Médicos Comunitarios. Equipos de Salud del Primer Nivel de Atención (2010) Módulo 10 b: Problemas Sociales de Salud Prevalentes, Posgrado en Salud Social y Comunitaria: Ciudad Autónoma de Buenos Aires.

Secretaría de Coordinación en Prevención y Asistencia de las Adicciones (SEPADIC) del Ministerio de Gobierno de la Provincia de Córdoba (2010). "Programa de Capacitación para padres y madres: Pasar al Frente". Gobierno de la Provincia de Córdoba. Secretaría de Coordinación en Prevención y Asistencia de las Adicciones (SEPADIC) del Ministerio de Gobierno de la Provincia de Córdoba (2011). "Pasala Bien: cuadernillo para Jóvenes".
Gobierno de la Provincia de Córdoba.

Jóvenes, cárcel y universidad

*Francisco Timmerman**

*Franco Ariel Herrera***

Quien escribe trabaja en cárceles desde hace más de siete años, cuando tenía veinticuatro y era estudiante de filosofía en la Universidad Nacional de Córdoba (UNC). Un programa de la facultad me dio la posibilidad de entrar en contacto con una cara de nuestra sociedad que, si bien está en el centro de un asunto de mucha repercusión pública, la *(in)seguridad*, suele permanecer velada. Primero como participante en talleres de Extensión, después en la coordinación de las actividades de la facultad en este contexto, fui ganando experiencia y conociendo un mundo doloroso y desconcertante que no deja de interpelar a quienes compartimos este espacio de trabajo. En la producción de este escrito cuento con la colaboración de Franco, un estudiante, también joven, al que le tocó el otro lado de la reja y que encontró en algunas de las actividades que proponemos una manera de habitar, habitarse. No siempre estamos de acuerdo, sí en algunas cuestiones básicas que aquí

* *Profesor de Filosofía, trabaja desde el año 2008 en el Programa Universitario en la Cárcel, Facultad de Filosofía y Humanidades de la Universidad Nacional de Córdoba. CE: frantim2@gmail.com*

** *Estudiante de Filosofía e Historia en la Facultad de Filosofía y Humanidades. Artista plástico.*

trataremos. Intentaremos empezar a dar cuenta de algunos aspectos de una realidad compleja, esquiva, no siempre comprensible racionalmente. Escribimos porque esperamos, como siempre, que sirva, que cambie algo.

El PUC

El Programa Universitario en la Cárcel (PUC) de la Facultad de Filosofía y Humanidades, Universidad Nacional de Córdoba, comenzó a funcionar en 1998 y se formalizó en 1999, a instancias de un convenio[6]suscripto entre la entonces decana de la facultad y el Ministerio de Justicia de la provincia de Córdoba. Comprende actividades de grado, extensión e investigación para y con personas privadas de su libertad en cárceles de la provincia de Córdoba. Sus objetivos, tal como constan en su reglamento interno, son:

Generales

- Desarrollar estrategias educativas que permitan a internos – procesados y condenados– alojados en el Servicio Penitenciario Córdoba (SPC) iniciar o completar estudios universitarios.
- Promover actividades de Extensión y de Investigación que aporten al conocimiento de la realidad carcelaria y a la intervención en ella.
- Estimular la reflexión sobre el rol de las instituciones involucradas con respecto al efecto de las prácticas educativas en la socialización con sentido democrático, como soporte para el ejercicio pleno de la ciudadanía.

Específicos

- Desarrollar a través de la formación ofrecida las responsabilidades y derechos inherentes a la condición de estudiante universitario.
- Favorecer la incorporación por parte de los alumnos de estrategias de

[6] Aprobado por Resolución N° 278/1999 del HCS de la Universidad Nacional de Córdoba.

estudio y de comunicación.

- Fomentar en los estudiantes-internos la capacidad de transferir su experiencia de sujetos del aprendizaje dentro y fuera del sistema carcelario, recreando el sentido democrático de la sociabilidad.
- Contribuir a la construcción de instrumentos que posibiliten la inserción dentro de la comunidad.

La propuesta abreva en el compromiso político de la facultad con la voluntad de contribuir a garantizar el ejercicio de derechos culturales por parte de las personas que se encuentran en esta situación. En cuanto política pública, se sitúa, entonces, en el denominado *Enfoque de Derechos* (Pautassi, 2010), que, como veremos en detalle más adelante, difiere sustancialmente, cuando no se opone, al paradigma *tratamental* que, aún con modificaciones,[7] sigue subyaciendo a las consideraciones relativas a la educación en la ley de ejecución penal vigente e impregna los discursos institucionales y de los actores delos sistemas penitenciario y judicial.

En cuanto a la cobertura del Programa, cabe aclarar que, si bien el convenio suscripto comprende las cárceles de toda la provincia (nueve en total), la escasez de recursos disponibles hace que las actividades se centren en los tres Establecimientos Penitenciarios (en adelante EP) más cercanos a la ciudad de Córdoba, el EP N° 2 de Barrio San Martín, primera sede del Programa, donde cuenta con mayor asentamiento institucional, el complejo carcelario N° 1 de Bouwer, donde se desarrollan actividades desde el año 2010, y el EP N° 4 de Montecristo, la única cárcel abierta de la provincia, lo que permite que los alumnos allí alojados concurran a Ciudad Universitaria para cursar sus carreras de grado u otras actividades. Cada uno de estos penales tiene sus características particulares, su cultura institucional y diferencias en cuanto a poblaciones. El PUC cuenta además con algunos alumnos de grado en otras cárceles de la provincia (CC N° 2 de Cruz del Eje, EP N°

[7] Cfr. Ley 26.695, promulgada en 2011, modificatoria de la Ley nacional 24.660 de ejecución de la pena privativa de la libertad.

7 de San Francisco y EP N° 8 de Villa Dolores), aunque en estos casos el acceso a la información y la posibilidad de inscribirse están en gran medida mediados por el Servicio Penitenciario de Córdoba y sus agentes. Este hecho, sumado a la poca disponibilidad del SPC para efectuar los traslados necesarios para que los alumnos del interior asistan a las tutorías en Córdoba Capital y a las pésimas condiciones en las que estos traslados se llevan adelante, hace que muchos estudiantes no accedan a la oferta del PUC o terminen desistiendo de continuar con sus carreras.

En el contexto de la UNC, hay que decir que a la fecha es ésta la única facultad con un trabajo de semejante amplitud y sistematicidad con el sistema carcelario. Si bien hay un convenio marco firmado en 2011 entre la Universidad y el Ministerio de Justicia de la provincia,[8] la única unidad académica que está comenzando a sistematizar su trabajo en este contexto es la Facultad de Derecho y Ciencias Sociales, que además sólo ofrece tutorías de materias de la carrera de abogacía. Hay además algunos casos aislados de estudiantes cursando otras carreras que ofrece la UNC, pero para ellos las gestiones necesarias dependen de familiares, de la buena voluntad de algunos profesores y, con suerte, de personal del Servicio Penitenciario.

Los destinatarios y las políticas públicas

El PUC tiene como destinatarias, en principio, a todas las personas alojadas en cárceles de la provincia. En el caso de las carreras de grado, el único requisito, como para cualquier otro estudiante, es haber completado los estudios secundarios, y en los talleres de extensión no hay requisitos preestablecidos, aunque el criterio lo fijan los equipos de trabajo y depende de las características y necesidades de cada espacio. Dicho esto, y con la temática del presente libro en mente, cabe aclarar que la mayor parte de la población de las cárceles de Córdoba (lo mismo se cumple para la Argentina, Latinoamérica) es joven. En

[8] Aprobado por Resolución Rectoral N° 1182/2011 de la Universidad Nacional de Córdoba.

efecto, según las últimas cifras disponibles del Sistema Nacional de Estadísticas sobre Ejecución de la Pena (SNEEP), que corresponden al año 2012, el 63% de las personas presas en Córdoba tiene entre 18 y 34 años. El informe "Mirar tras los muros. Situación de los Derechos Humanos de las personas privadas de libertad en Córdoba", presentado en diciembre de 2013 por la Comisión Provincial de la Memoria y los Observatorios de Derechos Humanos de la Universidad Nacional de Córdoba y de la Universidad Nacional de Río Cuarto, refleja estas cifras y las vincula con la *selectividad* del sistema penal (Luque & Perano, 2014: 98 y ss.). Los jóvenes, está claro, son su blanco principal.

En cualquier caso, las cárceles son la última estación de un largo recorrido, de una penosa relación de sus habitantes con las agencias represivas del Estado que en la amplia mayoría de los casos comienza en su adolescencia; son el último eslabón de lo que la socióloga Alcira Daroqui, quien estudia el caso de la provincia de Buenos Aires, denomina "cadena punitiva" (Daroqui et al., 2012: 101 y ss.). En Córdoba, esta cadena comienza a forjarse temprano en la vida de los jóvenes, al calor de los abusos policiales facilitados por el Código de Faltas vigente.

Los discursos sociales acerca de la *inseguridad* depositan sus miedos predominantemente en los jóvenes pobres, y las más difundidas estrategias para acabar con esta *amenaza* tienen que ver casi exclusivamente con la segregación, la *mano dura*, la punición, el encarcelamiento. En la provincia de Córdoba, esta voz *de la gente* encuentra oídos atentos en las autoridades del poder ejecutivo, que encuentran en la promoción de la represión y el encarcelamiento la mejor manera de obtener réditos electorales. Esta manera de hacer política, basada en las encuestas, en el capricho de una *opinión pública* exacerbada y moldeada por los medios de comunicación y en el rédito inmediato más que en proyectos serios que enfrenten el problema de la seguridad en un sentido más amplio y complejo, ha dejado ya una honda huella en la sociedad y las instituciones de la provincia.

En lo que va de la gestión de Unión por Córdoba al frente del ejecutivo provincial, y en particular desde la segunda gobernación de José Manuel de la Sota (2003-2007), el incremento en los recursos y personal asignados a la policía de la provincia ha sido extraordinario. El número de efectivos pasó de 13.000 a cerca de 22.000, un crecimiento de casi un 70% en diez años (Brocca et al., 2014: 431 y ss.). Esta fuerza represiva adquirió un alto nivel de autonomía y se constituyó claramente en el actor principal de la política de seguridad de la provincia, fenómeno llevado al paroxismo al comienzo de la tercera gobernación de de la Sota, en 2011, con la designación del hasta entonces jefe de policía, Alejo Paredes, al frente del Ministerio de Seguridad.

Educación y cultura en cárceles: tratamiento, derechos y gobernabilidad

La oferta educativa básica al interior de los penales de la provincia comprende educación formal primaria y secundaria, a cargo de docentes dependientes del Ministerio de Educación. A esto se suman algunos talleres a cargo de personal del Servicio Penitenciario y, en algunos casos, Centros de Actividades Juveniles, dependientes de un proyecto del Ministerio de Educación, Ciencia y Tecnología (MECyT) de la nación, y las actividades de la UNC. Para comprender algunas de las dificultades con las que se encuentra una propuesta como la del PUC en este particular contexto, es necesario revisar brevemente ciertas concepciones acerca de los derechos, la educación y la cultura que en él circulan, sus implicancias institucionales y sus impactos en las prácticas y las subjetividades.

Un principio básico que rige la ejecución de la pena privativa de libertad en la Argentina es el de la "resocialización" como finalidad. A pesar de su nombre, la pena no se considera castigo, lo dice ya la Constitución Nacional, y por cierto que lo defienden quienes abogan por, dicho en un sentido muy amplio, una relación del Estado con el problema de las infracciones a la ley que sea respetuosa de los Derechos Humanos: "Las cárceles de la Nación serán sanas y limpias, para seguridad y no para el castigo de los reos detenidos en ellas...".[9] Y el artículo primero de la ley que regula la ejecución de la pena privativa de libertad en el país:

> "La ejecución de la pena privativa de libertad, en todas sus modalidades, tiene por finalidad lograr que el condenado adquiera la capacidad de comprender y respetar la ley procurando su adecuada reinserción social, promoviendo la comprensión y el apoyo de la sociedad.
> El régimen penitenciario deberá utilizar, de acuerdo con las circunstancias de cada caso, todos los medios de tratamiento interdisciplinario que resulten apropiados para la finalidad enunciada".

Ahora bien, este principio, que es en efecto una necesaria *primera trinchera* para los defensores de los Derechos Humanos, y que podría sonar razonable para quien no conozca el tema, no está exento de problemas que tanto las ciencias sociales críticas como la misma historia de los sistemas penales en el mundo han denunciado hasta el cansancio.[10]

Una de las principales paradojas que encierra puede advertirse ya desde su enunciado y se ha desplegado a lo largo de la historia dando claros indicadores de la ineficacia de este modelo. Es la de pretender *reinsertar* socialmente a las personas mediante un *tratamiento* que implica, como primera y más estricta medida, segregarlas, cercenar sus vínculos sociales y encerrarlas por períodos prolongados de tiempo en instituciones en las que deben someterse a un régimen de vida que difiere en gran medida de cualquier otro contexto social. Lo único que así se consigue es la *institucionalización* de las personas, efecto claramente opuesto al fin declarado (Goffman, 2004:17 y ss.; Zaffaroni, 1991: 40 y ss.). Hay que destacar que, además, y para peor,

---

[9] Art. 18 de la Constitución Nacional Argentina.

[10] Para una buena introducción a estos temas, Cfr. Zaffaroni (1991). También Baratta (2004).

se trata aquí de una *marginación secundaria* (Baratta, 2004: 381), puesto que en una amplia mayoría de los casos los *clientes* del sistema penal provienen de sectores sociales ya marginados por la estructura económica, hecho que se vincula con la ya mencionada *selectividad* del sistema penal (Zaffaroni, 1984: 7 y ss.; 1991: 42 y ss.).

Otro gran universo de problemas teóricos, éticos y prácticos viene dado por su matriz marcadamente positivista. Las prácticas regidas por la idea de *someter* a las personas a un *tratamiento* científico, que implica la concurrencia de profesionales de la educación, psicólogos, asistentes sociales, entre otros, con el fin de conseguir un cambio ético en una subjetividad considerada *enferma* y transformada en objeto de intervención, son probadamente ineficaces (Baratta, 2004; Zaffaroni, 1991), y están reñidas con los estándares vigentes en materia de Derechos Humanos. En contraposición con este modelo, cabe mencionar, sólo a modo de ejemplo ilustrativo y a riesgo de forzar los límites del presente artículo, las ideas de un criminólogo crítico. Alessandro Baratta asume el carácter de por sí nocivo del encierro y, en un marco proclive a una política de *descarcelación* y apertura recíproca entre cárceles y sociedad, propone pensar a la educación, la asistencia social y psicológica, la salud, el trabajo y otras necesidades humanas como derechos de todos los ciudadanos que implican un *servicio* y la promoción de oportunidades por parte del Estado, medidas que deben estar presentes en la cárcel (con carácter voluntario y con independencia de la ejecución de la pena y la disciplina carcelaria), pero también, y sobre todo, antes y después de la cárcel. Las políticas estatales, en síntesis, deberían tender hacia menos y mejor cárcel, además de garantizar más oportunidades antes y después de la cárcel.

Ahora bien, la ya citada ley nacional de ejecución penal, con recientes modificaciones en el capítulo acerca de la "Educación", va ciertamente más allá que aquel primer principio "resocializador", e introduce con claridad la noción de la educación y el acceso a la cultura como derechos inalienables de las personas presas, en igualdad de condiciones con los demás ciudadanos. Allí se establecen condiciones que están en línea con obligaciones derivadas de pactos internacionales suscriptos por el Estado argentino, pero aun así, la norma no termina de apartarse del paradigma *tratamental* e insiste en ligar la progresión en la ejecución penal (con los consiguientes beneficios como la libertad asistida y condicional) a la participación de los reclusos en el programa de *tratamiento* de la institución penitenciaria, comprometiéndose hasta el punto de agregar nuevos instrumentos a tal fin. Así las cosas, la persistencia de la lógica de premios y castigos ligada al goce de derechos sigue atentando contra los intentos de llevar adelante, en el caso que aquí se analiza, prácticas educativas con sentido democrático e impactos positivos en las subjetividades.

A este conjunto de problemas derivados de la ideología penitenciaria y judicial, de lo que se dice en los discursos oficiales, hay que sumar los sin duda no menos importantes problemas fácticos, que no se dicen. La escasez de los recursos destinados a actividades educativas o culturales, la insuficiente formación y la desidia de buena parte de los agentes del Servicio Penitenciario en todos los niveles, son síntomas claros de un poder ejecutivo que no parece interesarse por un trabajo serio y sostenido con esta población. Y es que las cárceles esconden bajo la caduca ideología de la resocialización su real función de *depósito* de personas (Baratta, 2004: 377). Depósito que segrega lo molesto, que busca neutralizar (Daroqui et al., 2012: 257 y ss.), incapacitar a las personas para mejor gobernarlas.

En el marco del *tratamiento* penitenciario, entonces, las prácticas educativas tienen una fuerte tendencia a asumir un carácter ficcional: el SPC dice disponer de una vasta oferta educativa, los alumnos fingen que aprenden, los maestros fingen que enseñan, se escriben informes, se reparten certificados. Además, las características de estas instituciones hacen que la tendencia general sea a que quienes están presos permanezcan encerrados en sus pabellones, de esta manera se ahorra trabajo y se evitan supuestos riesgos. Cualquier propuesta innovadora debe vencer una pesada *inercia* que se manifiesta en pequeñas resistencias en varios niveles de la estructura. Y cuando una práctica educativa cuestiona algunas lógicas, toca fibras sensibles del orden institucional, aparece con fuerza el principio que rige, la *seguridad interna*. Basta invocar la palabra para poner fin a cualquier discusión relativa a proyectos, principios pedagógicos, recursos didácticos o ejercicio de derechos. Cuando un agente del Servicio Penitenciario, generalmente del área de educación, alega que el área de *seguridad* objeta una práctica, los argumentos se suspenden. El orden interno, la gobernabilidad de la cárcel, tal es el único fin claro de la institución (Daroqui, 2012: 167 y ss.; 187), todo lo demás es prescindible, sujeto a la disposición de los funcionarios de turno.

La propuesta de la Universidad

La intervención del PUC en este contexto se inscribe, como ya se ha dicho, en un enfoque que intenta acercar posibilidades de ejercicio del derecho a la educación y a la cultura. Su marco de trabajo implica el reconocimiento de ese *otro*, esos otros, como personas iguales, con iguales derechos; sólo desde ese punto de partida se pueden llevar adelante prácticas educativas que tengan un impacto positivo en las subjetividades. Con este fin y estas convicciones, lleva adelante propuestas que se inscriben en las tres funciones básicas de la universidad reformista: enseñanza de grado, extensión e investigación.

En el ámbito de las carreras de grado, ofrece a los estudiantes la posibilidad de asistir a tutorías de las materias que componen las carreras de la facultad que participan en el programa, con el fin de prepararse para rendir los correspondientes exámenes en calidad de alumnos libres. Estos espacios están a cargo de miembros de cada cátedra, quienes son designados a tal fin por el Consejo Directivo de la facultad y se organizan para asistir a los penales que correspondan con una frecuencia quincenal o semanal en los mejores casos. El horizonte que desde la coordinación del programa se promueve es el de intentar que la experiencia de los alumnos privados de libertad se parezca lo más posible a la de los alumnos regulares de la facultad. La medida en la que esta aspiración se cumple es, por cierto, escasa, pero el principio sirve para orientar las prácticas.

Las actividades de extensión son las que mejor se adaptan a este medio. A diferencia de la enseñanza de grado, que, por más flexibilidad y apertura metodológica que las cátedras dispongan, impone necesariamente el cumplimiento de ciertos estándares preestablecidos, las propuestas extensionistas son por definición adaptables, se piensan desde las necesidades del medio en el que intervienen, y, en los mejores casos, en conjunto con las poblaciones destinatarias. Además, si se considera que casi el 90% de quienes están alojados en cárceles de Córdoba no ha llegado a completar el nivel secundario (SNEEP, 2012), requisito indispensable para el cursado de una carrera de grado, resulta evidente que permiten llegar a muchas más personas.

Aunque hay marcadas diferencias de estilos y marcos conceptuales, tanto entre las cátedras a cargo de las carreras de grado como entre los equipos extensionistas, es posible, en general, reconocer una impronta en las actividades que la universidad propone. Desde la negativa sistemática a emitir informes requeridos por el SPC acerca del rendimiento, actitud y comportamiento de los alumnos, en las relaciones interpersonales, que son más horizontales que lo que en el contexto se acostumbra, hasta la relación con el conocimiento, que se pretende crítica, y la perspectiva política, que tiende a impregnar todas las prácticas, la universidad propone su juego al interior de la cárcel. El aula universitaria, en el caso del EP de barrio San Martín, por ejemplo, se constituye así en un espacio de relativa libertad, donde a pesar de todo hay oportunidades para encontrarse, aprender, debatir y disfrutar del conocimiento y el arte, un lugar donde sentirse respetado, reconocido en pie de igualdad, para construir, quizá para proyectar futuros diferentes, mejores.

La amenaza, por cierto, siempre está vigente, por la ya mencionada supremacía del principio del *orden interno*, que es capaz de malograr los procesos más ricos en términos de ejercicio de derechos y fomento de la conciencia crítica. Cuando el conocimiento se contextualiza y las discusiones se tornan políticas, cuando los reclamos afloran y los *internos* se parecen a ciudadanos, cuando comienzan a organizarse, las alarmas se encienden y la institución, en todos sus niveles, es capaz deponer en juego un amplio abanico de obstáculos, a veces contundentes, a veces sutiles, pero muy persistentes y desgastantes.

Desafíos

Como a esta altura del relato ya debería advertirse, las prácticas universitarias en contextos carcelarios deben enfrentar un sinnúmero de dificultades. Algunas están ligadas al carácter de las instituciones en las que se llevan adelante, que, por un lado, son reticentes a su intervención y generan mecanismos que dificultan constantemente sus actividades y, además, llevan a las personas sometidas a su *tratamiento* a interiorizar un *habitus* que atenta contra la significatividad de las prácticas educativas. Otras de carácter pedagógico, vinculadas con la posibilidad de generar una oferta interesante y productiva para personas que en general no han tenido oportunidades educativas significativas a lo largo de su vida, situación que el encierro no ha hecho más que empeorar. Para intentar llevar adelante una tarea provechosa, la universidad debe poner en juego estrategias y recursos variados y abundantes, lo que implica enfrentar algunos de sus no menores problemas internos relativos al trabajo en este contexto de intervención.

En cuanto al Servicio Penitenciario y las autoridades y agentes de cada EP, es necesario mantener una relación equilibrada, que se guarde de dos peligros extremos. Por un lado, considerando las abismales diferencias entre los principios, lógicas y objetivos de las instituciones que interactúan, la universidad y sus actores deben cuidarse del peligro de *chocar* y entrar en un enfrentamiento que ponga en riesgo el espacio interinstitucional que permite ingresar a las cárceles. Esto puede generar permanentes dilemas y frustraciones entre los actores universitarios, en casos en los que sus convicciones éticas, políticas y pedagógicas están fuertemente reñidas con lo que deben atestiguar cada día en la realidad de los penales, sin poder denunciarlo cabalmente. En el otro sentido, el peligro es ceder a la presión del medio, naturalizar sus injusticias, perder interés y ser cooptado por las lógicas penitenciarias para pasar a ser un engranaje más del sistema carcelario.

En cuanto a las dificultades resultantes de la historia vital de los estudiantes, en particular su relación con la cultura y los procesos de enseñanza y aprendizaje, el panorama no es menos complejo. Por un lado, la falta de oportunidades que ha signado la trayectoria de la mayoría hace que su capital cultural, y en particular sus estrategias de aprendizaje, sean escasos para emprender una carrera de grado. Considerando esto, la modalidad de estudio con tutorías que la Facultad de Filosofía y Humanidades ofrece, que supone una buena cuota de estudio autónomo por parte de sus estudiantes, se revela insuficiente. Se hace necesario entonces reforzar el andamiaje pedagógico disponible, con estrategias múltiples que pueden pasar por el refuerzo de la cantidad de tutorías, promoción y acompañamiento de grupos de estudio, talleres relativos a estrategias de aprendizaje, aprovechamiento de recursos audiovisuales y tecnológicos, entre otras. El fomento de actividades de extensión merece especial atención, no sólo en relación con el fortalecimiento de la educación de grado, sino en general por sus enormes potencialidades para trabajar con una población más amplia y una oferta más acorde al contexto. A lo largo de los años, y en particular en los últimos tiempos, la facultad ha implementado acciones en este sentido, pero las experiencias han sido siempre esporádicas e insuficientes, fundamentalmente porque se llevan adelante con carácter voluntario, sin una asignación sostenida de recursos específicos.

Otra dificultad vinculada con la historia de los estudiantes tiene que ver con sus condiciones de existencia actuales. Como ya se mencionó, el *tratamiento* penitenciario conlleva una instrumentalización de las actividades educativas que tiende a convertirlas en ficticias. El *habitus* que allí se forja muchas veces lleva a las personas a concebir las actividades educativas como meros medios para lograr avances en la ejecución de sus penas. Esto hace que en las aulas haya estudiantes que no tienen un real interés por la materia de la que se trate. A este fenómeno contribuye también el hecho de que la oferta de la universidad se reduzca a un puñado de carreras de grado, de modo que muchos elijen estudiar Letras o Historia porque simplemente es *lo que hay*. Ser estudiante universitario implica además ser un ciudadano de la universidad, y esto a su vez requiere asumir una actitud autónoma y crítica, hecho dificultado por los efectos degradantes que la heteronomía imperante en las cárceles tiene sobre las subjetividades y por los ya mencionados mecanismos institucionales vinculados con la *gobernabilidad*.

Si la voluntad es generar verdaderas oportunidades para emprender trayectorias satisfactorias, es tiempo de que la universidad pública asuma con fuerza sus obligaciones en orden a garantizar el ejercicio de derechos culturales. Para esto, se hace necesario un trabajo político interno que promueva un fortalecimiento institucional frente al sistema carcelario, lo que implica el involucramiento de todas las unidades académicas, carreras, cátedras y claustros en la construcción de un proyecto de intervención integral en el sistema carcelario como política pública.

Pero sobre todo, por si todo esto fuera poco, además de los desafíos específicos vinculados con la oferta educativa universitaria en cárceles, es deseable que esta intervención contribuya fundamentalmente a permear las fronteras entre la cárcel y el resto de la sociedad, que las involucre recíprocamente, que tienda puentes que ayuden a modificar las representaciones sociales en torno a los *delincuentes* y la *seguridad*. Porque, en palabras de Baratta (2004: 393), "…la cuestión carcelaria no se puede resolver permaneciendo en el interior de la cárcel (…) el lugar de la solución del problema carcelario es toda la sociedad".

Referencias bibliográficas

Baratta, A. (2004). Resocialización o control social. Por un concepto crítico de "reintegración social" del condenado. En Faira, J. C. (Comp.).
Criminología y sistema penal (376-393). Buenos Aires: Euros.

Brocca, M., Morales, S., Plaza, V. & Crisafulli, L. (2014). Policía, seguridad y Código de Faltas. En Comisión Provincial de la Memoria de Córdoba. Mirar tras los muros. Situación de los Derechos Humanos de las personas privadas de libertad en Córdoba. Informe 2013 (427-480). Córdoba: Editorial de la UNC.

Daroqui, A., López, A. L. & Cipriano García, R. F. (Ed.). (2012). Sujeto de castigos. Hacia una sociología de la penalidad juvenil. Rosario: Homo Sapiens.

Goffman, E. (2004). Internados. Ensayos sobre la situación social de los enfermos mentales. Buenos Aires: Amorrortu.

Luque, L. & Perano, J. (2014). Las cárceles de Córdoba. En Comisión Provincial de la Memoria de Córdoba. Mirar tras los muros. Situación de los Derechos Humanos de las personas privadas de libertad en Córdoba. Informe 2013 (129-214). Córdoba: Editorial de la UNC.

Pautassi, L. (2010). El aporte del enfoque de Derechos a las políticas sociales. Una breve revisión. En Taller de expertos "Protección social, pobreza y enfoque de Derechos: vínculos y tensiones", CEPAL, Naciones Unidas, GTZ.

Sistema Nacional de Estadísticas sobre Ejecución de la Pena.

Informe Anual Provincia de Córdoba, 2012. Recuperado de http://www. infojus.gov.ar/sneep

Zaffaroni, E. R. (1984). Sistemas penales y derechos humanos en América Latina. Buenos Aires: De Palma.

Zaffaroni, E. R. (1991). La Filosofía del Sistema Penitenciario en el Mundo Contemporáneo. En Cuadernos de la cárcel. Edición especial de No hay derecho. Buenos Aires: La Galera.

Un mundo sin voz y sin derechos

*Marcelo Rufo Utrera**

"Siempre parece imposible hasta que se hace"
Nelson Mandela[11]

En las sociedades hay historias que están ocultas, y derechos que no se cumplen, pero que no se pueden esconder por la eternidad.

Nadie conoce de su libertad hasta que la pierde ni de sus derechos hasta que se los gana.

Los Derechos Humanos están contemplados en la primera parte de la Constitución Nacional. Incluso en el año 1994, a través del artículo 75, inciso 22 se han incorporado a la Constitución Nacional una serie de instrumentos jurídicos internacionales sobre derechos humanos. Dentro de la Secretaría de Derechos Humanos, en el año 2003, se creó un área especial para recibir el conjunto de denuncias que tengan por temática la

* *Estudiante de la carrera de Ciencias de la Educación, Facultad de Filosofía y Humanidades, Universidad Nacional de Córdoba. CE: mutrera3e@gmail.com*

violación de los derechos humanos, fundamentalmente amparados por la Constitución Nacional, sobre la salud, la educación pública y gratuita

[11] Cita tradicionalmente atribuida a Mandela, que el propio Centro de la Memoria Nelson Mandela reconoce no saber ubicar.

en todos los niveles de enseñanza, la defensa, la alimentación, etc. Derechos que no existen en los lugares de Contexto de Encierro de Córdoba y que la Secretaría de Derechos Humanos también elude. Porque el dicho expresa "que los derechos de uno terminan donde comienzan los de los demás", pero en el sistema carcelario los derechos de uno terminan, cuando uno entra a este lugar.

Foucault señalaba la crítica a la prisión, ya a principios del siglo XIX, y utiliza los mismos argumentos que podemos encontrar hoy en día: las prisiones no disminuyen la tasa de la criminalidad, la detención provoca la reincidencia e incluso fabrica delincuentes, los ex-presos van a tener mucha dificultad para que la sociedad los acepte, la prisión hace caer en la miseria a la familia del detenido, etc.

El Servicio Penitenciario tiene bajo su responsabilidad el tratamiento y la seguridad de los detenidos, sólo que lo siguen haciendo de una manera militarizada. La detención es caótica, y cada uno la sufre de diferentes maneras, somos abandonados en un calabozo frío y húmedo, donde llorás, estás asustado, y tenés miedo a morir; pero es ahí cuando debés tomar una decisión por tu vida. Ingresás por detrás del edificio encadenado, con los eslabones de las cadenas en los huesos de tus muñecas, bajás cabizbajo y te recibe la guardia, donde tenés que empezar a explicar a cada uno de los soldados el por qué te encontrás ahí, una y otra vez, hasta que se cansen de opinar, y de insultarte, ya que en las mismas mazmorras se los ayuda a fomentar la discriminación, dividiéndolos por sus delitos: drogas, robos, instancias privadas, homicidio y la parte Vip (donde en una parte se encuentran los militares y en otra, gente del registro de la propiedad).

Una vez que ingresaste al sistema, te hacen cortar el pelo, te entregan un colchón o parte de él (depende de lo que haya en el momento) y una colcha. Y es aquí donde se abren las puertas y te entregan al mundo creado por la sociedad.

Entrás a un pabellón con tus pocas cosas, y te miran más de 40 personas, te estudian, te intimidan, deciden si te dejan ingresar o te hacen pedir puerta a (o sea, llamar al guardia para que te saque y te lleve a otro lugar) y si nada sucede, avanzás por un pasillo, buscando el número de habitación que te destinó el guardia y a la persona que vive en ella. Acá se transforma en otra situación, porque el inquilino de esta habitación decidirá si te deja ingresar. Yo ingresé a la habitación número 7, me recibió un hombre de unos 40 años (cumplía condena por homicidio), no se mostró muy dispuesto a compartir su habitación, me habló de mal modo, pero al final cedió, me dio una parte de la estantería para acomodar mi ropa, me explicó sus reglas de convivencia y las del lugar, esta habitación sólo tiene una cama por lo tanto duermo en el suelo, hasta que se desocupe una o pueda ganarla.

Cuando uno comienza a familiarizarse con el ambiente, uno ve dónde se encuentra, y cuál es su situación y la de los demás.

La cárcel de Bower tiene un diseño panóptico. Según Foucault, los principios de corrección, educación, trabajo, etc.; se materializan en el panóptico que Jeremy Bentham diseñó como edificio perfecto para ejercer la vigilancia y así inducir en el detenido un estado consciente y permanente de visibilidad que garantiza el funcionamiento automático del poder, sin que ese poder se esté ejerciendo de manera efectiva en cada momento, puesto que el prisionero no puede saber cuándo se le vigila y cuándo no. El panóptico sirve también como laboratorio de técnicas para modificar la conducta o reeducar a los individuos, por lo que no sólo es un aparato de poder, sino también de saber.

A través de este sistema han creado una nueva violencia, que no es física sino “psicológica”, pero no para ayudarte, sino para cansarte mentalmente y que no opines, te quitan tu voz, tus pensamientos y si te revelás, te dan pastillas (es decir, te drogan legalmente).

El derecho a la salud en esto lugares es un problema muy grave, siempre decíamos con los compañeros “mejor no enfermarse”, si te sentís angustiado o no podés dormir la pastilla es la misma, uno decide si quiere andar drogado todo el día, como zombi, o tratar de seguir adelante, enfrentando las situaciones del lugar o fumarse un porrito para apaciguar la mente. Recuerdo que una vez, ingresó una persona mayor de la zona de balnearia, lo recibimos, lo alentamos ya que se encontraba muy desanimado, pero una noche al cerrar las puertas, a las tres de las mañana, su compañero comenzó a golpear la puerta (N° 13) y a pedir auxilio, dado que este hombre mayor no se encontraba bien. Las puertas de las piezas sólo se abren desde afuera del pabellón, mediante un tablero que es controlado por un guardia, pero el mismo se retira cuando nos vamos a dormir, por lo tanto lo único que nos queda es golpear las puertas masivamente o gritar por la ventana a la torre, para que el guardia avise adentro, de que algo malo está sucediendo. Abrieron la puerta 13 y la 2 para que ayude, buscaron la camilla para llevarlo a enfermería, ya que el enfermero no vino y hay uno solo médico de guardia para los 4 módulos de 700 personas cada uno. A esta altura nuestro compañero ya había muerto, los muchachos trataron de reanimarlo, pero fue imposible ya que no hay en la cárcel equipo de resucitación. Como llegó muerto a enfermería, los muy canallas, lo cargaron en una ambulancia y lo llevaron al hospital para decirle a su familia que mientras lo trasladaban y después de varios intentos fallidos de resucitación, falleció; les entregaron sus pertenencias y chau, un problema menos. En este sistema de salud entran los psicólogos, que son 4 para 700 personas y que no te asisten, a no ser que te canses de hacerles pedido de entrevistas, para que te atiendan, te escuchen 15 minutos, y ofrecerte la famosa pastilla y decirte que no dejes de pedir entrevistas (una burla total).

El sistema no socializa, porque los internos se socializan entre ellos mismos, los mejores psicólogos son tus compañeros, así que vayan viendo por dónde puede terminar todo esto. Asistente social hay tres, por lo tanto te atienden menos y no le pidas que te ayuden con problemas familiares, porque dicen que no tienen capacidad para hacerlo y si son problemas con tu mujer o hijos te perjudican en tribunales, y después no los dejan ingresar al lugar. La gente pobre o "el negrito", es al que menos se lo atiende y se lo maltrata mucho, la falta de conocimiento de estas personas los lleva a callarse y aceptar que es así como se manejan las cosas. Tenés que caminar por la derecha, la cabeza baja y las manos hacia atrás, siempre en fila india, no podés hablar con los demás y debés esperar en cada puerta que la abran, sin reclamar nada, cuando llegás a la guardia, tenés que dirigirte a ellos con "señor" u "oficial" para hablar y ellos te autorizan la palabra. Es por eso que cuando llegás al pabellón (o sea, tu Mundo) tratás de imponer tu voz sobre los otros, manifestando tu violencia ya que es el único medio que tenés para defenderte y si es necesario pelearás en las duchas o piezas donde las cámaras no te puedan ver. La ayuda a tus problemas de salud, psicológicos o sociales de seguro no la encontrarán en este lugar.

Si tu familia puede traerte los remedios será lo mejor, y deberán decirte qué es lo que te traen para que el médico o enfermeros no te roben las pastillas, que después las suelen cambiar por gaseosas o comidas al interno que las necesitas. Yo trabajé en la farmacia que distribuye los medicamentos a toda Bower y la oficial a cargo me comentaba que, como nunca, tenían demasiados remedios, pero que no entendía el por qué, los encargados de enfermería de cada módulo no las distribuían.

Ni el mismo sistema judicial cree en la socialización de parte del sistema carcelario, porque antes de darte de alta te hacen una pericia psicológica en tribunales y los peritos autorizados de los jueces de ejecución casi siempre fallan en contra de las pericias de la cárcel, y te dicen que debés seguir adentro haciendo un tratamiento intramuro (qué ironía).

Si cumplís tu condena para salir con libertad condicional de acuerdo a la ley y no te declaraste culpable, difícilmente saldrás si no peleás tu inocencia o tenés un buen abogado. Ellos dicen que tratan solamente con gente culpable y no pueden ayudarte si vos mantenés tu inocencia. Porque si ellos te realizan un tratamiento, para una próxima vez serás Reincidente.

Nada ahí adentro funciona por sí solo, a los derechos te los tenés que ganar y los mismos se ganan con conocimientos y no con violencia.

Ése es el problema, de donde sacás el conocimiento, ya que adentro está prohibido pensar. Los jueces de ejecución y los asesores letrados tienen que ir a la cárcel a hablar con los presos una vez al mes, para asegurarse de que sus derechos sean cumplidos, pero los mismos van cuando quieren y si van, solamente llaman a los internos menos complicados o que tienen una buena posición, por ejemplo gente que está presa por el registro de la propiedad o por el Administración Federal de Ingresos Públicos (AFIP), dado que no se cargarán con trabajo extra, porque estos presos ya tienen abogados pagos.

La familia, tus seres queridos, es lo que te puede ayudar a sobrevivir en este lugar como ser humano y no como animal, pero los mismos se cansan de ir. Al principio contienen tus lágrimas y vienen todos a visitarte, con la esperanza de que salgas en libertad. Pero el tiempo irá matando esas esperanzas, te visitarán menos, e irán extendiendo su tiempo, los amigos desaparecerán primero, luego los hermanos, parientes y por último el que tiene la suerte de tener sus padres, serán los últimos en retirarse (a los jóvenes presos, si hay algo que los salva de no convertirse en animales, es que tienen una madre de hierro), el que tiene esposa casi seguro la perderá y prevalecen un poco más si tienen hijos.

Lo mío fue un poco diferente, fui preso desde grande, con una esposa que me acababa de abandonar por otro y dos niños pequeños de 9 y 4 años, con 7 hermanos que estuvieron al principio, pero que se fueron perdiendo en el tiempo y en el lugar, luego te quedan las llamadas telefónicas que primero se pelearán por atender y luego se pelearán por no hacerlo. Tenés una llamada al día para hacer, de 4 ó 10 minutos, depende a la hora que puedas encontrar a los tuyos y de que tengan un teléfono fijo, dado que al celular le gastarás su crédito. El sistema cansa a la familia, con sus requisas denigrantes, robándote comida o cosas que te hayan traído, el ingreso a la institución comienza a partir de las 08 horas, pero en tiempos festivos llegan a demorar más de 3 horas para permitir el ingreso y no dejan pasar mucha comida, porque el gobierno tiene la obligación de darte de comer. Las visitas se desarrollan en salones especialmente preparados para la misma y comienzan a partir del día miércoles (este día de visita es para los militares), a partir del día jueves al domingo se rotan los días con los demás pabellones. Cuando no tenés familia que te vengan a visitar, siempre hay un amigo que te presta la suya, para que uno salga un poco del encierro. En mi caso, varias personas me prestaron sus familias para salir a compartir un momento, aunque la visita de mis niños se estiraba cada vez más en el tiempo. Fue así que conocí a 2 personas que vinieron hablarme de Dios (Hernán y Carlos), que hoy son mis grandes amigos, también me visitó un pastor ya anciano, por mucho tiempo, pero un día sin saberlo él había fallecido. Otro gran amigo es Osvaldo, un hombre mayor que estuvo preso y después de haber recuperado la libertad, nos vino a visitar y me ayuda actualmente. Cuando uno regresa de la visita con la comida o mercadería que te han traído, las mayoría de las veces tenés que dejar algo en la guardia por algún favor que te hicieron o un favor a futuro (que siempre se trata de trámites de visitas, llamadas o dejarte llegar más fácil a la escuela o a la enfermería, etc.).

La comida de los demás días es imposible de ingerir, pero los cocineros (que son los mismos internos) te dicen que las cosas están para hacer una buena comida, pero que la orden superior de la institución, es que no se haga bien la comida, (pero esto no es porque sí), la razón es para poder llevarse ellos la mercadería a sus hogares o comer lo mejor en su día de guardia, sólo para las fiestas suelen dar pollo, pero si dan carne, seguramente no se podrá comer porque estará muy dura, igualmente uno la saca para hacerla hervir y hacer un salpicón. La recreación al aire libre es una sola vez a la semana y se realiza en una cancha de fútbol, los días lunes y martes, pero para escoger un buen turno debés pelear con los demás pabellones, para hacer la mejor oferta a la guardia (gaseosas, comida, plata) para salir a jugar o caminar.

Muchas huellas quedan en la vida de las personas que transitamos en este sistema perverso, pero aun así nosotros seguimos eligiendo, cuáles serán las huellas más profundas en nuestras vidas, las que nos lastiman o las que nos gratifican.

Los sentimientos en estos lugares están potenciados y el único interés verdadero de cada uno es ver cómo zafar de esta situación judicial, muchos de los jóvenes que se encuentran detenidos, son de una pobre cultura educacional en sus familias y no saben, que es malo lo que hacen, ya que lo tienen naturalizados en ellos mismos, piensan que el trabajo no los hará prosperar y es más fácil apoderarse de lo ajeno (como dicen ellos "les cabe"). Recuerdo haber compartido una mesa donde una persona contaba sus hazañas y decía que un día, arrebato una cartera y la vieja no la largaba y la arrastro por el pavimento (en verdad, disfrutaba de su comentario). Está de moda hacer la más fácil, dado que la Educación, la Salud, la Seguridad, el Trabajo, no son para los "negros de mierda", y para los ex-presos. Aunque ustedes no lo crean el sistema judicial, político y la sociedad misma, los necesita tal como son, porque si no, cómo vivirán los jueces y abogados, cómo conseguirán votos fáciles los políticos, cómo vivirán las buenas familias de los policías y penitenciarios. Cuando no los pueden controlar, los envían nuevamente a su casa, al mundo que les crearon (la cárcel) y ahí juegan con ellos, les dan algunos años y los vuelven a largar, sin buscar socializarlos, ya que no les conviene ni tienen interés en hacerlo.

La gente en estos lugares está muy herida, necesita una guía pastoral para una nueva vida espiritual y formación en una nueva cultura educacional, rompiendo sus viejos esquemas, para que puedan ensanchar sus mentes de la mediocridad y romper esos mitos que conducen sus vidas: "es lo que me tocó", "unos nacen con estrella y otros estrellados", "esta es mi vida", etc.

Cuando llegué a las mazmorras en el 2006, caí en las garras del sistema perverso, ya que sólo a los 5 meses me condenaron a 8 años de prisión (mi abogado no puso ni las manos, dado que ya había arreglado con la fiscalía) y me pasaron al mundo del desecho. Ellos buscaron que mi condena quedara firme, para que no molestara más y sea un caso cerrado. Pero el favor y la gracia de Dios, me llevó a conocer a la gente indicada y me enseñaron que si no hacía una casación, para seguir peleando mi juicio, el sistema habría ganado. Como no tenía plata para hacerla, supe que uno la puede hacer por cuenta propia, pero sólo tenía 5 días para aprender un sistema judicial, y sus leyes, desconocidas para mí en ese momento. Pero en el lugar que estaba había un abogado preso que hacía las casaciones a un precio módico, pero como no tenía ni diez centavos, ya que había perdido todo (trabajo, familia, bienes, amigos, etc.), gente que recién conocía me regaló la plata y alcancé a presentarla en tiempo y forma. No fue recibida, dado que mi abogado había presentado una casación de forma gratis (pero con el fin de que nada cambiara en mi condena). Nada pude hacer, ya que desconocía los instrumentos para defenderme, pero si aprendí que podía ayudar a otros, para que no les pasara lo mismo.

Las actividades de educación en contextos de encierro se desarrollan en un campo de tensiones permanentes, generadas no sólo por la particularidad de su alumnado sino por un difícil contexto de funcionamiento en el que priman las cuestiones de seguridad. Apenas llegué a la cárcel unos amigos que trabajaban en la escuela me presentaron en ella y les ayudaba en la limpieza; mientras abría el espacio que deseaba, porque sabía que el verdadero poder estaba ahí y era el lugar central de flujo de personas para influir o enseñarles a pelear contra el sistema. Lo estudié tanto al sistema y discutí con abogados, jueces, profesionales, que al día de hoy muchos creen que soy abogado.

Empecé a trabajar en la biblioteca y descubrí que había libros prohibidos, y continúan hasta el día de hoy, que son "Las Leyes" y "Psicología", porque si uno no tiene conocimiento, sólo ellos tendrán el poder y así la gente se resigna a que las cosas sólo son como los poderosos las dicen.

Amigos, el sistema no sólo te quita la voz, sino tu forma de pensar, por eso comencé a juntar libros, pidiéndoles al cura, a los pastores, a las visitas, a los internos, para volver a levantar una biblioteca desaparecida. En este tiempo cayeron presos muchas personas del registro de la propiedad, siendo en su mayoría profesionales y les di un lugar en la biblioteca y hacíamos foros de discusión de leyes, a escondidas y trajeron muchos libros de leyes penales y civiles que estudiábamos. Creando así un lugar de ayuda para los demás internos que venían a consultarnos sus problemas legales. Comenzamos a pasarles formatos de notas para que ellos las pasaran por todos los módulos y pudieran aprender a defenderse. La escuela, la educación es el lugar central de cambio para la persona que se encuentra detenida, pero el espacio es chico y en vez de ser un Derecho el estudiar, se transforma en un lugar de Disciplina, sólo para los que tengan buena conducta podrán acceder, para que esta situación no sea un problema, la escuela diseña un plan: en diciembre va el guardia de la escuela y pega en los vidrios de cada módulo un papel diciendo cuándo son las pre-inscripciones y los requisitos para ingresar a cada nivel educativo. Llega el día de anotarse, y comienzan a llamar por módulo, sólo que la guardia central empieza con el trabajo sucio, es decir, el de limpieza por rostro (cada módulo tiene 4 núcleos con 18 pabellones con más de 50 personas cada uno) y llaman a 20 personas por pabellón, nada más, diciendo que a los demás los van a llamar más tarde, es decir, nunca. Y es ahí que comienza una pelea de estrategias. Les decíamos a las personas que llegaban de cada pabellón que trajeran una lista con las personas que deseaban estudiar y después íbamos al personal civil del nivel medio, le comentábamos lo sucedido y los hacíamos llamar, para el resto tratábamos de convencer al guardia o a la directora para anotarlos. En los 4 años que estuve en la escuela, incrementamos entre todos las matriculas de primaria, secundaria y se realizaron muchos talleres (computación, religioso, literarios, electricista, música, coro, deportes, etc.). En mi pabellón todos hacían algo, estudiaban o trabajaban casi todo el día, logramos tener acceso a todo, ya sea en el estudio o en el trabajo haciendo entrar a toda persona que podíamos de todos los pabellones del módulo MD2 (más de 700 personas).

A finales 2008 empezó a ingresar la Universidad Nacional de Córdoba con talleres de los DDHH en forma piloto, sólo podían participar 5 internos de cada módulo, de los 4 módulos de Bower, más 5 internas de la cárcel de mujeres, supuestamente bien seleccionados, para que no delatemos al servicio penitenciario por su falta de cumplimiento de los derechos humanos. Yo participé del mismo y luego de finalizar cada reunión, nos interrogaban en forma agradable, la directora de la escuela (es una oficial del servicio) y el director del módulo. Después escribimos nuestros comentarios a sobre cerrado, pero fueron abiertos antes de salir para controlar lo que decíamos. Se comenzaron a tramitar carreras universitarias y en el 2009 se volvió a realizar el taller de DDHH pero esta vez en forma masiva y en conjunto con el personal penitenciario. A partir de ahí los tiempos oscuros comenzaron a disiparse. Llegaron las carreras de Filosofía, Historia y Letras. Reclamé la carrera de Licenciatura en Ciencias de la Educación, pero me dijeron que no estaba disponible, pero después de una discusión en consejo de la Facultad decidieron dármela, con la condición de que no sea un juego, porque para ellos significaba un costo personal, económico y físico. Por supuesto que esto fue relativo, ya que una materia que te vengan a dar, durará todo un año, y lo máximo que logré hacer, en dos años, fueron 2 materias y 1 taller. En su momento lo que la UNC decía de Bower es que era un lugar de paso, como máximo de 2 años para procesados y que por eso llevaban sus carreras al Penal de San Martín; pero nosotros ya sabíamos que esa historia la estábamos cambiando y que el penal era inhumano y se lo estábamos haciendo saber a los jueces, políticos, directivos penitenciarios, etc.

En un momento, llegaron los militares con toda su historia, dado que a la cárcel la única luz es Dios, de ahí en más, sólo entra lo oscuro de la sociedad, lo desechado y si había maldad concentrada, llegó la "frutilla del postre". Los primeros que llegaron fueron el Gral. Menéndez y su comitiva, después estuvo el Gral. Videla y otros generales y gente de la D2 (policías). La mayoría de estas personas son mayores de 50 años, pero tienen los mejores abogados. El servicio penitenciario los idolatra y ellos lo único que tienen prohibido es la libertad física, porque los demás derechos, no tienen que conquistar ninguno, dado que les son servidos en bandeja. Recuerdo que su entrada a la cárcel fue ceremonial, mandaron a cerrar el módulo a las 19 horas y veíamos por las ventanas de nuestra habitación, cómo venían caminando en fila jerárquica con sus tapados, trajes y corbatas, como amos de la Verdad, los bolsos los traía el personal penitenciario en un carrito. Algunos podíamos verlos por las ventanas, entre los cuales algunos les rendían honores y otros los insultaban. Esta gente un día demandó ir a la escuela y cada vez que se los llevaba, se cerraba todo y no permitían que se mezclaran con nadie. Yo estaba en la escuela trabajando, por lo tanto tenía que servirles y a la salida de la escuela, se bajaba la bandera y formábamos fila al mando del Gral. Menéndez o algún superior de parte de ellos. De a poco empezaron a compartir con todos y también empezamos a usar sus conocimientos judiciales y sus contactos para que no sólo sean los beneficios para ellos, sino para todos (hoy que voy a la UNC aprendo lo oscuro de esta gente, pero lamento decirles amigos, que adentro de la cárcel, no hay memoria, solo hay presente).

Fue así que a partir del 2006 a la fecha logramos que el tiempo de los procesados se estirara al día de hoy a 7 años y la gente se va de este lugar en forma procesada, o trasladada a lugares mejores. El sistema no se quedó tranquilo, sino que comenzó a decir que si queríamos alcanzar un lugar semi-abierto con otros beneficios, debíamos renunciar a ciertos derechos, o sea, el de seguir peleando la condena. Pusieron en práctica un programa de tratamiento, que estaba casi oculto, dado en 4 periodos de evaluación, donde tenés que cumplir con trabajo, educación, y comportamiento; si vos cumplís, accedés a otro periodo y al llegar al 4 periodo, podés acceder a otro lugar de encierro mejor. Supuestamente, a cada periodo se accede cada 6 meses, pero por más que cumplas, te van engañando, haciéndote quedar en un año en cada periodo. Dando informes sin sentido y sin fundamento lógicos. Por eso fuimos enseñando que se podía acceder a las dos cosas, (pelearla penalmente e ir accediendo a los periodos) hasta que llega un momento que tendrán que decir qué harán, pero ya no es una decisión sin conocimiento, sino una decisión que les beneficiará de una forma u otra.

El derecho al Trabajo en este lugar, también es complicado, porque es algo que te exigen, para una supuesta socialización, pero si trabajás, el encargado de laborterapia, te impide que vayas a estudiar, y es un tema interno entre educación y trabajo. Industria tiene la mayor parte de los trabajos, es un galpón grande que acobija herrería, armado de escobas, carpintería, porcelana, arte en chapa, armado de maqueta de aviones, también está la limpieza de cada pabellón, de los pasillos, de los salones, encargado de comprar mercadería a los internos (se le dice cantinero). También está el armado de una gran Huerta, donde suelen trabajar más de 20 del registro de la propiedad y personas de buen pasar, dado que las herramientas, semillas y demás son pagadas por ellos mismos.

Al principio fui fajinero[12] del pabellón, luego fui a carpintería, también limpié los salones y me autonombré fajinero de la escuela al mismo tiempo, todos los años trabajé gratis, ya que me debían pagar $90 pero el encargado, con alguna excusa, siempre me robó ese dinero como a muchos del lugar. Es decir, salí del fondo y pasé a pabellones de menor seguridad, que se encuentran adelante del predio, una casita para 20 personas seleccionadas de los 4 Módulos o sea de los 2800 internos detenidos. Ahí fuimos obligados a construir una capilla, y a cavar pozos para hacer un estacionamiento, trabajando sábado y domingo, a no ser que tuviéramos visita. También trabajamos con los

[12] Presos que se encargan del orden y la limpieza.

demás pibes en el Casino de los oficiales en la cocina o de mozo, o en una planta cloacal a palear nuestro estiércol, también a cortar yuyos con las cortadoras a explosión hasta la ruta.

Un día me llamaron para sancionarme porque decía el encargado de laborterapia que no había ido una tarde a trabajar a la capilla, dado que yo a la tarde iba a la escuela. Cuando se lo dije, se enojó y me dijo que yo no podía seguir yendo a estudiar, no le dije nada y al llegar al pabellón llamé al juez de ejecución y reclamé mis derechos a estudiar. Automáticamente se armó un problema y el juez tuvo que llamar a la penitenciaria y sancionar al encargado de laborterapia. Todo esto sucede para que uno haga correr la bolilla de que es mejor quedar condenado e ir adonde ellos te quieran llevar que ir por el camino de los derechos.

De a poquito me fui ganando mi lugar afuera, comencé a limpiar las oficinas sin que nadie me lo pidiera y a limpiar la farmacia y la capilla que ya habíamos construido. Pedí más beneficios y no me los quería dar, me declaré en huelga de hambre y por medio del párroco y máximas autoridades me trasladaron a la cárcel abierta en el ex-Cron, pero igual se la cobraron, en el viaje me apretaron muy fuerte las cadenas y tenía que llevar mis bolsos. Al ingresar, me enviaron a dormir a la pieza de uno de los presos más peligrosos de córdoba (asaltante de banco y homicidio), el hombre muy serio, pero no estaba dispuesto a perder, por lo tanto envió a “sus perros” para amedrentarme, fue la única vez que dormí con un cuchillo en mi mano. Al otro día encontré un guardia conocido y me pasó a otro pabellón, más tranquilo.

Habiendo ya abandonado Bower, tenía una nueva lucha, conseguir los permisos para salir a la casa de mi hermano y a la UNC. Los derechos tampoco funcionaban en este lugar, pero entre todos los que aquí habíamos llegado, seguíamos dando lucha, porque el sistema no están dispuesto a entregarlos tan fácilmente, primero empecé por salir a rendir algunas materias en forma libre, hasta que pude salir a cursar.

En cada institución en que uno se integra, podrá encontrar un lugar para la lucha ya que en todos los lugares los derechos se deben conquistar. Esto es porque las personas que tienen que hacer que esto funcione sólo por conveniencias institucionales, colectivas o individuales no lo hacen. Cuando me invitaron a escribir este artículo, pensé que nada tenía para decir, pero también sabía que había vivido mucho tiempo sin derechos, por lo tanto había personas que había pasado sobre mí, y esta era una posibilidad de esparcir una voz a favor de los "sin voz" y "sin derechos".

"La crítica consiste en hacer salir este pensamiento e intentar cambiarlo: mostrar que las cosas no son tan evidentes como se cree, procurar que lo que se acepta como evidente ya no sea evidente. Criticar, es hacer difíciles los gestos más fáciles. En estas condiciones, la crítica (y la crítica radical) es absolutamente indispensable para toda transformación".

Michel Foucault

Referencias bibliográficas

Foucault, M. (1986). Vigilar y castigar. Madrid: Siglo XXI

__________(1981) "¿Es importante pensar?", entrevista con D. Éribon, Libération, No. 15, París, 30-31 de mayo de 1981, p. 21, trad. Silvana Ferrentino.

Los jóvenes ingresantes a la Universidad Nacional de Río Cuarto. Acceso a derechos, implicancias y riesgos [13]

*Marta Crabay**

*Mario Julio Carbonetti***

Introducción

Los dilemas del desarrollo en grupos etarios juveniles han colaborado en una diversidad de conceptos y enfoques, los que en muchos casos han contribuido a evidenciar las desigualdades sociales, como así también la amplia desventaja social resultante. Estos aspectos perfilan una problemática preocupante y latente.

Las transformaciones actuales son evidentes; entre las que podemos mencionar los procesos modernizadores, los cambios tecnológicos, los cambios en las familias de hoy, los cambios educativos, etc., los cuales perfilan características socio-afectivas particulares.

---

[13] El trabajo está realizado en el marco del trabajo de investigación aprobado por Secretaría de Ciencia y Tecnología (SECyT) de la Universidad Nacional de Río Cuarto (UNRC) y dirigido por la Prof. Marta Crabay, denominado "Adolescencias y Juventudes. Familias y Subjetividades". La recolección de datos fue realizada por las becarias de SeCyT María del Pilar Sergi García y Florencia Risopatrón, alumnas de la carrera de Psicopedagogía, UNRC.

** Doctora en Ciencias de la Salud. Profesora de la Facultad de Ciencias Humanas de Psicohigiene y Psicología de la Adolescencia Universidad Nacional de Río Cuarto. CE: martacrabay@yahoo.com*

*** Médico Pediatra. Especialista en Salud Pública. Doctor en Medicina y Cirugía. Profesor Titular de Salud Comunitaria. Escuela de Medicina. Facultad de Ciencias Médicas. Docente de Posgrado. Coordinador Académico de la carrera de Especialización en Salud Social y Comunitaria. Investigador de la SECyT y CIFFyH. Universidad Nacional de Córdoba. CE: mario@carbonetti.com.ar*

El propósito de esta comunicación es compartir resultados investigativos, realizados con ingresantes de la Universidad Nacional de Río Cuarto (UNRC), al tiempo que sugiere una contribución a la reflexión de la situación de los jóvenes en la actualidad.

A estos efectos, hemos trabajado con la encuesta sobre conductas de riesgo de Gabriela Casullo, en el libro Ser adolescente en el siglo XXI (2012).

Las políticas neoliberales han impactado en las familias, en los jóvenes y en la sociedad toda. En muchísimos casos, las familias actuales se encuentran ante nuevos riesgos, presentan gran vulnerabilidad, y estos aspectos repercuten en la situación socio-afectiva de los jóvenes de hoy. La emergencia de estos riesgos viene acompañada del deterioro de los mecanismos de protección social, tanto en sus aspectos subjetivos como objetivos.

En la investigación marco, centramos nuestra atención en Adolescencias y Juventudes. Nos interesa especialmente abordar la importancia de las condiciones socio-afectivas en las que se desarrollan los adolescentes para poder construir sus mundos subjetivos y objetivos. El contexto actual, surcado por profundas transformaciones sociales, ha dado lugar a fenómenos nuevos, motivo por el que intentamos explorar las identidades juveniles y la importancia de las condiciones socioafectivas en el marco de lo desconocido y lo sorpresivo que encierran los cambios hoy. La adolescencia, caracterizada tradicionalmente por ser una etapa de profundos y radicales cambios y por un estado de desequilibrio permanente inherente a situaciones de pérdidas, incertidumbres, decisiones y nuevas adquisiciones, hoy es un período de la vida que en muchos casos es un privilegio posible de ser vivido y capitalizado y en otros casos pone en riesgo a los individuos que atraviesan por él, por un lado, por las características objetivas y subjetivas de la transición adolescente, y por el otro, desde lo contextual, por los rasgos críticos del medio socio histórico cultural actual.

Creemos que los riesgos vinculados a extrema pobreza, los caminos de droga y alcohol, la desintegración familiar, embarazos tempranos e interrupción de los logros académicos, como así también el ingreso a conductas sexuales descontroladas y carentes de sentido o la sensación de impotencia, vacío soledad e incapacidad de confiar en el futuro, merecen una especial mirada y una detenida consideración.

La compleja naturaleza y dinámica de la pobreza, unida a su alcance multidimensional, sobre la base de los determinantes sociales, contextos explicativos, heterogeneidad y consecuencias, ha dado lugar a disímiles definiciones. En ellas, sobresalen la correlación entre lo absoluto y lo relativo, las necesidades y las carencias básicas, el consumo y el acceso, las oportunidades y los derechos, así como la interacción entre los componentes materiales y culturales.

Los cambios suponen riesgos, el crecimiento y desarrollo traen aparejadas buenas y malas novedades, sin embargo, parecieran estar mejor los adolescentes o jóvenes que poseen apoyos sociales y familiares, mientras que los otros parecen estar más a la deriva, sin motivaciones, sin aspiraciones.

Algunos resultados

Se trabajó con 200 casos de jóvenes ingresantes a la universidad en Jornadas de Puertas Abiertas en el año 2013, de edades entre 18 y 25 años de sexo femenino y masculino, con consentimiento informado de parte de ellos, conociendo que sus resultados serían anónimos y se utilizarían con fines investigativos.

El derecho a la educación pública, el acceso a la universidad, encuentra también un camino abierto a conductas de riesgo, en donde en muchos casos los jóvenes muestran distintos grados de vulnerabilidad, su conocimiento es un desafío que nos compete.

Analizando la relación que los adolescentes tienen con las drogas, se observa que el 86,36% de ambos sexos, rechaza el ofrecimiento de cigarrillos de marihuana. El 14% de los encuestados afirmó nunca haber rechazado el ofrecimiento. En un menor porcentaje, se puede ver que los encuestados a veces o casi siempre rechazan el ofrecimiento de dicha sustancia.

Por último, el 2% respondió nunca haber rechazado el ofrecimiento, siendo la minoría de la población encuestada.

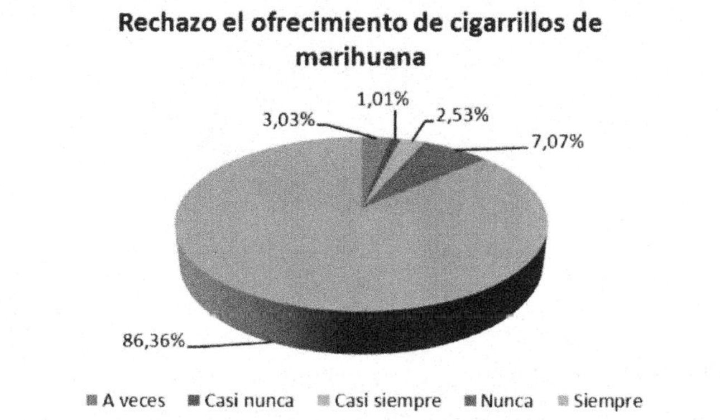

Por otra parte, el 90% de los encuestados afirmó que nunca acepta fumar cigarrillos de marihuana estando en grupo. El 10% de la población restante, sus respuestas se dividieron en casi nunca, casi siempre, siempre y a veces.

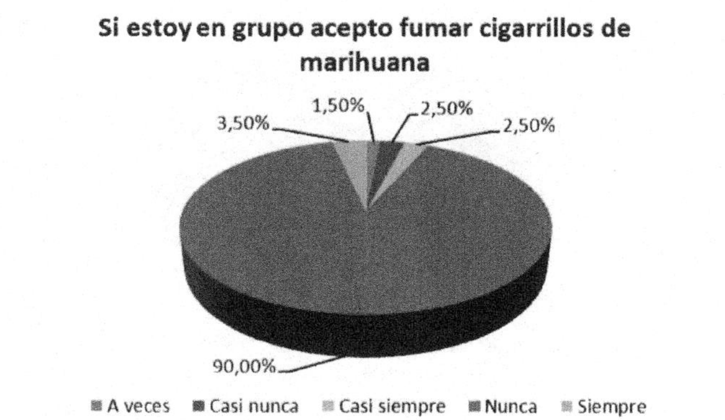

El 64,32% de la población, dice alejarse cuando el grupo de amigos fuma cigarrillos de marihuana, el 14,07% dice de no hacerlo nunca, y el resto, dice de casi nunca hacerlo, casi siempre o a veces.

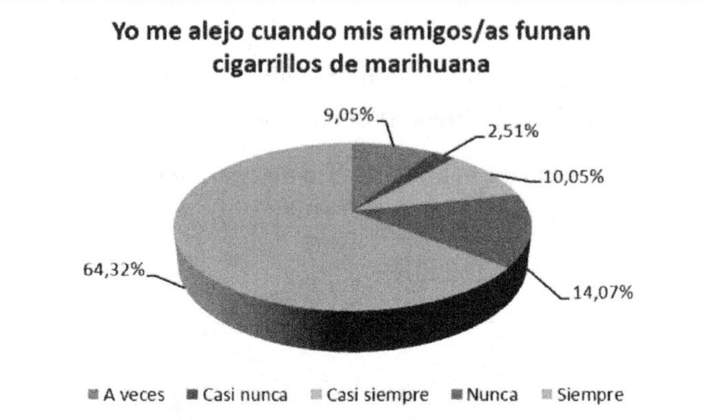

El 77% de los adolescentes encuestados, niega fumar cualquier tipo de cigarrillos. El 9% dice hacerlo a veces y el 7% casi nunca. Sólo el 7% de la población afirma hacerlo casi siempre o siempre (2,5% y 4,5%, respectivamente).

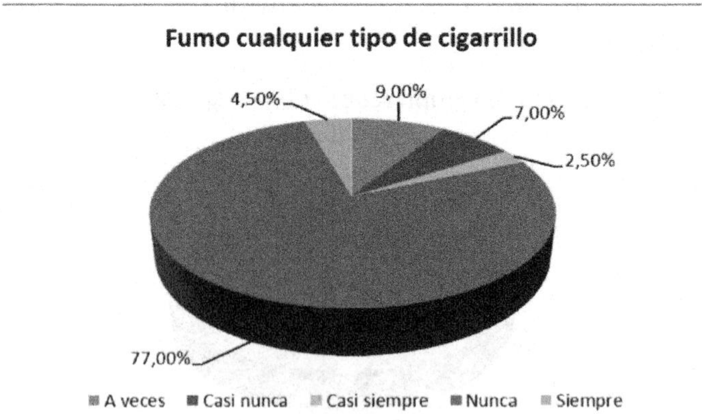

Con respecto al alcohol, casi la mitad de la población encuestada respondió saber en qué momento dejar de tomar bebidas alcohólicas para evitar emborracharse (48%). El 32%, afirma casi siempre saberlo. El 16%, dice a veces darse cuenta. Sólo el 4% de la población afirma casi nunca o nunca darse cuenta en qué momento dejar de hacerlo.

Por otro lado, sólo el 28,50% dice nunca beber alcohol hasta emborracharse cuando sale con los amigos. El 26% manifiesta casi nunca hacerlo. El 36% dice hacerlo a veces, y el 19% restante dice hacerlo casi siempre o siempre.

Un poco más de la mitad de los adolescentes encuestados (52%) respondió nunca tomar alcohol para buscar nuevas sensaciones. El 41%, se divide en partes iguales entre quienes lo hacen a veces o casi nunca. Y el 14% restante, se divide en partes iguales entre aquellos quienes lo hacen casi siempre o siempre.

El 32,50% manifiesta que a veces, cuando está borracho, se anima a hacer cualquier cosa. Otro 32% manifiesta nunca animarse. Un 16%, dice casi nunca animarse y el 19% restante se divide entre quienes dicen casi siempre o siempre animarse a hacer cualquier cosa cuando están borrachos.

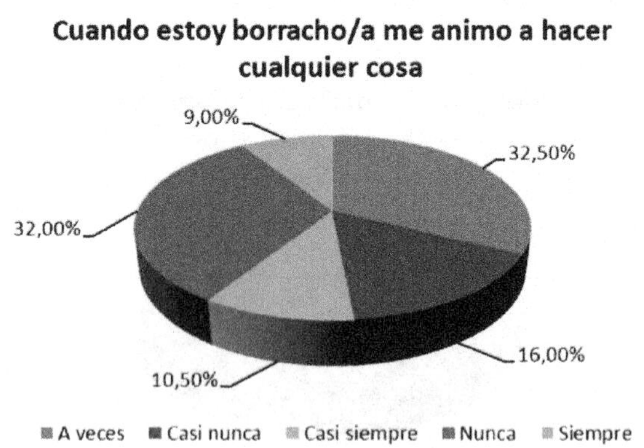

El 73% de los adolescentes dicen ser medidos con el alcohol cuando tienen que manejar y un 18% contestó nunca serlo. El 9% restante de los encuestados, sus respuestas se dividen en a veces, casi siempre o casi nunca.

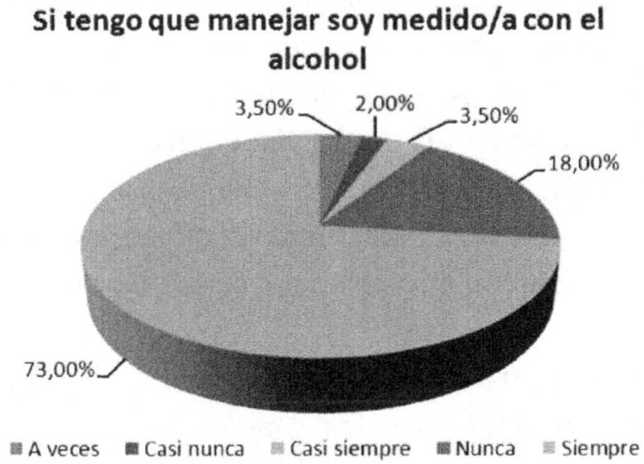

En cuanto a las peleas que se pueden generar a causa de la excesiva ingesta de alcohol, el 79% contestó nunca pelearse cuando está borracho. El 7%, dice hacerlo a veces, sólo un 2% casi siempre y un 6,5% casi nunca. Sólo el 5,5% de los adolescentes manifiestan pelearse siempre con cualquiera cuando están borrachos.

Analizando los datos que arrojaron las encuestas y estableciendo relaciones y comparaciones, se puede observar cómo los adolescentes son un poco más precavidos cuando se habla de drogas, en vez de cuando de alcohol se trata (teniendo muy en claro que ésta es una de las principales drogas legales y de alto consumo social, principalmente en este grupo etario). Gran parte de la población respondió rechazar el ofrecimiento de marihuana, o alejarse de grupos donde se esté consumiéndola; sin embargo, los adolescentes demuestran no tener tan bien en claro las precauciones que hay que tener con la ingesta de alcohol a diferencia de con la droga. Esto quizás puede deberse a que el consumo de alcohol está mucho más naturalizado tanto en los jóvenes como en el resto de la población. No obstante, esto no quita que éste sea de igual peligrosidad que cualquier otro tipo de sustancia psicoactiva.

Otro aspecto importante sobre el cual se quiso recabar información es sobre las actitudes de los adolescentes en las peleas o enfrentamientos, o bien las transgresiones a las normas o reglas.

En esta categoría, incluimos todas actitudes transgresoras que los adolescentes pueden tener en las salidas a boliches, recitales, etc.

Ante esto, el 91,96% de los encuestados afirmaron nunca enfrentarse o provocar a los patovicas. El 2,51% dice haberlo hecho casi nunca y un 1% se divide en partes iguales sus respuestas entre haberlo hecho a veces o casi siempre. Es notable destacar aquí que sólo el 4,52% de los adolescentes encuestados manifestaron provocar o enfrentarse a los patovicas siempre.

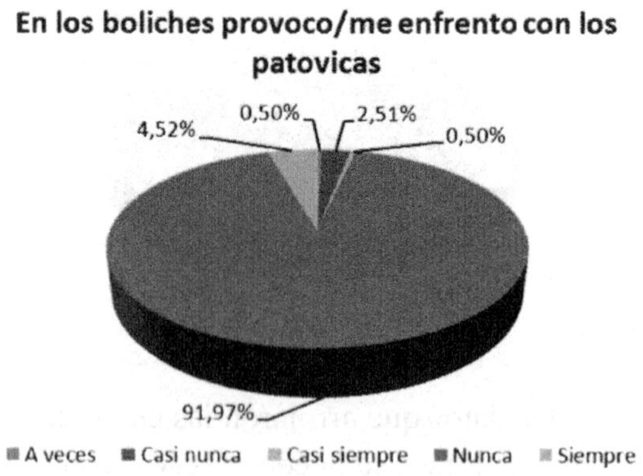

Otra conducta parecida dentro de esta categoría es la que respecta a las peleas con otros adolescentes en los boliches. Ante esto, el 85%

afirmó nunca participar de peleas. El 7,5% dice casi nunca hacerlo. El 4% respondió hacerlo a veces, el 3% siempre y el 1% casi siempre.

En cuanto a las conductas viales en los adolescentes, es importante destacar a partir de la encuesta que el 90% de los adolescentes encuestados no participan de picadas o carreras de autos, pero un 3,5% manifestó hacerlo siempre, lo que no es un dato menor, por poner así en riesgo su vida.

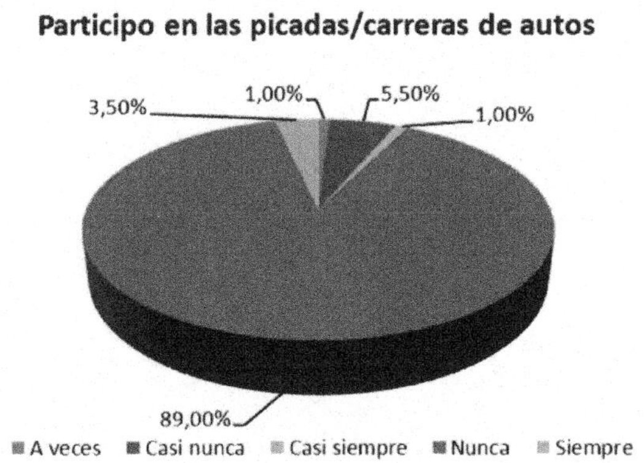

Una conducta menos arriesgada es la de manejar con la música a todo volumen, sobre la cual un 33% dice hacerlo a veces y un 39% nunca, y sólo un 3,5% lo hace siempre.

En referencia al uso de la senda peatonal, es preocupante que un 30% de los encuestados admite que no la usa nunca o casi nunca, mientras que sólo un 18% la usa siempre, y en cuanto al uso de semáforos la gran mayoría (52%) dice hacerlo a veces y en partes iguales (un 20% aproximadamente) hay quienes no lo usan nunca y quienes lo usan casi siempre.

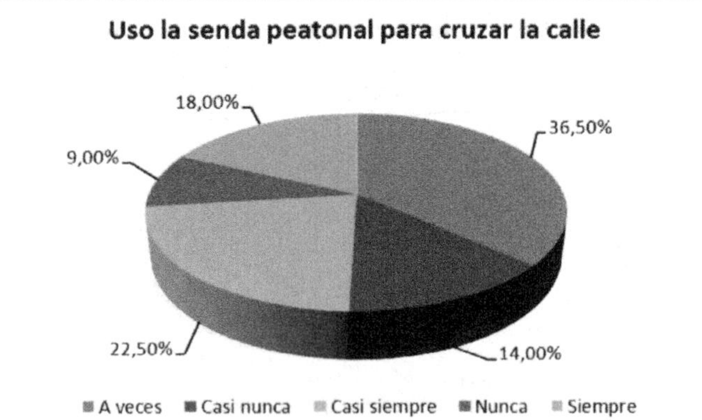

En tanto los cuidados al cruzar una calle, vía o avenida, es bueno conocer que el 50% de los jóvenes siempre o casi siempre toman recaudos, mientas que sólo un 8,5% no lo hace nunca.

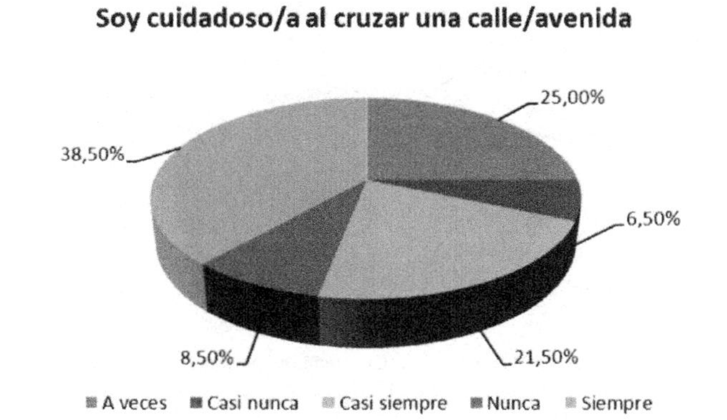

Los mismos porcentajes se manejan para el estar alerta ante una situación dañina.

El 40% de los adolescentes encuestados dice darse cuenta a veces cuando algo peligroso puede pasarle en la calle, pero un 24% dice hacerlo casi siempre, mientras que sólo un 9% admite no hacerlo nunca.

Por otra parte, son preocupantes los datos del uso de casco al viajar en moto. Si bien un 50% dice usarlo siempre o casi siempre, un 13,5% admite no usarlo nunca y un 6,5% casi nunca.

Un poco más esperanzadores son los resultados sobre el uso de cinturón de seguridad, ya que un 65% dice usarlo siempre o casi siempre, mientras que un 7% nunca lo hace.

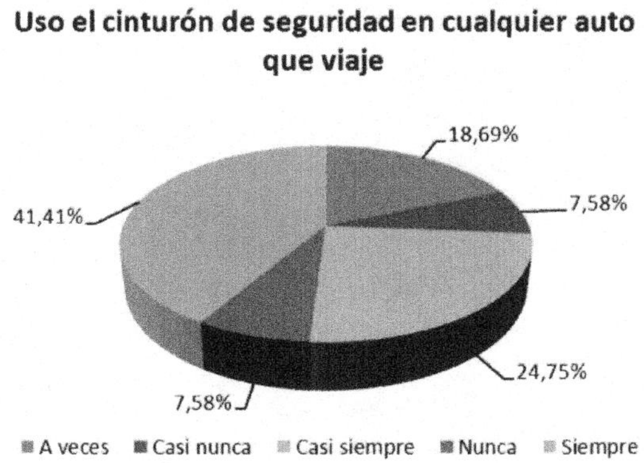

Otra categoría sobre la que se indagó para conocer los riesgos que toman los adolescentes de hoy es sobre las precauciones que toman en distintos ámbitos de su vida. En cuanto a evitar la cercanía con un grupo sospechosos en la calle, el 70% de los jóvenes admite que lo hace siempre y un 12% casi siempre, lo que demuestra que en ese sentido la mayoría de los jóvenes se maneja de un modo precavido.

Esto no sucede a la hora de localizar la salida de emergencia de un boliche, ya que el 35% de los jóvenes no lo hace nunca y un 21% casi nunca, mientras que sólo un 22% lo hace siempre o casi siempre.

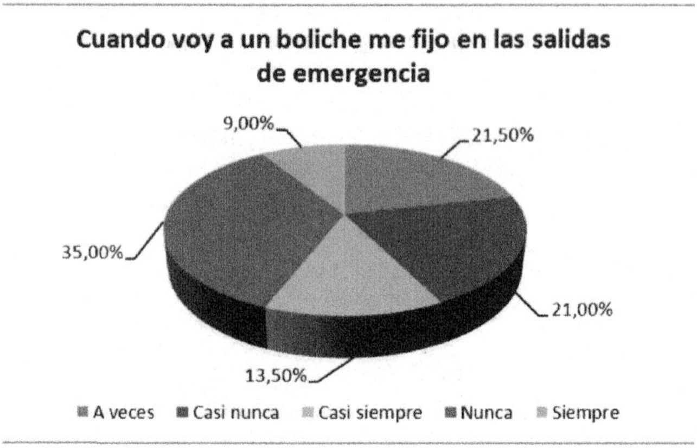

En referencia a estar alerta a la hora de viajar solo en taxi, la mitad de los jóvenes siempre se encuentra en ese estado, mientras que un 11,5% casi siempre lo hace, y otro tanto no lo hace nunca.

Otra precaución importante es la de chequear la fecha de vencimiento de los alimentos consumidos. Un 52% lo hace siempre o casi siempre, contra un 22% que no lo hace casi nunca.

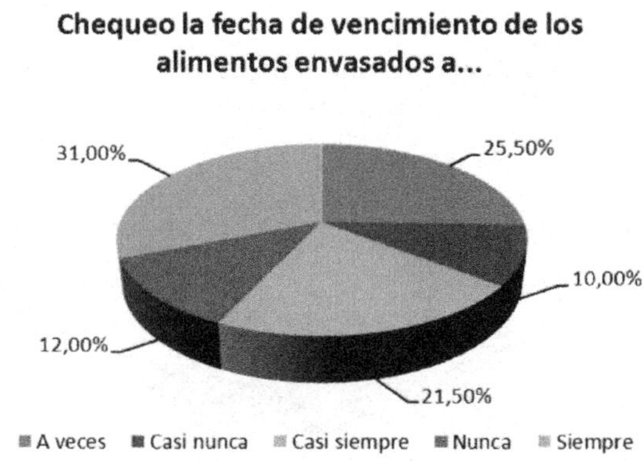

Otro aspecto relacionado es la compra de comida en puestos callejeros sin reparar en las condiciones de higiene, conducta que un 45% no realiza y un 18% casi nunca, mientras que sólo un 8% no tiene ningún reparo en las condiciones de higiene.

Finalmente, queda analizar las conductas de los adolescentes encuestados en relación con su comportamiento con su grupo de amigos. Nos parece preocupante que el 40% admite sentir que nada puede pasarle cuando sale con sus amigos, mientras que un 20% lo siente casi siempre y a un 10% le sucede siempre.

El 50% dice nunca jugar a emborracharse con sus amigos y un 15% casi nunca lo hace, pero un 24% reconoce correr el riesgo de hacerlo a veces, en tanto que viajar en el auto de un amigo que ha tomado de más, el 65% admite no hacerlo nunca o casi nunca, mientras que el 15% lo hace a veces.

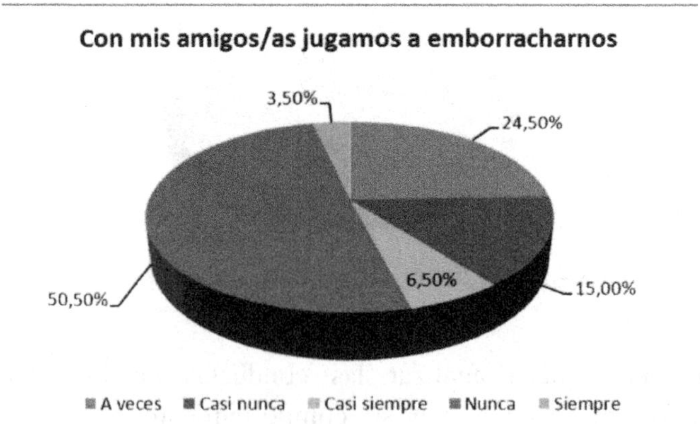

En cuanto a resistirse a un asalto a mano armada estando con sus amigos, un 66% dice no hacerlo nunca, pero es sorprendente ver que un 15% admite hacerlo siempre o casi siempre, y un 10% a veces.

Por último, en referencia a la creencia en el grupo de amigos de que es mejor no cuidarse al tener relaciones sexuales, el 92% dice que en su grupo no circula ese pensamiento nunca o casi nunca.

Para continuar reflexionando

Las Adolescencias y Juventudes deben ser pensadas en plural, al igual que las familias, estos jóvenes y familias poseen trayectorias y biografías de vida condicionadas por su pertenencia y posición social, por el lugar en donde han crecido y se han desarrollado, por el origen de sus padres, por la educación recibida, como así tambien por las relaciones que van construyendo y los contextos de pertenencia que poseen.

Es curioso pero quizá adecuado a las edades estudiadas que los jóvenes posean una escasa o más bien nula consciencia de los riesgos. Los jóvenes parecen ajenos a la percepción de la finitud de la vida, a la enfermedad y a la muerte. Le Bretón (2011, p. 49) "los jóvenes no poseen una visión fatal e irreversible de la muerte, que es la de los adultos. Cada uno de ellos tiene tendencia a sentirse 'especial' diferente a los otros, fuera de la ley común, aún difusa para sus ojos, la muerte no sabrá alcanzarlos".

Así, numerosas conductas riesgosas para los jóvenes muestran mínimas transgresiones, tales como faltar a la escuela, mentir a los padres, no pagar en un boliche, etc., conductas que tienen más la impronta de jugar con los límites que una conciencia ética.

Asimismo, los grupos acompañan ciertas conductas riesgosas, beber alcohol es un comportamiento social, y en muchísimos casos las toxicomanías y conductas delincuentes se encuentra vinculada a la irresistible atracción que ejercen los grupos.

La búsqueda del límite llega a su punto máximo y los jóvenes parecen estar continuamente en esta actitud o en la desafiante conducta de atravesar los límites.

Sabemos que las muertes son mucho más frecuentes en varones que en mujeres, los medios son diferentes, en varones son mucho más destructivas, en cambio en mujeres los medios utilizados atentan menos contra la integridad corporal.

La luna de miel de las drogas los sumerge en un mundo a su medida, en donde ya nada importa, a veces toman la modalidad de una automedicación, en donde de este modo pueden aplacar el malestar, anestesiarse, desconectarse del mundo que sienten como un hostigamiento.

Sería deseable que el conocimiento sobre estas realidades pueda contribuir a su superación,y nuestra apuesta apunta a eso, aunque somos conscientes de que la realidad abrumadora de los jóvenes a veces no coincide con los tiempos de los adultos.

Referencias bibliográficas

Casullo, G. (2012). Ser adolescente en el siglo XXI. Aportes a la evaluación psicológica del autocontrol percibido frente al riesgo. Buenos Aires: Eudeba.

Castel, R. (2012). El ascenso de las incertidumbres. Trabajo, protecciones, estatuto del individuo (1ª reimp.). Buenos Aires: Fondo de Cultura Económico.

Crabay, M. (comp.). (2014). Familias, subjetividades y educación. Córdoba: Brujas.

Le Breton, D. (2011). Conductas de riesgo: De los juegos de la muerte a los juegos del vivir.

Serie Futuro Imperfecto. Colección Fichas para el siglo XXI. Buenos Aires: Topía.

CLACSO. (2014). Curso de postgrado sobre nuevas realidades, familias latinoamericanas en el contexto globalizado. Buenos Aires: CLACSO.

Entrevista a Raquel Turletti*

Educar a la intemperie: alfabetización y animación en espacios rurales

*Ivana Fantino***

Raquel Turletti es Profesora en Letras Modernas, especialista en lectura, escritura y educación por la Facultad Latinoamericana de Ciencias Sociales (Buenos Aires), capacitadora, investigadora y experta en alfabetización inicial y literatura infantil. Desde hace varios años lleva a cabo experiencias de enseñanza a jóvenes no solo en institutos superiores de formación docente, sino también en espacios no tradicionales, tales como plazas de barrios y clubes de pueblo.

- Hola, Raquel. Sabemos que estás trabajando en contextos rurales, en el interior de la provincia de Córdoba, con futuros maestros con quienes codiseñás acciones educativas. ¿En qué consisten esos programas de formación docente inicial? ¿Cómo surgen y cómo se implementan?

* *CE: racett@hotmail.com*

** *Ivana Fantino es investigadora sobre jóvenes, ensayista, Licenciada en Psicología y miembro del equipo de cátedra de Psicología Evolutiva de la Adolescencia y Juventud en la Facultad de Psicología de la Universidad Nacional de Córdoba; está en proceso de tesis de la carrera de posgrado Especialización en Adolescencia. CE: ivanafantino@hotmail.com.*

- A partir de la Ley de Educación Nacional n° 26.206, los procesos educativos de los estudiantes se desarrollan dentro y fuera de la institución de formación docente. En primer año los alumnos tienen prácticas en contextos no formales; en segundo, en la institución; en tercero, en el aula; y en cuarto hacen la práctica de residencia, que implica inmersión en la institución. Entre esas acciones, las más novedosas e interesantes son las de primer año, que se llevan a cabo en contextos no convencionales o no formales; es esa la instancia de articulación desde la cual hemos elegido contextos rurales: buscamos un pueblo y si se puede, un barrio alejado de ese pueblo, generalmente "del otro lado de la ruta", como suelen decir los lugareños. En general, son tierras con servicios precarios, zonas amplias en las que en vive una comunidad que se va instalando en los campos o en las inmediaciones de alguna fábrica –esto pasa, por ejemplo, en San Agustín, provincia de Córdoba–. Entonces la práctica de primer año, en el marco del taller integrador a mi cargo, consiste primero en conocer el lugar y entrevistar a las familias para llevar nuestra oferta de educación fuera de las aulas y después en volantear para sensibilizar. Casi siempre hay una radio que nos ayuda propalando por el pueblo, dándole apertura a nuestro proyecto, convocando a los chicos: son jóvenes que juegan al fútbol en potreros y niños que remontan barriletes, no como los jóvenes y niños urbanos. Ahí en el pueblo, el lugar para reunirse es el patio de la casa, aunque también muchas veces los chicos están en la calle, cuidados, porque esas calles no son espacios peligrosos. El contexto rural y de pueblos pequeños es cordial ante la entrada de alguien de afuera, como nosotros: siempre nos esperan y nos reciben bien; allí el equipo –conformado fundamentalmente por estudiantes del terciario, futuros maestros– hace un trabajo de animación sociocultural a partir de la literatura. Solemos ubicarnos al costado de una cancha, al lado de una casa que nos presta la luz para los equipos. Una vez fuimos con Alicia en el País de las Maravillas; otra con El mago de Oz y otra con Pinocho y en todos los casos las actividades tienen que ver con el arte; por ejemplo, hacemos esculturas en la plaza; o bien organizamos una kermés para que participen los chicos y sus padres que los van a llevar. Siempre trabajamos con una temática, con una obra, y organizamos talleres desde esa obra. Es muy conmovedor observar cómo los niños, orientados por los jóvenes, se vinculan con esas producciones propias a partir de la literatura, observar cómo se puede facilitar el ingreso a esos universos mágicos desde los textos: a veces son imágenes que los chicos han visto en una librería pero a las cuales no han podido acceder, entonces la animación es una puerta a la cultura para esos niños y jóvenes que al comienzo se arriman con la pelota, se acercan y miran y después intervienen.

- **Eso me interesa, Raquel. Los jóvenes que acompañás y monitoreás, los futuros trabajadores en educación, ¿cómo reciben e implementan en espacios rurales las nuevas perspectivas sobre alfabetización inicial?**

- Hasta hace poco la problemática de alfabetización inicial ocupaba una unidad dentro de una materia. Ahora, en cambio, el diseño curricular prevé un año con el formato de seminario, de manera que las nuevas generaciones egresan más fuertes en alfabetización inicial no solo por el aumento de la carga horaria, sino también porque aprenden otras estrategias de enseñanza, conocen varios enfoques y revisan sus creencias previas y sus saberes escolares: profundizan en las perspectivas constructivistas y de conciencia fonológica y tienen prácticas más prolongadas en proyectos de tercer y cuarto año. Claro que no todos los egresados de los institutos de formación docente de provincia se inscriben en esas escuelas rurales: quien se queda allí, en el campo, enseguida ingresa al sistema educativo, a menudo como personal único, directivo, maestro con plurigrado, plurisala o pluricurso. Y a veces ese joven no está en condiciones de asumir ese desafío, esa complejidad. En ocasiones la estructura escolar, la gramática de lo precedente les gana y en esos casos, en vez de implementar lo que aprendieron en su formación, repiten experiencias propias y la innovación queda sin efecto.

-Eso que describís me recuerda a Zeichner, cuando afirma que la formación inicial se lava ("washout" es la expresión que usa) para ceder paso, sobre todo en situaciones difíciles, a la biografía escolar; o sea, el maestro o el profesor novel, ante una instancia dificultosa, recurriría –según Zeichner– no a lo que aprendió cuando se formó como docente, sino a las estrategias que aquellos profesores, los que le enseñaron en la primaria o en la secundaria, desplegaban con él en tanto alumno... Ahora bien, dejando de lado el "washout", ¿cuáles son las innovaciones que sí duran, que sí se observan y que repercuten en una mejora de las prácticas?

- En estos últimos años las escuelas rurales han tenido postítulos, capacitación y recursos tecnológicos: un montón de recursos para mejorar las propuestas de enseñanza. Sin embargo, los maestros, que están comunicados hoy a través de internet, usan la red más para cuestiones administrativas que para mejoras pedagógicas. Los egresados salen con recursos y a veces en las escuelas se encuentran con que no funcionan las plataformas virtuales, que hay computadoras rotas. Eso es muy desalentador. Otra dificultad reside en la burocracia que regula el ingreso a la institución: para que el docente novel sea titular pasan muchas veces más de diez años dando vueltas por las escuelas. A veces les tocan interinatos, a veces suplencias cortas. El primer año trabajan ad honorem, por designaciones temporarias generadas por la alta rotación: licencias por maternidad, carpetas psiquiátricas y demás. Claro que llega el 31 de diciembre y se cae el empleo y si tienen suerte, en marzo o abril vuelven a entrar al sistema.

- **Volvamos a esos jóvenes que van a ser maestros. ¿Cómo está pensada hoy la formación inicial para ellos?, ¿de qué manera se prevé la trayectoria?**

- Los cuatro pilares de la trayectoria son: la formación inicial, la capacitación permanente, la investigación y el apoyo escolar. El recién egresado debe recibir asesoramiento y capacitación permanente y volver a la institución donde se formó para retroalimentar las prácticas. Hay que seguir a los docentes noveles unos años, hasta que se estabilicen. El Instituto de Educación Superior debe buscar estrategias de convocatoria al egresado para que haya un lazo de alimentación mutua: esas acciones están reguladas por un proyecto del Ministerio de Educación de la Nación de 2008 y se orienta no tanto a las necesidades curriculares, sino a cuestiones marginales: violencia en la escuela, vínculo con los alumnos, o sea, demandas de prácticas que hacen a la lógica de la escuela y que no se aprenden en la formación inicial.

- **Otro de los temas que abordan los padres y los medios es el de la brecha cultural entre las generaciones, esa ya extendida rotulación de "nativo analógico" o "nativo digital. Según tu experiencia, ¿qué desafíos implica para los maestros la coexistencia del soporte papel y soporte digital en la escuela?**

- El soporte papel sigue liderando las aulas en la escuela, incluso, desde luego, en las fotocopias. Se puede ver en los cuadernos de los alumnos de primaria mucho material fotocopiado. Por lo tanto, no hay encuentro con el libro, pero sí con el papel. Pasa lo mismo en alfabetización. Las nuevas promociones están muy bien equipadas porque tienen espacios curriculares para la implementación de las TIC (Tecnologías de la Información y la Comunicación) y hacen también proyectos espectaculares. Sin embargo, lo que he notado es que el recurso digital se está cristalizando en algunas actividades, casi como lo que sucedía antes, en los tiempos del papel. Si no entrara la computadora al aula, estaríamos en una gran desventaja con el mundo. También en las escuelas rurales se entregan netbooks, por los proyectos Conectar Igualdad y Primaria Digital, presentes en las escuelas públicas de toda la Argentina. Siempre recuerdo la imagen de chicos en un puesto de aceitunas en Cruz del Eje con su netbook. Es que, como dice Emilia Ferreiro, en estos tiempos no podemos enseñar solo con cuaderno y pizarrón. Lo negativo es que a veces los docentes pierden el control de la máquina y eso los desestabiliza bastante: trabajemos con cuaderno o con pantalla, el recurso tiene que ser un reflejo del aprendizaje del alumno y no de las enseñanzas del docente. En el cuaderno se puede ver el cumplimiento de la planificación, pero no el proceso de apropiación del alumno. En cambio, en la computadora cada cual lleva su lógica, no se pone nota por carpeta. Tanto es el entusiasmo de algunos alumnos por las tecnologías, que parece que no hubiera más recreos: los chicos, no juegan, no están con la pelota, están conectados todo el tiempo.

- **¿Qué anécdotas escolares protagonizadas por niños digitales se advierten hoy en el aula?**

- Te cuento una escena escolar: el maestro piensa enseñar a los alumnos de primer grado a escribir; entonces les indica cómo tomar el lápiz. Pero eso ya es el pasado porque el alumno aprendió antes de llegar a la escuela, solo que no escribe con lápiz sino con teclado. Otra viñeta: el maestro les dice a los alumnos que se escribe con la derecha, pero esos alumnos escriben con las dos manos con la notebook, con el celular, con la tablet con teclado. Tercera anécdota: el maestro llega al grado con libros álbumes y los distribuye sin indicaciones acerca de qué hacer; los alumnos en vez de pasar las hojas hacen el movimiento propio del celular táctil: juntan los dedos para achicar la imagen y los separan para agrandarla, pasan los diálogos de whatsapp y las fotos con el procedimiento de la tecnología digital, que les es familiar, y no con el del libro en papel, que era habitual en generaciones precedentes. Te cuento estos tres casos para ejemplificar cómo el docente –aunque sea muy joven y haya egresado poco tiempo atrás– si no se actualiza permanentemente, su propuesta de enseñanza queda obsoleta porque pierde de vista al alumno real, se queda con una representación acerca del alumno que es de otra época, que ya no existe. Los niños siempre nos asombran con lo que pueden hacer. Chicos de tres años que todavía no leen ni escriben, ya saben qué tecla tocar. Ellos entienden la lógica de la computadora sin preguntar nada. No tienen miedo a equivocarse, pero tampoco hay curiosidad más allá de la pantalla.

Todo es para ellos mágico e inmediato.

- **Bueno, Raquel. Nos has dado un panorama sorprendente tanto acerca de los niños como acerca de los futuros maestros y los maestros noveles en la escuela. Antes de despedirnos, ¿querés agregar algo?**

- Vez pasada decía una colega que nunca hubo una generación con la cabeza tan agachada como esta: niños y jóvenes que están siempre conectados. Más todavía: conectados a cosas que no saben cómo funcionan. Y los maestros a veces no saben qué hacer porque suelen ser repetidores, en lugar de transformadores del conocimiento. En lugar de eso deberían apasionarse por el otro, aprender a descubrir el sonido de la voz humana cercana, contactarse a través del afecto.

Punto de encuentro. Un proyecto extensionista en la escuela media

*María Celeste Pedroni**

La intención de este texto es poner en palabras la experiencia de un proyecto extensionista, solidario y articulador de distintas dependencias universitarias, interpelando el acercamiento a la comunidad y la creación de espacios de diálogo y aprendizaje mutuo. Los interrogantes apuntan a una mirada crítica sobre la participación social y el compromiso como una elección ética y el foco está puesto en los jóvenes, en los aspectos vivenciales y experienciales integrados al modo de ser y hacer de los participantes.

El proyecto de la Secretaría de Extensión de la Escuela Superior de Comercio Manuel Belgrano de la ciudad de Córdoba, Argentina, que desarrolló en 2014 su séptima edición fue bautizado "Punto de Encuentro" en 2008, por sus protagonistas (alumnos y alumnas del Colegio Nacional de Monserrat y la Escuela Superior de Comercio Manuel Belgrano) y consiste en apoyo escolar en Lengua y Matemáticas a niños/as de escuelas primarias ubicadas en zonas aledañas a dichos secundarios.

* *Licenciada y Profesora en Psicología, egresada de la Facultad de Psicología de la Universidad Nacional de Córdoba, se desempeña como Secretaria de Extensión de la Escuela Superior de Comercio Manuel Belgrano. Tiene experiencia como docente de nivel medio, Superior, de grado y posgrado y formación de posgrado. En el ámbito privado desarrolla asesoramiento a organizaciones y supervisión particular. CE: celestepedroni@hotmail.com; cpedroni@gmail.com*

Desplegando algo de historia

La idea primigenia consistió en encauzar la actitud solidaria de los alumnos hacia acciones tendientes a consolidar el espíritu de colaboración cívica, participación y compromiso social en una tarea en la que pudieran poner en juego la formación metodológica recibida en sus escuelas, ya que uno de los pilares de las instituciones donde cursan el nivel medio –Colegio Nacional de Monserrat y Escuela Superior de Comercio Manuel Belgrano– son las Estrategias de Estudio en tanto herramientas que permiten maximizar el potencial de aprendizaje y distinguirse en la construcción del conocimiento. Los jóvenes de ambas escuelas están capacitados como agentes de aplicación de tales técnicas en pos de un mejor aprovechamiento de los procesos de enseñanza y aprendizaje por parte de los alumnos de la primaria y de una idea igualitaria en oportunidades para todos los sectores.

El proyecto surge como un espacio de articulación de las dos escuelas dependientes de la Universidad Nacional de Córdoba y el Programa Solidaridad Estudiantil de las Secretarías de Extensión Universitaria y de Asuntos Estudiantiles de la misma casa de estudios. Por la cercanía geográfica y por haber tenido vinculaciones previas, la Escuela Superior de Comercio Manuel Belgrano decide articular las actividades de apoyo escolar con la Escuela Mariano Moreno, institución de Nivel Primario que recluta población de sectores populares y muchos niños migrantes peruanos y bolivianos, descendientes de pueblos originarios. El intercambio entre los alumnos de las escuelas permite desmitificar en parte los modelos estáticos que aparecían como figuraciones extendidas en el colectivo social cordobés y se ha constituido en una manera de sumar esfuerzos y miradas diferentes tendientes a transformar realidades sociales factibles y cercanas. El proyectó funcionó y sigue funcionando como forma de intensificar el involucramiento de los jóvenes en ámbitos externos a sus instituciones escolares y opera como un modo de complementar su formación curricular con experiencias comunitarias que implican prácticas y valores fundamentales tales como solidaridad, compromiso, responsabilidad y participación. La Lengua y la Matemática han sido una excusa para el establecimiento de un vínculo reforzatorio de la autoestima del niño/a y también del agrado por el estudio, ya que en más de una oportunidad el apoyo escolar se ha convertido en acompañamiento de situaciones particulares no previstas. Aquello que en un primer momento fue un ofrecimiento de ayuda y colaboración desde la escuela media a la escuela primaria se convirtió progresivamente en un espacio de escucha, de búsqueda de soluciones alternativas, de articulaciones con otros niveles y estamentos: una experiencia de aprendizaje recíproco, de construcción colectiva en lo institucional, en lo curricular y en lo afectivo.

A partir de las primeras evaluaciones surgió la necesidad de incluir una mirada interdisciplinaria que diera respuesta a dificultades atinentes a la formación y al acompañamiento profesional de los tutores. En tal sentido, la articulación con las Cátedras de Psicología Clínica (Facultad de Psicología, Universidad Nacional de Córdoba), Teorías del Aprendizaje y Análisis Institucional de la Educación (Escuela de Ciencias de la Educación, Facultad de Filosofía y Humanidades, Universidad Nacional de Córdoba) fueron recursos valiosos. Cabe aclarar que por la particularidad de cada una de las escuelas medias y primarias las acciones son permanentemente adaptadas a las realidades y posibilidades de cada una de ellas y asumen cada año, en cada sede, modalidades particulares. **¿De qué extensión hablamos?**

Docencia, investigación y extensión son y han sido los pilares de la academia. Si bien hay una primera fundación en 1938, la Escuela Superior de Comercio en su versión actual nace en el seno de la Universidad Nacional de Córdoba con el plan 1969 y la inauguración de su propio edificio, con un mandato claro y preciso: escuela piloto, de avanzada pedagógica. Estos avatares de su historia imprimen y acentúan aquellos paradigmas de la modernidad que marcan un orden simbólico en su devenir. Como se explica en Rascovan (2012), la modernidad ha conformado esquemas de pensamiento potentes y eficaces como para generar una cosmovisión del mundo y de los intercambios cuya vigencia se hace sentir aún en nuestros días.

La creación de la escuela coincide con momentos de acciones para la divulgación cultural y fortalecimiento y consolidación del Estado. El nacimiento de esta "escuela nueva" –que no se inscribe en el movimiento escolanovista– viene a dar respuesta a una necesidad detectada en el ámbito cordobés y acentúa la formación de los jóvenes en su articulación con la universidad. Así, en una época la extensión pivoteaba sobre el eje de la formación pedagógica del alumnado y el cuerpo docente, es decir, fundamentalmente hacia el interior de la escuela. Podría decirse que la extensión era sinónimo de ampliación, ensanchamiento y profundización. También, y siguiendo esos parámetros de la modernidad, la salida de la escuela a la comunidad fue unidireccional, desde el lugar del supuesto saber: florecieron los cursos de capacitación, la transferencia en servicios y las intervenciones a veces puntuales, aisladas y unilaterales.

Ahora bien, las miradas cambian, los paradigmas se rompen, lo instituido se diluye.

En la actualidad estamos embarcados en construir la escuela que queremos, que soñamos; y hemos comprendido que podemos establecer una relación más activa entre "el Belgrano" y sus contextos, desde el reconocimiento del otro como sujeto de derecho. Por ello hoy entendemos la extensión como un espacio de cooperación entre la escuela y otros actores sociales. Estamos aprendiendo a escuchar las necesidades de los otros, distintos, diferentes y a generar espacios de diálogo, de mutuo aprendizaje. Nos estamos atreviendo a tolerar la incertidumbre, a intentar romper los modelos clásicos y a entablar un diálogo de saberes para llegar a un diálogo de seres. Estamos probando acuerdos para acompañar y dejarnos acompañar. Estamos dispuestos a nuevos vínculos y a tejer redes, ya que en este proceso de transformación coexisten lo nuevo y lo viejo. Nos fortalecemos cada año a medida que pensamos la extensión y cada uno de los proyectos, porque somos más los que vamos imaginando, escribiendo, diseñando y participando. Cada vez más entendemos la extensión como el marco para una práctica transformadora, en la medida en que posibilite y potencie los encuentros y el intercambio de saberes.

¿De qué escuela hablamos?

La Escuela Superior de Comercio Manuel Belgrano es un establecimiento educativo preuniversitario dependiente de la Universidad Nacional de Córdoba, con régimen de doble escolaridad, al cual se accede por un examen de ingreso. Desde la institución se fomenta el pensamiento crítico en alumnos y la libre expresión de cátedra en docentes. Los alumnos ingresan con quinto grado aprobado, en una edad que va desde los 10 a los 12 años, y permanecen en la escuela durante ocho años.

A partir de una investigación, Ziegler (2010) hace referencia a las escuelas de elite, y las describe como instituciones con historia en la formación de sectores ligados a algún tipo de dirigencia y a la intelectualidad; escuelas que por sus dispositivos de selección garantizan cierta homogeneidad intelectual y sostienen un curriculum exigente para estudiantes de tiempo completo. Estos elementos abrevan en un marcado sentimiento de pertenencia tanto de su alumnado como del cuerpo docente, conformado por profesores prestigiosos. Esta caracterización no se aplica exclusivamente a escuelas privadas, religiosas, sino también a algunas públicas. En todas, la formación apunta al pensamiento crítico y el aprendizaje en el ejercicio de la libertad y fomenta la renovación de lo instituido.

En el marco de estas consideraciones y dadas las coincidencias y similitudes, podríamos preguntarnos en qué medida "el Belgrano" es una escuela de elite y de qué manera esta circunstancia se puede convertir en una oportunidad para ofrecer a nuestros jóvenes otras alternativas superadoras. No se trata de mostrarles a los estudiantes un mundo más allá de su propia burbuja: por ahora la inclusión de los otros, en la casi totalidad de proyectos extensionistas, es de índole extracurricular. El propósito es generar proyectos que se configuren no como actividades filantrópicas o asistencialistas, sino como acciones sostenidas y transformadoras en las que todos sean sujetos de derecho, en las que todos aprendan; el propósito es que los alumnos belgranenses adviertan en su horizonte la presencia de otros, que consideren un destino colectivo. Pero justamente aquello que constituye una de las fortalezas del Belgrano hace, en algunos, que a la hora de contactarse con los niños/as surja la imagen del otro como necesitado, como carente, lo cual conlleva un intercambio en un solo sentido, asimétrico y sin retorno. Es por eso que intentamos analizar con ellos el proceso de construcción social de las desigualdades educativas.

¿De quiénes hablamos?

La escuela media es para los jóvenes una experiencia con un sentido y fuerza emotiva particular que los atraviesa, que les deja huella. Y los jóvenes le otorgan un valor simbólico a su experiencia en el acto de apropiación; generan sentidos comunes, modos colectivos de concebir ese mundo escolar. Nos referimos a los jóvenes, pensando a la juventud como condición en tanto constitución de un modo particular de subjetividad, como un emergente histórico, social y cultural. Y específicamente a los jóvenes en la escuela como colectivos que generan modos particulares de agrupamiento y organización, con una lógica particular. Estos puntos de partida nos invitan a pensar el colectivo de jóvenes ya no como un objeto acabado, sino como un campo de problemas atravesado por sus múltiples inscripciones: sus cuerpos, deseos y pasiones, gestos, sus inscripciones históricas, institucionales, políticas, que se despliegan en distintos escenarios y con diversos argumentos. Entonces se trata de un campo y no de un objeto, con una multiplicidad de miradas que incluyen saberes y prácticas, y que instituyen una experiencia.

Punto de Encuentro, un proyecto que "está siendo"

Durante estos años, el proyecto ha ido tomando cuerpo, es reconocido, es nombrado, tanto por los alumnos del Belgrano, como por los niños del Moreno, por las maestras, por los padres, por el subsidio otorgado por la Secretaría de Extensión Universitaria (que nos reubica y nos reconoce en el campo universitario), por los otros. Pero también habla por sí mismo, se reconoce, se piensa, se mira. El proyecto nos da pertenencia, nos da referencia; corre por nuestras venas, nos hace y lo hacemos. Cada uno de nosotros es el proyecto, nos identificamos y nos identifica. Nos da nombre, nos hace. En nuestra condición de seres vivos, nos erigimos como sujetos de necesidad y es justamente esa tensión la que se resuelve en una doble relación: con la naturaleza y con los otros hombres. Son justamente las innumerables prácticas, surgidas de esos intercambios y relaciones dialécticas las que dan lugar a la emergencia de los procesos psíquicos, es decir al nacimiento de la subjetividad que se configura en el interior de esas relaciones. Es así como podemos decir que somos con otros. Los otros nos hacen. Nuestro transitar por las instituciones no es un simple pasar, ellas nos impregnan, nos empapan, nos bañan, nos libidinizan, nos tallan. Y en ellas dejamos marcas, huellas, rastros, recuerdos.

Enrique Pichón Rivière caracteriza al sujeto como:

> "... emergente, producido en una complejísima trama de vínculos y relaciones sociales. Producido, emergente, en tanto determinado, pero a la vez productor, actor, protagonista. El tener en cuenta estos dos aspectos complementarios del sujeto nos permite pensar el comportamiento en la multiplicidad de sus causas..." (Quiroga, 1998: 69).

Ahora bien, ¿qué ocurre con nuestras subjetividades al recorrer y al sumergirnos en el proyecto? ¿Nos damos cuenta de este involucramiento o nos hemos quedado encandilados solo con las actividades de apoyo? Este aquí y ahora y con otros hace a nuestra manera de ser y de estar en el proyecto, en las escuelas. Como explica Rascovan, la subjetividad puede ser entendida como una configuración que se organiza desde la alteridad/ otredad, sin sustancializarse; en sus palabras: "La subjetividad no es otra cosa que una producción histórica de las significaciones imaginarias que instituyen formas de vivir la existencia humana" (Rascovan, 2012: 32).

Escuchando las voces: el decir y lo dicho

La palabra de los otros es parte de lo que vamos siendo, el decir es consecuencia de una elección ética y de una relación inter e intrasubjetiva. Por eso tomamos aquí textualmente retazos de cuatro testimonios:

"Durante los tres años consecutivos que se viene desarrollando el proyecto los resultados fueron altamente positivos, ya que en los niños/as se observó avances en el proceso de aprendizaje. Entre los tutores docentes y coordinadores se evalúa el apoyo realizado y en función de eso se realizan los ajustes pertinentes en forma conjunta, cada uno aportando desde su rol miradas diferentes pero con un mismo objetivo, para hacer los cambios necesarios. El balance de este trabajo en equipo ha resultado exitoso ya que docentes y padres están satisfechos con los avances logrados por los niños/as" (Mercedes María Flores, Directora del Mariano Moreno, 2010).

"Mi nombre es Guadalupe y participé del proyecto Punto de Encuentro de apoyo escolar. Voy a la ESCMB [Escuela Superior de Comercio Manuel Belgrano], por lo que me tocó hacer el apoyo en la EMM [Escuela Mariano Moreno]. La primera vez que nos hablaron del proyecto, si bien

me entusiasmó la idea, no tenía una clara noción de lo que íbamos a ver. No tenía idea de que íbamos a compartir tantas cosas con los nenes y los demás tutores, de que íbamos a encariñarnos tanto con nuestros alumnitos, no tenía idea de que iba a ver a un chico aprender a leer. Aunque obviamente hubo algunas complicaciones. Si tengo que hacer un balance final, diría que todas las cosas que aprendimos este año, todos los abrazos, los juegos, los cuentitos, son recuerdos que vamos a llevar siempre con nosotros y realmente nos han hecho crecer muchísimo. La satisfacción de empezar un año con un chico que no sabe ni las letras y terminar escuchándolo leernos un cuento para el cierre final, es algo que ayuda a convencernos de que es posible construir algo bueno con el esfuerzo de todos y que todos podamos aprovechar. Para mí, a pesar de todos los problemas y dificultades que puedan haber surgido, fue una experiencia muy buena en lo personal y espero que pueda continuar en el futuro. ¡Muchas gracias a todos los que participaron en esto!" (Guadalupe, 2010).

"El Punto de Encuentro es un espacio de integración y participación donde aprendemos entre todos, conocemos realidades distintas y compartimos un momento lindo" (Ayelén, 2011).

"...un perfecto grupo de personas unidas por el único objetivo de compartir y aprender, no solo de parte de los chicos de 5to., nosotros recibimos un gran aprendizaje de ellos que nos ayuda a realizarnos como personas y a unirnos como grupo" (Exequiel, 2011).

El sentido de los sentidos

Otra de las intenciones de esta presentación es reflexionar sobre lo que menciona Ana Correa (2013: 9), vinculado con la formación de "profesionales en el ejercicio crítico de nuestras prácticas en defensa y consolidación de la educación como modo de democratizar la sociedad". A medida que transcurre el proyecto son más los interrogantes que las certezas, es tanto un escenario de encuentros como de desencuentros y, más que un punto de encuentro, son varios puntos de encuentros.

Hay un aprender haciendo, en especial de la democracia y de los derechos. Nos referimos a la invención cotidiana de crear nuevos sujetos sociales, nuevos problemas, nuevos objetos sociales sobe los cuales trabajar, para mirar y mirarnos críticamente, para aprender de esta experiencia subjetiva y cotidiana, para ponerse en cuestión y dejar que otros nos pongan en cuestión.

La finalidad es propiciar la autonomía de cada actor sabiendo que hay fragmentos democráticos, fragmentos igualitarios. Por eso este proyecto pretende ser un espacio donde docentes y alumnos construimos otro sentido de la escuela: una escuela abierta en la que la acción socializadora produzca subjetividades sin llegar a marcar distinciones y estigmas; una escuela cuyo actor principal pueda instituirse. El sentido está asociado a la construcción de unidades simbólicas amplias, como la ciudadanía, cimentada en las nociones de derechos humanos. Pero –y aquí surge una contradicción que no debería ser conflictiva– en el imaginario social de la ciudad, la escuela es vista como formadora de líderes, de individuos autónomos, de personalidades autorreguladas, como creadora de fuertes vínculos y pertenencia muchas veces resueltas en la endogamia.

También entendemos que la escuela posee una cierta función contenedora. Así, un proyecto como este, además de brindar una actividad atractiva y motivadora a los jóvenes y darles la posibilidad de desarrollar un pensamiento crítico, ofrece un ámbito de integración en el cual las condiciones de vida no son motivo de discriminación.

Los otros

Los espacios de formación están pensados para que los jóvenes tengan una participación reflexiva, un involucramiento participativo y un ejercicio voluntario de la solidaridad.

La idea de solidaridad que circula en el proyecto nos desvela. La pertenencia a una escuela piloto imprime un sello identitario fuerte desde el cual los alumnos se definen como un sector de privilegio. Esto acopla la idea de una deuda social con la intención de una devolución a la sociedad de aquello recibido. Intentamos por ello invitar a los tutores al análisis y la valoración del orden social en que conviven el privilegiado y el desposeído y convocarlos, más que a conocer realidades diferentes, a asumir responsabilidades públicas.

Suele estar generalizada la organización de acciones solidarias a partir de la carencia del otro, más que sobre la base de la igualdad de las personas o la responsabilidad social, por el destino colectivo. De ahí que la propuesta apunte a que la implicación personal y el vínculo no se reduzcan al círculo íntimo, sino que se instituya un colectivo. No obstante, con frecuencia nos preguntamos en qué medida las cuestiones atinentes a la dimensión colectiva y social, a la interdependencia y la responsabilidad social de los sujetos son puestas a disposición a los alumnos con este tipo de tarea, pues en cada edición del proyecto se plantean situaciones que proyectan las sombras del riesgo de reforzar las fragmentaciones ya existentes.

Mirando a los actores

Cuando iniciamos el proyecto y a poco de andar encontramos actores de distintas capas de la comunidad (barrial y universitaria) y vimos la posibilidad de creación de un espacio diferente para tener nuevas miradas y elaborar nuevas respuestas a la complejidad social de la realidad. Hoy podemos afirmar que el intercambio de saberes ha sido rico y estamos aprendiendo en la construcción colectiva.

La posibilidad de "aprender haciendo" empapa al alumno tutor de una reflexión y un compromiso que permiten vivir la solidaridad y la democracia. El intercambio y la comunicación iluminan de otra manera sus intereses, capacidades y habilidades. Pero además, los espacios de formación/discusión con sus pares del Monserrat significan la posibilidad de re-pensar/se con otros, iguales pero no copiados, diferentes pero no extranjerizados, en uso de una oportunidad elegida. El docente coordinador acompaña, con un contacto más cercano e informal, en un terreno que siempre escapó del aula y ahora transita con nueva soltura.

Para las maestras y padres de los niños el proyecto ofrece una alternativa, complementa y tiende puentes; pretende hilar una estrategia integral de reconocimiento de derechos. A las instituciones educativas y otras organizaciones les permite el reconocimiento del valor del trabajo interdisciplinario y multidireccional desde la participación, articulación, reflexión e interpelación de los saberes, teorías y prácticas de los actores e instituciones que dialogan en el transcurso del proyecto. Así, entre todos construimos la extensión universitaria a partir de las escuelas de nivel medio dependientes de una universidad pública.

A poco de andar con el proyecto hemos observado que la población de apoyo constituía un "otro" y que en ese otro estaban presentes niños provenientes de países limítrofes, lo cual nos remite con insistencia a la problemática del multiculturalismo y a las tensiones de las diferencias. Ahora bien, si hemos crecido en la perspectiva que concebía la diferencia como lo negativo y lo anómalo y que consideraba el otro considerado como un complemento, ¿cómo operar, en y con el proyecto, en el fragor de la vida cotidiana, que nos absorbe en vértigo?, ¿cómo trabajar hoy con una lógica de la diferencia que no se sostenga en el *a priori* de la anomalía?, ¿cómo no reproducir aquello que criticamos?

A modo de inconclusiones

Nos desvela pensar en poder construir y sostener espacios y alternativas donde la participación de los jóvenes sea una muestra genuina de tendido de puentes que revaloricen aportes y los derechos de cada uno; nos desvela que estas construcciones "entre muchos" sean efectos genuinos de verdaderos intercambios intra e intergeneracionales. Como explica Pérez de Bianchi (2010), la extensión se desarrolla desde un enfoque interactivo y dialógico de conocimientos, saberes y necesidades de quienes participan; en ella, el "otro" debe dejar de ser una cosa objetiva factible de conocerse para convertirse en un ser humano, en un infinitamente otro que me compromete irreductiblemente.

Referencias bibliográficas

Arroyo, M. (2010). "¿Hay en la escuela algo que tenga que ver con un proyecto común? Reflexiones sobre las relaciones entre la política, la solidaridad y la escuela". En La trama de la desigualdad educativa. Mutaciones recientes en la escuela media. Buenos Aires: Manantial.

Correa, A. (2013). "Cuadernos de Investigación, Formación y Capacitación del campo psicosocial. Nro 2: Intervención Psicosocial." Buenos Aires.

Fernández, A. M. (2007): Las lógicas colectivas. Imaginarios, cuerpos y multiplicidades. Buenos Aires: Biblos.

______________ (2009): "Las diferencias desigualadas: multiplicidades, invenciones políticas y transdisciplina." Colombia: Universidad Central.

Pérez de Bianchi, S. (2010). "Universidad-sociedad. Encuentro de saberes para la transformación social". Universidad Nacional de Mendoza. Mendoza.

Quiroga, A. (1998). "Enfoques y perspectivas en Psicología Social". Buenos Aires: Cinco.

Racedo, J. (2000). "Una nación joven con una historia milenaria". En Mateu, C. (comp): Trabajo e identidad ante la invasión globalizadora. Buenos Aires: Cinco.

Rascovan, S. (2012). Entre adolescentes, jóvenes y adultos. Buenos Aires: Paidós.

Tiramonti, G. (2010). "Una nueva cartografía de sentidos para la escuela". En La Trama de la desigualdad educativa. Mutaciones recientes en la escuela media. Buenos Aires: Manantial.

Ziegler, S. (2010). "La escolarización de las elites: un acercamiento a la socialización de los jóvenes de sectores desfavorecidos en la Argentina actual". En La Trama de la desigualdad educativa. Mutaciones recientes en la escuela media. Buenos Aires: Manantial.

II. Discursos de jóvenes

Otras formas de "hacerse hombre". Sobre la construcción de nuevas masculinidades

*Silvia Coronel**

*Juan Domingo Parada***

Cada sujeto desde su nacimiento atraviesa por procesos de socialización que lo humanizan, que lo vuelven miembro de una sociedad y su cultura. Los mismos son llevados a cabo por agentes sociales que se constituyen como instituciones –familia, escuela, iglesia, etc.– encargada de legitimar y reproducir ideas, prácticas, valores; elementos que componen su cultura y que el sujeto acoge y los integra a la personalidad que va formando. Durante este lapso cada uno aprende a diferenciar lo que es considerado positivo o negativo en su medio sociocultural.

En las últimas décadas, los medios de comunicación se han sumado al conjunto de las instituciones socializadoras y paulatinamente han ido ganado espacio y poder. Por ellos circula diversidad de publicidades, imágenes y discursos capaces de crear y recrear estereotipos, maneras de ser, de actuar y de pensar; a la vez que producen deseos y expectativas, en ellas se expresan ideales relacionados en la imagen, el consumo de ciertos

** Estudiante de la carrera de Ciencias de la Educación, Facultad de Filosofía y Humanidades, Universidad Nacional de Córdoba. CE: silcoronel1@hotmail.com*

*** Estudiante de la carrera de Ciencias de la Educación, Facultad de Filosofía y Humandiades, Universidad Nacional de Córdoba. CE:domingoraul1984@gmail.com*

bienes y servicios, la manera de demostrar el género de pertenencia, de vivir la sexualidad, entre otros; y que se imponen –porque así lo muestra el espacio publicitario– como inevitables, si quiere alcanzar el éxito. Entre aquello que se muestra, se transmite y reproduce, se encuentran los modelos de género, tradicionalmente ligados al sexo biológico del sujeto.

Lo que nos proponemos en el presente escrito es deslegitimar el concepto tradicional de masculinidad proveniente de las teorías patriarcales, partiendo de un nuevo concepto de género que nos ayudará a comprender los distintos tipos de masculinidades que se fueron gestando con la crisis y con los cambios que viene sufriendo este modelo.

Creemos conveniente empezar a trabajar en la búsqueda de la creación de nuevas estructuras, de asignar valor a otros discursos y de hacer visibles otras formas de ser y de estar en la realidad, formas que pueden no responder al modelo hegemónico de femineidad y masculinidad.

La elección de este tema se da a raíz de la preocupación en torno a que niños, niñas y adolescentes transitan a diario, cargados de representaciones sociales y expectativas generadas por instituciones que legitiman una sola manera de ser hombre y una sola manera de ser mujer, en tiempos en que se ha renovado la mirada hacia lo diverso y han cobrado visibilidad las diversidades.

Como futuros educadores consideramos que es fundamental el tratamiento y estudio de esta temática. Por lo mismo, pretendemos generar un espacio de reflexión sobre ella, que nos permita problematizarla e invitar a repensarla, para afrontar luego el desafío de superar esas viejas concepciones que se hallan tan arraigadas en el inconsciente colectivo.

Si bien la propuesta de intervención que aquí presentamos no responde a una problemática identificada particularmente en un solo lugar, encontramos su utilidad al pensar que excede los límites de cualquier institución en particular, ya que se halla presente en el quehacer cotidiano en todo ámbito social. Llevarla a cabo, entendemos, es como sembrar una pequeña semilla para comenzar a difundir nuevas maneras de pensar. La que aquí presentamos constituye una sugerencia de acción.

Consiste en la realización de un taller dirigido a alumnos de las divisiones femeninas y masculinas de las distintas instituciones que incorporan en su oferta educativa la práctica del fútbol en la ciudad de Córdoba.

La elección de este tipo de instituciones se debe a que el tipo deporte que en ella se practica ha sido –y es– asociado a lo masculino, en la clásica manera de entenderlo; que la presencia o ausencia de la preferencia por este deporte (el más popular en nuestro país), influye fuertemente en la idea de lo que es ser o no ser hombre, como así también en la idea de la pérdida de la femineidad en la mujer que lo practica.

Queremos invitar a los jóvenes de estas instituciones a pensar, a repensar qué es ser hombre en estos tiempos en que se habla sin bajar la voz de la violencia de género, ahora que la problemática ha ganado espacio en la televisión, en las canchas. Pero, aún así, se siguen repitiendo discursos que reproducen concepciones viejas, que pertenecen a tiempos en que se estaba convencido de la superioridad del hombre por sobre la mujer. Queremos llamar a los jóvenes a mirar con otros ojos lo que ven todos los días, a leer críticamente los mensajes harto repetidos.

Desde nuestra sencilla propuesta pretendemos sembrar, aunque más no sea, dudas. Motivar a los chicos a pensar en que hay otras formas posibles de ser hombre, de ser mujer, que también son legítimas, lo cual sería beneficioso en el plano individual y social, en el que pueda respetar el ser del otro.

Lineamientos estratégicos

Objetivo general

- Generar un espacio de reflexión en torno a lo que *ser hombre* significa en la actualidad, motivando nuevos tipos de relaciones entre los géneros.

Objetivos específicos

- Dar cuenta de las representaciones sociales que giran alrededor de la construcción del ideal masculino y cómo se legitiman.
- Incentivar a los jóvenes a deconstruir el concepto de masculinidad.
- Invitar a visibilizar otros modelos de masculinidad.

Metodología de trabajo

Buscamos invitar a los jóvenes de las instituciones elegidas a reflexionar sobre el significado de la idea de masculinidad desnaturalizando viejas concepciones y resignificando la idea, como un modo de avanzar hacia nuevas relaciones entre los géneros mediante *el diseño, la organización y la puesta en marcha de un taller orientado a la reflexión en torno a la idea de masculinidad desde una perspectiva de género.*

Dimensión operativa

Se prevé que el taller tenga un tiempo de duración de dos meses. El mismo constará de cuatro encuentros de dos horas cada uno los primeros tres y de tres horas el cuarto; todos se realizarán en los espacios cedidos por las instituciones.

La convocatoria a participar será realizada por parte de los profesores de las mismas.

Primer paquete de actividades

Volvamos a mirar

Esta actividad está pensada para llevarse a cabo en un espacio cerrado.

- Presentación del equipo de trabajo e invitación a los alumnos y profesores a que se presenten a sí mismos.
- Proyectaremos tres publicidades ("Uno de cada diez hombres es gay", "Si hueles a jabón de mujer, te ven como mujer" y "Ballet").

- Invitaremos a los alumnos y profesores a decir qué entendieron de lo visto, a dar su opinión sobre las publicidades, a fin de iniciar el debate sobre lo que ser hombre y ser mujer significa para ellos.
- Los coordinadores tomaremos nota de algunas palabras (tormenta de ideas) que vayan surgiendo de los discursos de los talleristas con el objetivo de construir una idea en común.
- La definición formada y consensuada por el grupo será escrita en una cartulina y guardado por los coordinadores, para retomarla al final del taller.

La utilidad de esta actividad es que permite a los jóvenes entrar en contacto con la temática y buscar en sí mismos la idea que tienen respecto de lo que es ser hombre y ser mujer, a partir de publicidades que seguramente ya conocían utilizadas como disparador.

Segundo paquete de actividades
Entonces... ¿A quién le damos la pelota?

Propondremos una actividad lúdica que se llevará a cabo al aire libre
.

- Colocaremos en una caja diferentes juguetes relacionados con las tareas domésticas y el cuidado de niños. Se invitará a los alumnos a jugar durante un periodo de 20 minutos, mientras los coordinadores observamos lo que sucede y hacemos un registro.
- Les preguntaremos a los alumnos qué les pareció la propuesta, qué sintieron al momento de llevarla a cabo, si se divirtieron, etc.
- Tomando como referencia las respuestas de los chicos sumados a las observaciones que realizamos los coordinadores, orientaremos la charla hacia la consideración del rol masculino clásico y las nuevas actividades que el hombre desarrolla en el nuevo contexto sociocultural.

Dado que se trata de un taller cuyo fin es llamar a reflexionar sobre el concepto de masculinidad instituido y sobre la idea de nuevas masculinidades, utilizaremos la propuesta lúdica para provocar reacciones desde la posición que cada uno tiene en cuanto a lo que es y no es "cosa de hombres", a fin de motivar el debate y dar lugar a la presentación de las diferentes ideas a cerca de la construcción y práctica de género. Utilizaremos como recurso importante para nuestro argumento el hecho de que en esa institución los hombres comparten con las mujeres una actividad tradicionalmente vinculada a lo masculino, del mismo modo que en la actual configuración social los hombres realizan, crecientemente, actividades otrora consideradas exclusivamente femeninas.

Pretendemos que al cerrar la charla hayamos logrado introducir la idea de "nuevas masculinidades".

Tercer paquete de actividades
No tan distintos...pero distintos al fin

El encuentro se desarrollará en un espacio cerrado.

Durante el mismo se trabajará, con colaboración de los docentes, en la preparación de una dramatización sencilla que se expondrá al final de la jornada.

- Se prevé proyectar dos conjuntos de imágenes: la primera contendrá fotografías y escenas de hombres realizando "cosas de hombre" como se ha entendido esto tradicionalmente (trabajo duro, deportes, escenas de violencia, apariencia masculina –peinados, vestuarios y colores–). La segunda contendrá imágenes similares, pero más actuales (hombres acunando niños, comprando en el supermercado, cocinando, limpiando, con nuevos atuendos y peinados, conduciendo programas infantiles, etc.).
- Luego llevaremos adelante el simulacro de un programa televisivo de debate titulado "No tan distintos" en que algunos de los alumnos serán los panelistas y otros, público con derecho a participar. El mismo será conducido por los coordinadores quienes nos

posicionaremos: uno a favor de la "vieja masculinidad" reflejada en el primer conjunto de imágenes y el otro, en contra de esta y a favor de las nuevas masculinidades reflejadas en el segundo conjunto.

- Los coordinadores dirigiremos el debate, incitando a todos los presentes a participar.
- Propondremos que entre todos busquemos puntos comunes entre ambas formas de masculinidad, subrayemos las diferencias y reflexionemos acerca de lo que debería cambiar.
- Se les propondrá a los alumnos ponerse de acuerdo entre ellos y comunicarnos qué actividad extra eligen para el cierre del taller (juegos, almuerzo, baile, etc.).

La utilidad de esta actividad radica en que incentivamos a los jóvenes a tomar posición a favor o en contra de una manera determinada de concebir la masculinidad, a la vez que generamos el espacio en que, guiados por nosotros, intercambien opiniones y pareceres.

Cuarto paquete de actividades

"Como nosotros lo veíamos, como nosotros lo vemos"

El cuarto y último encuentro de taller se realizará en los dos espacios cedidos por la institución.

Esta actividad será utilizada como corte evaluativo y en ella se retomará parte de lo realizado en el primer encuentro *Volvamos a mirar.*

- Dividiremos a los alumnos en dos grupos, conformados –en lo posible– por igual cantidad de hombres que de mujeres dentro de cada uno. A cada grupo se le entregará una cartulina, revistas, plasticolas, fibrones y tijeras y se les propondrá hacer un collage con imágenes, palabras, frases, etc. que consideren que representan lo masculino (1 hora).

- Luego cada grupo explicará lo que quiso expresar en su collage indicando por qué eligieron aquello que incluyeron en él.
- Los coordinadores tomaremos nota en un pizarrón de palabras y frases dichas por cada grupo.
- Se les invitará a construir entre todos una definición de masculinidad consensuado a partir de las notas tomadas que permanecerán visibles en el pizarrón.
- La frase será escrita en una cartulina.
- Finalmente se presentará a los participantes la definición construida en el primer encuentro y se les invitará a compararlas, buscando que tanto ellos como nosotros notemos si hay alguna diferencia.

Pretendemos que a partir de esta actividad los jóvenes encuentren por sí mismos algún cambio en sus representaciones luego de lo realizado en las jornadas anteriores. A modo de cierre ofreceremos un espacio abierto para que ellos nos den su opinión al respecto.

Cerraremos el taller con las actividades propuestas por ellos en el tercer encuentro.

Evaluación

Cabe destacar que debido a la corta duración del taller no será posible obtener datos observables fácilmente. Si bien nuestro objetivo está centrado en enriquecer y/o cuestionar las representaciones sobre la masculinidad, somos conscientes de que no podremos más que reflexionar (comparar, oponer, debatir, etc.) junto con los participantes sobre las concepciones planteadas al comienzo del taller. Debido a esto, haremos un solo corte evaluativo al final del último encuentro.

Vigilancia y disciplinamiento de los sectores subalternos. Marginalidad estructural y el Código de Faltas

*Agustina López Salvia**
*Julieta Truppia***

Partimos del supuesto de que hay un actor social que se considera peligroso. ¿Por qué es peligroso? Porque es drogadicto y ladrón. ¿Y cómo nos damos cuenta de que podemos estar ante un sujeto peligroso? Mediante características fenotípicas, estéticas y lingüísticas, tales como la ropa, el peinado, el uso de aros, el lenguaje, el calzado, etc., rasgos que conforman su hexis corporal. Para que el ciudadano común se sienta más seguro, ese sujeto peligroso es vigilado y disciplinado sistemáticamente por instituciones por las cuales transita, como la escuela y la comisaría. Por lo tanto, la vigilancia y el castigo de estos jóvenes están socialmente legitimados. En este sentido, en este breve texto nos proponemos analizar mecanismos sutiles a través de los cuales se someten los cuerpos, específicamente las políticas públicas basadas en el traslado de villas a zonas alejadas de los espacios de concentración social y económica. Por otra parte, indagaremos la inconstitucionalidad del Código de Faltas y el abuso de autoridad ejercido sistemáticamente por la policía a través de una normativa que viola principios constitucionales. Se trata de una lógica paradójica, que en nombre de la ley priva de la libertad a los jóvenes a través de mecanismos inconstitucionales. "Soy amante de las leyes y, en este sentido, el Código de Faltas es una ley, es una

* *Estudiante de la carrera de Ciencias de la Educación, Facultad de Filosofía y Humanidades, Universidad Nacional de Córdoba. CE: agustinalopezsalvia@gmail.com*

** *Estudiante de la carrera de Ciencias de la Educación, Facultad de Filosofía y Humanidades, Universidad Nacional de Córdoba. CE: jtruppia@gmail.com*

herramienta de trabajo muy útil": de esta manera caracteriza el Código de Faltas el ex Jefe de Policía, Comisario General Ramón Ángel Frías.

Según Horacio Etchichury, el Código de Faltas es una ley que le permite a la Policía de Córdoba arrestar ciudadanos por conductas de alcance impreciso, sin orden judicial. Se afectan así el derecho de reunión, de expresión y de circulación: derechos de explícito carácter político. Dentro las políticas públicas de gobierno se encuentran implicadas luchas por el poder y confrontación de intereses. De igual manera, para evitar fragmentaciones, todo proceso o cambio social debe analizarse desde una mirada global e integradora.

Proyecto de intervención: taller sobre el Código de Faltas

Charlando con los vecinos de Villa La Maternidad a los fines de pensar en una breve intervención sociocomunitaria, surgieron la preocupación y el miedo al poder de la Policía de Córdoba y a la Gendarmería. Por ello decidimos intervenir ante el temor a la institución policial, que hace uso y abuso del poder otorgado por el Estado. Como inicio, decidimos reflexionar acerca de la inconstitucionalidad del Código de Faltas, con tres talleres –uno por semana– de dos horas y media cada uno, en la Biblioteca Popular Heraldo Eslava, dirigidos a jóvenes –mujeres y hombres– de entre 13 y 20 años, en los que trataríamos la violación de los principios constitucionales y los tratados internacionales. Además, articularíamos las relaciones de poder basadas en el disciplinamiento de los cuerpos.

Antes de comenzar a describir el proyecto de intervención y a fin de explicitar la fundamentación del taller, cabe mencionar que seguimos a Paulo Freire, ya que no suscribimos el hecho de depositar información en sujetos pasivos, sino que tanto los actores como nosotras debemos poder hacer una revisión crítica. Partimos también del supuesto según el cual la nuestra no es una verdad, sino una versión de lo que sucede en la realidad social, solo un punto de vista no exento de intereses. De acuerdo con ese autor, hay una dialéctica en la relación pedagógica y en las prácticas de intervención. Educadores y educandos son, a la vez, educadores y educandos los unos de los otros. No creemos que las prescripciones resuelvan los problemas críticos de la comunidad. La intervención supone un proceso colectivo, en el que los actores problematizan las situaciones críticas de su vida cotidiana, un análisis que se traduce en acciones concretas en vías de la resolución del problema.

Justificación/fundamentación

Particularmente en este taller abordaremos el Código de Faltas en tanto mecanismo de poder que tiene como función el disciplinamiento de los cuerpos. Esta noción está imbricada con la concepción weberiana de poder, la que incluye tomar por la fuerza el cuerpo de otro, decidir sobre su destino, incluso a pesar de su resistencia. En este sentido, el Código de Faltas refuerza la segmentación social de la que venimos hablando, ya que designa obligatoriamente el sector geográfico inmutable al que pertenecen los sujetos marginales.

Los mecanismos de poder operan de dos maneras: a través de una coacción física que se hace evidente y en la que el sujeto puede reconocer el uso de la fuerza (ejemplo claro de este suceso es la aplicación de ese instrumento jurídico en la detención de personas), y otra muy sutil pero sospechosa, a la cual Michel Foucault denomina microfísica del poder, en la cual se ejerce una vigilancia constante pero imperceptible con el fin de obtener de la actividad de las personas una mayor fuerza de producción social o económica, y con la mayor obediencia posible. En este sentido, el traslado de las villas a zonas social y geográficamente periféricas responde a esta microfísica del poder, ya que la violencia estructural ejercida es casi imperceptible. Es por esto que el principal impacto que esperamos lograr es el reconocimiento de los sujetos marginales como sujetos de derecho; se trata de empoderar la noción de derecho e igualdad de los que debemos hacer uso, porque los derechos no reconocen el origen social, sino que son universales. Ya que el Código de Faltas afecta principalmente a jóvenes con características marginales, el taller está destinado a jóvenes (mujeres/ hombres) de entre 13 y 20 años, como hemos dicho antes. Sin embargo, el taller no excluye la participación de niños y adultos mayores. Nuestros objetivos, a lo largo de este proyecto de intervención son:

- Potenciar en los jóvenes el pensamiento crítico y el empoderamiento de la noción de sujeto de derecho.
- Proveer herramientas –como actividades y concepciones teóricas– a los jóvenes para repensar las políticas públicas, en especial el Código de Faltas y la relocalización de las villas miseria a las periferias sociales y geográficas.
- Concientizar a los jóvenes acerca de la inconstitucionalidad del Código de Faltas.
- Desnaturalizar la situación de los jóvenes de la ciudad de Córdoba.
- Generar ámbitos de participación en los que se manifieste el sentir de la juventud.

Marco empírico: descripción del contexto de intervención

El taller se llevará a cabo en Villa La Maternidad, en la Biblioteca Popular Heraldo Eslava. Este es un espacio común de los vecinos, donde se desarrollan otros talleres como apoyo escolar, enseñanza de oficios y donde organizan una huerta orgánica. Quienes participan en los talleres son mayoritariamente niños, aunque se percibe la intención de incorporar a los jóvenes en ese espacio. La Villa cuenta con organización cuasi gremial entre los vecinos, con el soporte de organizaciones que trabajan allí de acuerdo con las necesidades del barrio.

Allí viven 40 familias que se resistieron al desalojo ocurrido hace nueve años, cuyo objetivo era trasladar este asentamiento a "Ciudad de Mis Sueños". Los vecinos se dedican a la carpintería, plomería, albañilería, etc., en un mercado informal; y las vecinas hacen trabajo doméstico en barrios cercanos al suyo. Algunas mujeres son amas de casa y se organizan para armar y vender empanadas los sábados al mediodía. Muchos de los jóvenes están desempleados, los varones ayudan a los padres que trabajan en obras en construcción, y al parecer no les interesa trabajar en un taller. Las jóvenes son madres a temprana edad y hacen trabajo doméstico como sus madres.

Actividades con cronograma y tiempos

La planificación del proyecto es flexible, ya que sobre la marcha haremos modificaciones de acuerdo a las necesidades que expongan los jóvenes. Por eso es un taller: porque implica la intervención de todos los sujetos, otorgando fundamental espacio para que expresen sus sentimientos a fin de resignificar las propias experiencias y sacar provecho de ellas. La metodología para los encuentros abarca actividades en las cuales se propicia el trabajo en grupo y el debate. Cabe aclarar que la práctica adoptada para el desarrollo del taller se conforma a partir de una planificación, pero se modifica a medida que se van dando interacciones entre todos los sujetos, quienes, por su parte, realizan procesos de control y apropiación de modo que se redefinen los objetivos a partir de las experiencias vividas que trae cada uno.

Durante el primer encuentro, en un lapso de media hora les comentaremos a los chicos la temática del taller y el contexto teórico utilizado. Nos presentaremos entre todos e invitaremos a cada uno a formar parte de ello, haciendo aportes, preguntas, contando experiencias e invitando a sus amigos y familiares a sumarse. Luego, en un tiempo de una hora reloj, les propondremos discutir la problematización del accionar represivo de la policía y la discriminación basada en características fenotípicas. Para ello, el total de jóvenes se dividirá en dos grupos a quienes propondremos que recuperen experiencias de sus trayectorias de vida, en las cuales crean que haya habido ejercicio de poder por parte de las autoridades policiales, es decir, una imposición de la voluntad de un actor que se traduzca en algún tipo de dominación de parte del oficial policial. Entretanto, acompañaremos a cada uno de esos grupos e intervendremos si es necesario en la discusión. El último segmento del encuentro se dedicará a una puesta en común y al debate, a modo de síntesis de los contenidos desarrollados y en torno a los sentimientos de los talleristas. Priorizar el saber en los sujetos supone pensar situaciones de aprendizaje con las cuales cada uno va a acceder de manera propia, según la construcción de experiencias que desarrolló a lo largo de su historia personal; se trata entonces de crear situaciones particulares, adaptadas a las necesidades de cada joven.

Durante el segundo encuentro abordaremos en profundidad las violaciones al principio de legalidad que caracteriza a la herramienta judicial trabajada. Utilizaremos textos de Etchichurry, el Código de Faltas y la Constitución Nacional. Para este taller pensamos en la posibilidad de reproducir "El Rati Horror Show", un documental que retrata la dramática historia de Fernando Ariel Carrera:

> "...el caso de un hombre común condenado injustamente a treinta años de cárcel –no por error sino de manera deliberada– a través de la manipulación de una causa judicial. La película toma como punto central la manera en que se fraguó la causa de Fernando Carrera: la manipulación y alteración de la evidencia en el lugar de los hechos; la manipulación por parte de la instrucción policial de los testimonios de los escasos testigos llamados a declarar; la manipulación de todos los medios nacionales por parte de Rubén Maugeri, testigo clave de los hechos y presidente de la Asociación de Amigos de la Comisaría 34. Por otro lado, mostramos cómo Fernando Carrera lleva adelante su vida diaria en la cárcel, sabiéndose él también una víctima más de los excesos policiales y de un sistema judicial que lo condenó injustamente" (http://www.elratihorrorshow.com/sinopsis/)

Mediante este recurso se dota de sentido al conocimiento, activando en los sujetos procesos de reflexión crítica, ya que el film es una estrategia innovadora en el campo del accionar judicial de nuestro país;

se rompe con una estructura dada de antemano, desconfigurando lo que los jóvenes pueden esperar e instalando allí el deseo de enfrentarse ante lo desconocido y creando un espacio de apertura y creatividad. La película dura una hora y media, lo que nos permite cerrar el encuentro explicitando las cuestiones acerca del derecho a la justicia y de estrategias a la hora de presentar defensa a nuestro cargo si la policía atenta contra nuestros derechos.

En el tercer encuentro, se analizarán las violaciones al derecho de defensa en juicio y al derecho de acceso a la justicia. Se pondrán en tensión naturalidades del accionar policial de acuerdo con los relatos recuperados, tales como el hecho de detener en la calle a ciertos sujetos para peticionar su identificación o el simple merodeo como falta legitimada. Puede ser beneficioso acceder a noticias actuales acerca de este tipo de sucesos para construir un pensamiento concreto. De esta manera, se brinda la posibilidad de dar cuenta de que esas prácticas se realizan también en otros contextos. La actividad consistirá en construir individualmente un texto que hable de prácticas policiales, que ponga en escena los aspectos contradictorios, dispares, habitualmente no explicitados, negados, al momento de referirse a una falta concreta. El tiempo estimado para la actividad será de una hora reloj –la mitad del encuentro–, ya que previamente se deberá informar a los jóvenes acerca de las cuestiones que violan el principio de legalidad. En la segunda parte de este taller pediremos a los sujetos que relaten lo escrito para luego teatralizarlo. El propósito de esta actividad es que, a partir de la objetivación en el texto, se lleve a cabo una exposición del cuerpo que exprese creencias, pensamientos y sentimientos de lo que significa el accionar policial hacia los demás compañeros.

Esta actividad fue pensada como una puesta en práctica de la hexis corporal en la que los sujetos simulan una situación en una escena ficticia, posiblemente vivida en el cotidiano. Así, los jóvenes ponen el cuerpo ante una realidad típica que los involucra. Asistir con gorras y pistolas de juguete entre otras herramientas didácticas facilitará la internalización en el papel teatral.

Por último, los sujetos manifestarán opiniones en torno a lo que sintieron en el taller, y cerrarán la jornada con reflexiones acerca de la inclusión,

> "...entendida como posesión real de los recursos, distribución y oportunidades de los sujetos, para el desarrollo humano, viviendo en salud, disfrutando de un nivel decente de vida, libertad, dignidad, respeto por sí mismo y por los demás. Consideramos que así se genera pertenencia, vinculación con el entorno social, se propicia la participación social y facilita a los niños y adolescentes sentirse ciudadanos. Para ello se requieren leyes y otros instrumentos legales que permitan el desarrollo holístico de cada sujeto que habita nuestra tierra" (Políticas Públicas de Juventud. Escuela de Ciencias de la Educación. Facultad de Filosofía y Humanidades. Universidad Nacional de Córdoba).

Recursos humanos y materiales

Para llevar adelante el proyecto habrá que solventar el alquiler del cañón y la pantalla donde se proyectará la película "El rati horror show". Además, para la puesta en escena de la teatralización necesitaremos cámaras filmadoras, micrófonos, parlantes y otros accesorios propios. Para esto también requeriremos de disfraces de policías: gorras, cachiporras, pistolas ficticias, handies, etcétera. Por otra parte, serán necesarias herramientas didácticas como cuadernos, bolígrafos, lápices, hojas, etc.

Evaluación del proyecto

Si bien el tipo de actividad planteada en "La Biblio" tuvo una planificación en la que se definió cuál era el eje del encuentro, el desarrollo del contenido se despliega de una manera novedosa ya que no se dispone de la certeza de los resultados debido a la central intervención de los sujetos para recuperar las experiencias. El compromiso de enriquecer la comprensión mediante la reproducción de la película y la representación teatral transforman el taller en un espacio de apertura y creatividad que rompe con la estructura rutinaria y cotidiana, para apropiarse de la autonomía y compromiso en la participación. De esta manera, la realización de trabajos grupales basados en la reconstrucción de experiencias deja un espacio muy amplio para la incertidumbre de los sucesos que pueden tener lugar en el encuentro, así como los diversos caminos que pueden tomar los aportes y cuestionamientos de los jóvenes.

Reflexiones finales

Quienes formulamos este proyecto de intervención, lo hicimos en tanto estudiantes pertenecientes a una universidad pública, una institución social dotada de un poder simbólico, en tanto que el conocimiento que se produce en estas casas de estudios está socialmente legitimado. Es por eso que las intervenciones suponen una responsabilidad ética y política, ya que las acciones emprendidas repercutirán en la vida social del grupo de jóvenes a quienes el proyecto está dirigido. En este sentido, entendemos la politicidad del proyecto, ya que supone una influencia en la subjetividad de los actores sociales y de su grupo. Sin embargo, queremos hacer explícita esta práctica política ya que también pretendemos que sea reconstruida críticamente por los jóvenes que participan del taller. Además, apelamos a la responsabilidad política del estudiante universitario que produce conocimientos en su instancia formativa. El acto de conocer y producir conocimientos no es un mero simulacro con vistas hacia un futuro, sino que el saber producido es traducido en acciones educativas concretas, por lo tanto políticas, que favorecen la formulación de nuevos derechos y oportunidades, entendiendo la ciudadanía universitaria desde una perspectiva crítica, activa y responsable, tanto en el acto de enseñar como de aprender y de producir conocimiento.

Referencias bibliográficas

Bermúdez, N. (2009). "Los pobres no tienen gusto. Construcción política del espacio y violencia simbólica", en Prácticas de oficio. Investigación y reflexión en Ciencias Sociales, n° 5.

Bourdieu, P. (1990). Sociología y cultura. México: Grijalbo.

Bonavitta, P. (2012). "Las ciudades de los excluidos en una Latinoamérica postmoderna", en Kairos, revista de temas sociales. Universidad Nacional de San Luis.

Cuche, D. (1999). "La noción de cultura en las ciencias sociales". Buenos Aires: Nueva Visión.

Jóvenes creando inclusión en la familia, la escuela y en la sociedad de hoy

*María Belén Mucilli**

Este proyecto nació como un trabajo de conocimiento y prevención, está especialmente dedicado a directores y profesores para que sean capaces de prevenir y saber detectar qué tipos de conductas representan actos de violencia y que puedan actuar al respecto, también y considerando que la violencia escolar se puede dar entre profesores y alumnos, hacer conscientes a los directores que debe intervenir en las acciones de sus docentes si ocurren casos, escuchar a los alumnos, y no culpar a nadie; que se reconozcan los problemas y que no se oculten por miedo a perder prestigio institucional.

También está dirigido a los alumnos con el objetivo de dar a conocer y crear un ámbito cálido y de confianza para aquellos que sufren la violencia y tienen miedo a hablar, creando espacios de diálogo y empatía para buscar el modo o el camino para solucionar este tipo de problemas dentro de la comunidad educativa.

A los padres, como protectores y vías comunicativas a las autoridades de la escuela sobre los posibles problemas que inciden en sus hijos, para que sepan qué hacer y sobre todo qué no hacer ante una denuncia o sospecha.

En última instancia, se procura levantar propuestas o modos de intervención para la creación de normativas o políticas públicas por parte de los Consejos y Secretarías dedicadas a la Educación,

* *Estudiante de la carrera de Ciencias de la Educación, Facultad de Filosofía y Humanidades, Universidad Nacional de Córdoba. CE: belenmucilli@live.com.ar*

Violencia, Familia y Salud, para atender de fondo al bullying y a la violencia escolar, instalando la consigna "no al abuso" y al "respeto a la diversidad" de forma obligatoria y universal en todas las instituciones escolares de gestión pública y privada, municipal y provincial de Córdoba.

En lo dedicado a las instituciones educativas, maestros y directores, este proyecto de acción educativa solidaria se originó a través del pedido de la Directora de la escuela municipal Justo Páez Molina (nº 12, barrio Las Palmas), ya que están sucediendo actos violentos de discriminación en su escuela y se siente desprovista de herramientas para hacer cesar estas conductas; y articulando este trabajo con el proyecto educativo institucional de su escuela: instalar la enseñanza en valores y habilidades sociales: referidos a la interacción y la comunicación, la expresión de sentimientos y la participación en la comunidad.

La ejecución se llevaría a cabo dentro del término del año 2013, con futuras intervenciones para informar a padres y alumnos sobre el tema, y así mantener informada a toda la comunidad educativa sobre las estrategias para prevenir el bullying y la violencia escolar.

Este proyecto tuvo el impulso de la Cátedra de Políticas Públicas de la Juventud, no solo como trabajo final del taller, sino como la gran oportunidad de imaginarnos como futuros pedagogos, ejerciendo funciones de creación y formulación de políticas públicas educativas y sociales, en relación directa con las instituciones educativas, sus conflictos y la sociedad.

Primero seleccioné el tema, reconociendo una problemática que estaba sucediendo en ese momento con un familiar mío en su escuela privada y primaria. Me presenté de manera objetiva hacia la formulación y el desarrollo del trabajo, y sólo di pie a mis análisis y pensamientos en las conclusiones, éstas fueron mis momentos de descarga, de encontrar el responsable de la violencia.

Luego recopilé información de revistas educativas, diarios (ya que en ese momento era el "boom del bullying"), internet, libros, etc. También como fuente de información recurrí a las entrevistas, una a la

Directora y otra a la psicóloga de mi familiar. Traté de dirigirlas objetivamente, sin dar paso a las subjetividades de las profesionales y tratar de que me aporten contenido generalizable sobre la situación.

Con ayuda de mi tutora y un libro que ella me recomendó, empecé con el desarrollo de las identidades de los sujetos (bully o acosador y acosado), acciones y prevenciones de conductas desviadas, que podrían desembocar en bullying.

Para la intervención, pedí consejo y aprobación de ciertas propuestas a la Directora de la escuela, además intenté encontrar la mejor vía de comunicación y transmisión de conocimientos tanto a maestros como padres, mientras que con los niños procuré realizar actividades que lleven implícitos los valores comunitarios y de respeto, que tanto se necesitan para contrarrestar la violencia, y que además iban de la mano con el Proyecto Educativo Institucional de la Escuela.

Una vez aprobado el proyecto de intervención, cada uno de los encuentros trató de forma acotada los qué, porqué y cómo para prevenir el bullying en esta escuela, y darle las herramientas a padres y docentes, las cuales son necesarias para detectar, prevenir, actuar pacíficamente y erradicar el problema.

El proyecto en sí consta de un marco teórico donde se exponen ejes troncales, que articulados sirven para detectar conductas, reacciones físicas y psicológicas de víctimas y victimarios, y saber cómo actuar al respecto. Además se incluyen conceptos centrales para entender de qué estamos hablando, la diferencia radical pero a la vez confusa entre bullying y violencia, la influencia del entorno social y emocional al que pertenece el niño, y las consecuencias después del acoso.

Conceptos básicos de violencia y acoso escolar o bullying

La agresión ha sido definida como una conducta que se centra en hacer daño o perjudicar a otra persona. Puede presentarse de diversas formas: física, verbal, explícita o implícita, instrumental, hostil, antisocial, proactiva (tomar la iniciativa, asumir la responsabilidad de hacer que las cosas sucedan), reactiva (que produce reacción), cubierta, relacional y social.

Con respecto al bullying, se ha identificado que se encuentra estrechamente relacionado con los tipos de agresión proactiva y reactiva. Es decir, el alumno bully (acosador) justifica como legítima las conductas agresivas hacia el otro, para obtener lo que quiere, acción proactiva. Y en la situación en la que la víctima del bullying se defiende violentamente ante los ataques de sus compañeros debido a lo amenazante de su condición, se dice que es una agresión reactiva.

Influencias del Entorno

Cuando una persona convive en un entorno con personas que usan el comportamiento violento para resolver problemas, éstos son un excelente modelo para que los niños aprendan a usarlo en el contexto familiar o escolar. Sumado a las imágenes que los niños ven por la televisión, por internet, programas televisivos donde gritan, se agreden, mienten, se golpean. Muestran una cara de la realidad al niño, y habitualizan aquellas imágenes violentas que el adolescente, el joven y el niño copia y reproduce dentro de la casa, en la escuela, en el club y hasta en la calle.

La conducta del niño deriva de la estructuración familiar en la que se ha socializado, el niño violento es aquél que presencia estos hechos en su hogar, que es víctima de violencia familiar.

El niño sumiso, el acosado, es el resultado de un entorno familiar sobreprotector o que tenga poca presencia de los padres, que "no viva ni deje vivir", sumamente estructurado, con reglas de conducta estrictas que producen en el niño tal dependencia a los padres que cuando llega a la escuela necesita que el profesor o la maestra le diga lo que tenga que hacer. Éstos niños son los más vulnerables en situaciones donde se tienen que desempeñar por acción propia. Tienden a aislarse o agruparse con niños tranquilos y que posiblemente son víctimas de bullying.

¿Qué conductas son identificadas como violencia?

- Acciones para infundir miedo o atemorizar.
- Riñas.
- Discriminación.
- Destrucción de la propiedad.
- Venta, posesión y uso de drogas y alcohol.
- Portación de armas.
- Acoso sexual.
- Abuso sexual (entre compañeros, profesores y entre profesores y estudiantes).
- Maltrato físico, emocional o mental.

¿Qué conductas son consideradas como bullying?

- Poner apodos a otros.
- Burlarse.
- Excluir socialmente.
- Dirigir agresiones físicas.
- Maltrato emocional.

Se reconocen tres tipos actos de bullying:

- Maltrato Físico: empujar, pellizcar, escupir, robar, esconder cosas, romper cosas o amenazar con armas.
- Maltrato Verbal: intimidar, denigrar, humillar, burlarse, insultar, hablar mal de otros.
- Maltrato Psicológico o Indirecto: ignorar, no dejar participar, aislar o marginar, desprestigiar.

Perfiles de cada actor

Perfil del estudiante que desempeña el papel de víctima

- Baja autoestima: se perciben a sí mismos como tontos, indefensos, inútiles.

- Personalidad de "miedoso" o "inseguro".
- La ansiedad: se mueve constantemente, o está nervioso.
- La inseguridad: que se presenta cuando no sabe tomar decisiones por sí mismo.
- Dificultades para expresar lo que piensan o sienten.
- El aislamiento: es la condición preferida por los acosadores, aprovechándose de que el niño no tiene amigos.
- Rasgos físicos o culturales distintos: tener sobrepeso, o poseer una capacidad diferente.
- Trastornos psicopatológicos hasta trastornos de conducta.
- Bajos niveles de autoeficacia.

Perfil del estudiante que actúa como acosador (bully)

- Falta de empatía: no tienen interés en los sentimientos de los demás compañeros y no los conmueve su miedo o tristeza.
- Carácter difícil e irascible, explosivo, debido a la falta de autocontrol de emociones, como el enojo.
- Impulsivos.
- Presentan trastornos psicopatológicos de conducta, déficit atencional, disocial, negativista desafiante, etc.
- Suele ser el líder del grupo.
- Perciben las conductas agresivas como divertidas.
- Muestran actitud positiva a la violencia y consideran que usar la violencia "está bien" y "vale" para conseguir lo que se quiere.
- No toleran al alumnado que perciben como diferente, ya sea por clase social, grupo cultural, aptitudes sobresalientes o déficits académicos.
- Se identifican con el estereotipo masculino tradicional, con creencias, conductas y actitudes machistas, resuelven los problemas a través del uso de la fuerza.
- Mantienen la conspiración del silencio con frases amenazantes y/o insultos.

- Son más sociables que sus víctimas.
- Son físicamente de estatura moderada y bajo peso.
- Suelen ser más hombres los que participan como agresores que las chicas.

Consecuencias del Bullying

A largo plazo

Las consecuencias de los agresores se relacionan a problemas de conducta que les impide adaptarse a la sociedad en la que se desarrollarán:

- En la juventud y en la adultez presentan dificultades para iniciar y mantener exitosamente relaciones interpersonales con miembros del sexo opuesto, exhiben elevados niveles de depresión y autoconcepto negativo.
- A lo largo de su vida, el bully aprende que siendo violento o ejerciendo poder sobre otros, logra lo que desea. Incluso en la edad adulta, muestra maltrato hacia sus familiares, ya sea esposa o hijos; son controladores, suelen ser fríos.

Las consecuencias de las víctimas se han identificado:

- Problemas de salud, de ajuste psicológico, e incluso en el contexto laboral. Esto quiere decir, que serán marginadas y victimizadas en su ambiente laboral, que puede llevar a la depresión y tener ideas suicidas o incluso realizarlo.

A corto plazo

Las consecuencias en las víctimas:

- Son principalmente de orden emocional y psicológico. Pueden manifestar angustia, dolor físico, depresión, baja autoestima, ansiedad, dificultad para concentrarse, fobia a la escuela e incluso ausentismo debido a los agresores, así como problemas de conducta. También alteraciones de sueño, nerviosismo.

- Pueden también mostrar intentos de suicidio: tirarse de las escaleras para causarse daño y llamar la atención de los adultos.

En relación a las estrategias de prevención, las más destacadas son:

A) Estrategias para la detección y protección, dirigido a los Docentes

Para la protección del alumno-víctima

- Monitorear cotidianamente que el profesor revise si todos tienen el material para realizar las actividades, si siguen las instrucciones, si comprenden lo que están haciendo y finalizan el trabajo en el aula.
- Desarrollar asambleas escolares, en las cuales se escuchen las voces de todos los alumnos, que tengan un espacio para comunicar lo que están sintiendo, viviendo. Esto ayuda a crear confianza y sentirse acompañado al ser parte de la institución escolar.
- Establecer estrategias en el cuerpo institucional, los profesores y directivos deben poner en práctica acciones, como asambleas, supervisión permanente, establecer un buzón de quejas, fomentar la participación de la familia, seguimiento y operación cotidiana del reglamento escolar.
- Operar el liderazgo del profesorado, es decir, la participación activa para detener el acoso, invitando abiertamente al grupo a romper el silencio, garantizando su confidencia.
- Desarrollar el autoestima en el aula.
- La cooperación de los padres del curso y de los compañeros es la única vía para salir del círculo vicioso del bullying.

Para detección del alumno-bully

- Prestar atención a lo que dicen los chicos, especialmente a las quejas muy reiteradas.
- Prestar atención a los chicos que reaccionan violentamente; no sólo hay que detenerlo en su acción, sino que hay que observarlo y hacerle un seguimiento. A menudo no es el hostigador, sino el hostigado que está reaccionando inadecuadamente.
- Solicitar información y escuchar atentamente los comentarios de los docentes de materias especiales, en las que los chicos tienen otros recursos expresivos y posibilidades de movimientos e interacción.
- Tener en cuenta que muchas veces el hostigador es el que uno menos se imagina, porque se muestra como una persona callada, que no actúa o tímida.
- Convocar a los padres y hablarles claramente, sin emitir juicios de valor sobre los niños y remitiéndose a los hechos observados.
- Capacitar a los profesores en torno al bullying y estrategias para dar solución a estos problemas y para enseñar a los niños/as a solucionar sus conflictos de manera pacífica.
- Ofrecer talleres de mediación de conflictos para los alumnos, crear un ambiente reflexivo dentro del aula, en torno a estos temas.

B) Estrategias de reconocimiento y protección, dirigido a los

Padres *¿Cómo darse cuenta si su hijo sufre de bullying en la escuela?*

Ocasionalmente, en los niños pequeños puede haber trastornos del sueño, conductas regresivas, falta de expresión, rebelión constante, agresividad, dolores abdominales, etc. En los preadolescentes y adolescentes pueden aparecer además conductas agresivas en el hogar y hacia los compañeros, también conductas de autoagresión, trastornos de alimentación, etc.

Para cerciorarse si es afirmativa o negativa la sospecha, proceda a:

- Controlar si tiene moretones y/o heridas en el cuerpo.

- Si frecuentemente llega a casa con la ropa estirada o rota.
- Si comenta que le roban sus cosas o si cada día explica que pierde pertenencias.
- Si deja de ver a los que decía que eran sus amigos y pasa muchas horas en casa solo.
- Si manifiesta cambios temperamentales y de humor sin causa aparente.
- Si evita salir solo de casa, no quiere hacer el trayecto hacia el colegio solo, abandona sin razón actividades que antes le gustaban.
- Si ha habido cambios en los hábitos de dormir y de comer.
- Si ha perdido interés en juegos, pasatiempos y otras distracciones.
- Si demuestra un abandono poco usual respecto de su apariencia personal.
- Si muestra más dificultad para concentrarse que la habitual.

Si cree que algo extraño o diferente le sucede, entonces no dude en conversar con él. Hágale ver que usted está de su lado y que cuanto le ocurre no es su culpa.

¿Cómo darse cuenta si su hijo cumple el papel de bully en la escuela?

En la mayoría de los casos se trata de proteger al acosado, pero es importante también como reconocer que su hijo participa de persecución emocional a otros niños:

- Un indicio son las reiteradas llamadas de atención que solicitan los docentes, las idas a dirección y la notificación por la mala conducta. Esto puede deberse a, por ejemplo, el inesperado nacimiento de un hermano al cual se le dirige toda la atención, que no se le preste suficiente atención en el hogar, que haya problemas internos en la familia como separación de los padres, mudanzas, fallecimiento de un familiar cercano, etc.

En conclusión, la violencia en la escuela es un problema global, complejo, motivo de estudios internacionales y nacionales para comprender sus formas, causas y consecuencias y para conocer las estrategias eficaces de prevención.

El bullying y la violencia escolar son efectos y consecuencias de lo que pasa en los ámbitos públicos y privados de la sociedad. Los chicos y chicas, desde pequeños, cuando comienza la etapa de socialización, están en contacto y aprehenden conductas y acciones que circulan en su entorno. Estas pueden ser buenas, pero la mayoría son conductas que corrompen los derechos de los demás, que infringen la ley, etc. No existen filtros que detengan los actos violentos que pervierten o vician los pensamientos y conductas.

Los medios de comunicación, internet y la televisión, se han convertido, con el avance de la tecnología, en puertas de acceso públicos y generales de la mayoría de los niños que muestran y reproducen formas de violencia extrema, abuso sexual, asesinatos, uso de armas, ventas y uso de cualquier sustancia perjudicial para la salud, corrupción, esclavitud, sexualidad, etc., que ingresan el andar de la vida del niño sin ninguna barrera, sin ninguna protección. Cabe destacar que además revelan escenas que promueven la denuncia, el pedido de justicia de las víctimas y proponen la concientización de la emergencia de estos actos.

Incluso no solo los medios, sino también suceden actos violentos en el propio seno familiar, y los niños trasladan como legítimas estas formas de actuar, ya que sus padres son el modelo de los hijos.

Estos agentes socializadores influencian sobre la infancia y la juventud, y sus conductas tienen como escenario, la escuela. Ésta está conformada por un entretejido de relaciones y tensiones, complicidades, antagonismos y amistades, relaciones de poder y sumisión, y las relaciones sociales entre alumnos, incluso entre profesor-alumno son parte indiscutible de ella.

En la actualidad, se han multiplicado los casos de bullying o de violencia en la escuela, tomando diferentes formas y actores institucionales, y desembocando en graves consecuencias, como expulsiones, suicidios u homicidios, alumnos hospitalizados, etc. Con esto no pretendo incomodar al lector, sino dar cuenta de la gravedad del asunto y la importancia de generar propuestas interventoras que ayuden a la escuela y la familia a prevenir y saber cómo actuar ante una situación o sospecha de violencia escolar, la necesidad de leyes de protección de víctimas y victimarios, y la emergencia de cambiar la configuración educativa hacia un proyecto futuro de diversidad y respeto.

A raíz de esto, ha surgido la necesidad urgente de reglamentar en leyes y normas de convivencia para encontrar solución a la problemática del bullying. Es de fundamental importancia que los organismos encargados de la creación y promulgación de políticas educativas se responsabilicen de su accionar y se dediquen a la formulación de herramientas que sirvan a los directores y maestros.

En este último tiempo, la Cámara de Diputados de Argentina convirtió en ley un proyecto que busca prevenir los casos de acoso escolar, físico y/o verbal, la norma busca prevenir las situaciones de violencia escolar a través de la promoción de instancias de participación de la comunidad educativa. Cuando se generan situaciones de violencia en una escuela, los conflictos no son únicamente de un alumno, ni responsabilidad de un solo docente, sino de todos los miembros que integran esa comunidad educativa, aseguró Brawer, autora de la iniciativa (2013).

La Ley sobre la Convivencia y el Abordaje de la Conflictividad en la Escuela, fue sancionada el 11 de septiembre de 2013 por la Cámara de Diputados de la Nación Argentina, cuyos objetivos principales se orientan hacia la promoción de la convivencia en las instituciones educativas y el fortalecimiento de las prácticas institucionales ante la conflictividad social en las instituciones educativas.

Si bien la ley apoya simbólicamente, habilitando canales de comunicación y capacitación para los profesionales en educación y educadores, aún faltan contenidos y estrategias para intervenir. Creo que aún falta la imagen del Estado como responsable de ayudar a prevenir actos de violencia.

"Abrir los ojos": Una experiencia en el centro educativo y sociolaboral Lelikelén

*Belén Massó Guijarro**

A lo largo del presente trabajo –que se enmarca como parte de mis prácticas pre-profesionalizadoras de último año de la titulación de Educación Social– trataré de analizar, desde una perspectiva crítica, mi experiencia como tallerista en prácticas del taller de teatro en la escuela Lelikelén, institución a la que, por sus peculiaridades y por ser el contexto donde se enmarca el taller que nos ocupa, me referiré más adelante. Mi propósito consiste en describir, analizar y evaluar el desarrollo del taller, y en generar una propuesta nueva que podría ser llevada a cabo en un futuro, y que mejorase la presente.

Así pues, comenzaré por incluir una breve contextualización de la institución y del perfil del destinatario al que dirige su acción, que a su vez constituye un acercamiento general a las características de los participantes de nuestro taller. Posteriormente, trataré de describir con el máximo detalle la estructura y desarrollo del taller actualmente en curso, para después evaluar diferentes aspectos de la realidad que conozco en

* *Licenciatura en Arte Dramático. Escuela Superior de Arte Dramático de Murcia. Grado en Educación Social. Universidad de Murcia (España). CE: belen.masso@gmail.com*

Lelikelén a través de un análisis de Debilidades, Amenazas, Fortalezas y Oportunidades (en adelante DAFO). Después seguirá un breve apartado donde aportaré una suerte de auto-evaluación de mi propio trabajo como tallerista y una reflexión crítica sobre el mismo. Por último, incluiré una propuesta que podría mejorar el taller de teatro actual, tratando de abrir nuevas líneas de acción y aportando ciertos recursos que podrían ser interesantes para el contexto de la escuela Lelikelén.

¿Qué es Lelikelén? ¿Quiénes son sus "habitantes"?

En el año 2008, la Secretaría de Niñez, Adolescencia y Familia del gobierno de la Provincia de Córdoba (SeNAF) decide renovar un proyecto ya existente dirigido a jóvenes en conflicto con la ley, como resultado de su obligación de construir acciones concretas que lograran la efectivización de los derechos sociales y educativos de la población joven más vulnerada. Es en este contexto que nace Lelikelén, un centro socio-educativo y laboral que comenzó a abarcar un rango amplio de jóvenes (el perfil de destinatario dejó de restringirse a los adolescentes en conflicto con la ley), y que enmarca su labor en la ley 26.061, potenciando la integralidad y la universalidad de las acciones de protección de derechos de la infancia y la adolescencia (Mazzini, P. y Edelstein, M., 2011).

Así, a partir de un proceso participativo y democrático de construcción del proyecto institucional, se definieron los cuatro pilares fundamentales del Centro:

- Provisión y defensa de derechos sociales: como institución perteneciente a la SeNAF, Lelikelén enfoca sus acciones hacia la protección y efectivización de los derechos vulnerados del grupo socio-etario al que dirige su labor.

- Promoción educativa y laboral: el desafío en Lelikelén es reconocer y recuperar las potencialidades de los jóvenes, proponiendo distintas alternativas pedagógicas que contribuyan a estimular habilidades de vida, empoderarlos y facilitarles caminos hacia la autonomía. Se trabaja con especial énfasis en el terreno laboral, ya que se considera que la necesidad de acompañar y promover la integración de los adolescentes en la dinámica social y laboral de nuestra sociedad es una demanda histórica y una asignatura pendiente constante que precisa de estrategias concretas y válidas con las que darle respuesta (Mazzini, P. y Edelstein, M., 2011).

- Valoración social de este grupo social en el seno de la sociedad: se promueve una mirada distinta y valorativa del adolescente, que lo resignifique como sujeto de derechos y persona autónoma y empoderada.
- Desjudicialización de adolescentes y jóvenes: no sólo en el sentido de evitar la internación de los/as adolescentes, sino también de posibilitar la recuperación del tiempo transcurrido en residencias e institutos, considerado por muchos de los jóvenes como perdido.

El proyecto del Lelikelén, por tanto, se constituye como una alternativa educativa integral, donde la educación y el trabajo se imbrican con la salud, la cultura, el arte, la recreación. Así, en el centro se desarrollan acciones concretas como la Educación por el trabajo y la práctica laboral, la promoción de la convivencia social, la educación por la salud, la participación y el protagonismo juvenil, la orientación y seguimiento profesional y la capacitación artística o la animación socio-cultural.

Podemos destacar que el Centro de Actividades Juveniles (CAJ) se enmarca dentro del sector de promoción de la participación social y el protagonismo juvenil, utilizando diversas disciplinas artísticas para conseguir sus objetivos. Así, el CAJ desarrolla propuestas recreativas y artísticas (entre otras) en las que participan los jóvenes, con el propósito de promover distintas formas de expresión juveniles.

El perfil de destinatario de la labor desarrollada en Lelikelén es bastante diverso pero existen características socioeconómicas comunes que permiten delinear una caracterización sobre la población que concurre a la institución. Así, se trata de adolescentes de 12 a 21 años pertenecientes a sectores de bajos recursos de la ciudad, de barrios-ciudades y de zonas periféricas de Córdoba. Acostumbran a ser miembros de familias numerosas (con 5 ó 6 hijos promedio) desocupadas, subsidiadas en muchos casos por el Estado. Los jóvenes presentan trayectorias escolares interrumpidas, incompletas o de baja intensidad en su mayoría, con nivel primario completo y abandono en el primer o segundo año del nivel medio. Es reseñable cómo muchos jóvenes muestran intereses artísticos y culturales, pero no han tenido acceso en su trayectoria vital a espacios de expresión de subjetividad.

Por otro lado, también acuden al centro adolescentes madres con 1 ó 2 hijos a cargo, (viviendo por lo general con la familia extensa y sin apoyo económico de padres, en muchos casos, también adolescentes); y jóvenes con problemáticas judiciales, con seguimiento de programas de la SeNAF, jóvenes trabajadores callejeros, etc.

El perfil socio-económico de los jóvenes que acuden al centro dificulta su ingreso al mercado laboral, ya que los conduce a mantener bajas expectativas con respecto a la posibilidad de encontrar trabajo, lo cual se une a una serie de dificultades añadidas que se derivan de la propia edad (la inmadurez característica de esta franja etaria no les ayuda a visualizar un proyecto de vida y menos aún laboral), del desconocimiento del mercado laboral, la carencia de habilidades de expresión y comunicación, la falta de ejercicio en los hábitos laborales, la baja tolerancia a la frustración, el capital cultural y social limitado, la escasa experiencia de trabajo en equipo, etc.

Cabe destacar que en Lelikelén se concibe al adolescente como un ser de necesidades específicas, en interacción con los otros, en búsqueda permanente de aceptación, de inclusión, de espacios de crecimiento y de participación, dentro de su comunidad de pertenencia y/o en el seno de la comunidad local. Así, en este centro educativo no se habla de "la adolescencia" en singular, sino de "las adolescencias", reconociendo de este modo las distintas identidades e intereses definidos por pertenencias sociales diferenciadas y por culturas urbanas particulares (Mazzini. P. et al, 2011).

Descripción de taller de teatro

La idea de desarrollar un taller de teatro con los alumnos de Lelikelén no partió desde cero, ya que existía una actividad teatral en curso desde el año pasado coordinada por Gabriel Andrés Pérez (titulado en Teatro por la UNC), junto al que me encuentro desarrollando el taller actual. Gabriel, en la reunión inicial que celebramos para conocernos y armar la propuesta junto a la coordinadora del CAJ de Lelikelén (Natalia Acosta), me relató que el año anterior ya se había realizado un taller, basado principalmente en distintos juegos teatrales, donde se trabajaron aspectos como la confianza interpersonal, la expresividad, la cohesión grupal, la escucha y la activación mental y física, siempre desde una perspectiva lúdica. Así, tanto Natalia como Gabriel, me contaron que los destinatarios del taller habían sugerido expresamente que este año se tratase de montar alguna obra teatral que pudiera ser representada ante un público, pues se encontraban algo cansados de realizar únicamente juegos (percibidos por ellos como en exceso infantiles), y sentían la necesidad de acometer un proceso que arrojara como resultado un producto final. El hecho de que cada alumno pudiese asumir un personaje y tuviese ocasión de defenderlo fue visto en esta primera reunión como un elemento facilitador de la motivación y el compromiso del alumnado. Gabriel y Natalia me contaron que algunas alumnas que ya habían participado el año pasado expresaban su deseo de que este año el taller de teatro pudiese enseñarles a "llorar como en las novelas de la televisión", esto es, a expresar emociones y hacerlas llegar a un público, desde la perspectiva de un personaje propio. De este modo, consensuamos que lo más acertado para este año sería atender esta demanda y plantear un taller distinto, que se centrara en el montaje de una obra teatral, preferiblemente reconocible y atractiva para los destinatarios de la actividad.

Para realizar la promoción de la actividad decidimos crear unos carteles (finalmente fueron dos, uno se situó en la planta superior y el otro en la inferior) en los que se convocara a la participación del alumnado para el montaje de una obra teatral, a modo de "casting" ficticio, indicando en el texto del cartel que se buscaban actores y actrices, con el objetivo de llamar la atención de los destinatarios. Intentamos que el diseño de los carteles fuera lo más llamativo posible, tomando la idea de las luces de un camerino para construirlo. Para promocionar la actividad de forma más directa, también pasamos por las clases informando quiénes éramos y qué nos disponíamos a hacer (principalmente, fue a mí a quien se presentó, ya que a Gabriel ya lo conocía el alumnado). En ese pasa-clases promocional ya se informó a los alumnos de las tres obras que Gabriel y yo habíamos seleccionado como más interesantes para ser montadas (la elección entre una de las tres habría de correr a cargo de los alumnos): Bodas de Sangre, La Celestina y Romeo y Julieta. Con respecto a esto, cabe aclarar que desde el principio, Gabriel y yo pensamos que en ningún caso sería conveniente acometer el montaje de una obra de principio a fin, ya que lo interesante sería tomar la pieza como pretexto para trabajar a través de improvisaciones, donde se pudiesen poner en valor los saberes de los participantes, antes que ceñirnos a un esquema rígido y unívoco de interpretación de un texto. Nos propusimos deconstruir el texto junto a los participantes, dándonos permiso para modificarlo por completo y construir con ellos nuevos significados para el mismo. Otro de los motivos que nos condujeron a renunciar al montaje de una obra al uso era el poco tiempo del que disponíamos, pues en sólo siete sesiones de dos horas se antojaba completamente imposible preparar una obra completa y que, entre otras cosas, implicase memorizar textos (lo cual ya supone de antemano un handicup importante).

Retomando la cuestión de la promoción de la actividad, cabe destacar que esta labor no fue puntual ni se realizó sólo en el momento inicial (antes del comienzo del taller) si no que más bien se viene realizando en todas las sesiones que hemos tenido, antes de que éstas den comienzo, ya que la falta de constancia del alumnado, en algunos casos, obliga a ir a buscar a ciertos participantes por los pasillos de la escuela para estimular su asistencia al taller.

Como ya se ha comentado, seleccionamos tres obras distintas, clásicas todas ellas, para que los participantes pudiesen elegir una en concreto para ser representada. El motivo de elección de tres obras de temática amorosa y con final trágico fue que consideramos muy interesante ahondar en el carácter burlesco que seguramente los participantes le conferirían a dichas tragedias, y también porque pensamos que el amor era una temática muy presente en la vida del adolescente, y que podría ser enriquecedor establecer algunas reflexiones o resignificaciones sobre él. También elegimos las obras atendiendo a un criterio de que existiese en ellas multiplicidad de personajes, pues, si bien siempre existen personajes con mayor peso protagónico y otros con menos, en todas ellas existían bastantes personajes y variados. Incluso barajamos la posibilidad de que, en caso de que percibiésemos cierta competitividad a la hora de decidir quién sería protagonista (algo que nunca sucedió), dichos personajes se pudiesen intercambiar a lo largo de la obra, y ser desempeñados por distintos/as actores/actrices. Tanto Gabriel como yo estábamos convencidos de que la elección de los participantes sería Romeo y Julieta, al ser la obra más conocida y prototípica de entre las tres, más cuando les relatamos los argumentos de las tres obras, con el objetivo de que consensuaran la que más les seducía, nos sorprendió que casi todos eligieron "Bodas de Sangre", quizá por su sugerente título y por la singular peripecia de la escapada de la novia en su propio casamiento.

Además, cabe destacar que una de las ideas centrales de las cuales partimos fue aunar en el montaje lenguajes artísticos distintos, como la música y la danza. Lo bello e interesante del teatro es que es un arte integrador, donde todo cabe, y esto suponía de entrada una fortaleza importante en el contexto donde íbamos a trabajar. El CAJ de Lelikelén desarrolla talleres de danza, canto y guitarra, entre otros, y en una primera instancia nos propusimos contactar con los profesores de todos ellos para poder coordinarnos y trabajar desde una perspectiva integradora, donde las distintas actividades que se realizasen en cada taller pudiesen resultar rentables para la obra y ser incluidas en la misma. Finalmente esto no pudo ser realizado, por escasez de tiempo y falta de coordinación y contacto con dichos docentes. Sin embargo, aún sin la coordinación con los otros talleres del CAJ, en la obra sí aparecen momentos de danza y música. El hecho de incluir estos lenguajes artísticos nos ofreció un cauce de comunicación y puesta en valor de los gustos, intereses y preferencias de las y los participantes, ya que son ellos los que eligen la música que puede convenir en cada momento dramático. La música de la obra, así pues, es la que escuchan habitualmente los chicos, a modo de ejemplo podemos destacar que cada vez que en nuestra versión de "Bodas de Sangre" aparece el personaje de la Luna, todo el reparto de actores y actrices canta un fragmento del cuarteto "La Luna" del artista La Mona. Así, a través de las letras de las canciones que los participantes proponen podemos construir junto a ellos, a través de un proceso dialéctico, nuevos significados para la obra, donde se redefina la trama argumental y los distintos sentidos asociadas a la misma.

En el momento que escribo estas líneas, ya hemos celebrado cuatro de las ocho sesiones que componen el taller. Para analizar de la manera más exhaustiva posible el trabajo acometido hasta el momento, desglosaré cada sesión por separado.

Primera sesión (martes 20 de mayo)

En esta primera sesión comenzamos realizando unos juegos de presentación, con el objetivo de aprender los nombres de todos los asistentes al taller y establecer un clima inicial de confianza y comunicación. También indagamos sobre los gustos y preferencias de los participantes, preguntándoles si ya participaban en algún taller de los organizados por el CAJ, qué tipo de música les gustaba, si tocaban algún instrumento, cantaban o bailaban, etc., puntualizándoles siempre que esto era importante pues podría ser muy importante para el montaje de la obra. Seguidamente, procedimos a relatar las tramas argumentales de las tres obras propuestas para el taller (incidiendo en la idea de que si algún participante quería proponer alguna otra obra podía hacerlo) y decidir, por consenso, cuál era la que más interesaba al grupo. Como ya se ha indicado, los alumnos expresaron su preferencia por "Bodas de Sangre", y después de profundizar en algunos detalles de la obra, comenzamos a montar la primera escena, a través de una improvisación.

La implicación de grupo en esta primera sesión fue variada, hubo quienes desde un principio se mostraron motivados por la tarea a acometer y otros a quienes implicó más esfuerzo incluir en la propuesta, pero finalmente todos participaron de una manera u otra. En la primera improvisación participaron tres actores y el resto se situó como público. Las reacciones de dicho público, fluctuaron entre la intención de animar a los compañeros que estaban improvisando y la de aportar ideas que pudiesen mejorar o enriquecer la acción dramática. Sin embargo, también se observaron actitudes de cierta indiferencia por parte de algunos alumnos (miraban el móvil sin cesar, ponían música en el dispositivo, hablaban entre ellos, etc.), o incluso actitudes de boicot hacia la escena.

Cabe destacar que al finalizar la clase, algunos alumnos expresaron su deseo de que en la siguiente sesión llevásemos escrita la escena ensayada para poder aprender el texto. Gabriel y yo, al finalizar, debatimos esta cuestión, y decidimos llevar un texto escrito, aun considerando las dificultades y problemas que esto podría conllevar, pues al ofrecerlo podría perderse la naturalidad y espontaneidad que habían mostrados los actores en la primera improvisación. Aun así, decidimos satisfacer la demanda de los chicos y yo me comprometí a transcribir la primera escena.

Segunda sesión (martes 27 de mayo)

En esta segunda sesión, comenzamos por repartir las copias de la primera escena, la letra de la canción "La Luna" de La Mona y también una copia del monólogo del personaje de la Luna de la obra original de García Lorca. Seguidamente procedimos a repasar la primera escena, ya con el texto escrito, y confirmamos nuestros temores de que no iba a funcionar trabajar con un texto cerrado, pues el actor y las actrices de esta primera escena se bloquearon por completo al ceñirse a la lectura del texto. Finalmente, conseguimos que se olvidaran del texto con el fin de recuperar la naturalidad que habían mostrado en la primera sesión. Sin embargo, esta sesión fue la más dificultosa de todas las que hemos tenido hasta el momento, pues vinieron muchos participantes nuevos; y la clase al ser tan numerosa (y ruidosa), nos resultó muy difícil de contener. El ambiente fue disperso hasta el final, nos negábamos a cerrar la puerta del aula donde trabajamos (una de las premisas del taller es ser lo más inclusivo posible y acoger a todo aquél que quiera llegarse, aunque sólo sea a observar) pero las entradas y salidas continuas de personas (a fumar, a hablar fuera, etc.) dificultaron mucho el ensayo. Aún bajo estas circunstancias se siguieron avanzando las escenas. Cabe destacar que al final de la clase algunas alumnas, que habían venido por primera vez ese día, nos mostraron su deseo de encargarse de la escenografía, y estuvimos pensando algunas ideas en conjunto.

Tercera sesión (martes 3 de junio)

En esta sesión apareció un participante clave; se le ofreció el papel de Leonardo (uno de los protagonistas de la obra) y lo aceptó con gusto. Trabajamos con él y otra participante una de las escenas más importantes de la obra, y el ensayo fue muy productivo, ya que los dos se tomaron muy en serio su cometido y parecieron disfrutar mucho de la improvisación. El público en este caso se mostró mucho más respetuoso e implicado, lo que nos permitió trabajar con intensidad. Algo muy reseñable, y que vengo apreciando desde el primer día, es que algunos chicos, a pesar de que no estén actuando, mantienen una actitud alerta a lo que ocurre en escena y proponen soluciones y aportes al desarrollo dramático. Otra observación que me parece interesante es que en ningún caso se han apreciado actitudes de competitividad por los papeles protagonistas.

Cuarta sesión (martes 10 de junio)

En esta cuarta sesión ya se ha conseguido la estructura final de la obra, aunque lo más destacable de la misma es que se ha ensayado una escena grupal (la boda), donde era muy necesaria la escucha y la coordinación entre todos, y esto, objetivo no poco ambicioso, se ha conseguido.

Valoración personal y crítica

Para desarrollar ordenadamente y de la forma más analítica y crítica posible este apartado, he decidido organizar la información siguiendo un esquema de análisis DAFO, a través del cual valoraré diferentes aspectos que he podido detectar durante el tiempo que Gabriel y yo llevamos desarrollando el taller. También incluiré, en el DAFO, las debilidades, fortalezas, amenazas y oportunidades que se detectan no sólo referidas al taller, sino a Lelikelén como institución que puede dar cabida a propuestas de talleres de diversa índole. Así, a través del DAFO, intento establecer una panorámica general de aquello que he podido observar en la institución y que puede constituir la base para establecer la propuesta del posterior apartado.

En lo que respecta a las amenazas, cabe destacar de forma especial las dificultades que se derivan de la escasa asignación presupuestaria que el CAJ disfruta. Pese a que hacemos hincapié en esto como una posible amenaza, también podría ser considerado como una oportunidad ya que favorece la autogestión de los recursos y la rentabilización de los mismos. A veces, cuanto menos se posee en lo material, más se estimula la imaginación y las capacidades de aprovechar al máximo los recursos de los que se dispone. La otra amenaza que se ha destacado, quizá más preocupante, son las distintas decisiones políticas que en los últimos años han afectado al funcionamiento del centro. No en vano, Patricia Manzzini, la directora, me relató en nuestro primer encuentro que el centro había sido clausurado como centro socio-educativo y laboral (manteniendo sólo sus funciones educativas y perdiendo su esencia original) y que actualmente, como consecuencia de ello, estaban en un momento de reconfiguración. Así, nos aventuramos a afirmar que Lelikelén, por su claro compromiso con la juventud vulnerada y su valiente proyecto institucional, se encuentra en el punto de mira de ciertas políticas conservadoras que pueden afectar a su continuidad y sostenibilidad como institución.

En lo referente a las **fortalezas**, y como contraste con lo anterior, resulta motivador que sea el apartado para el cual he encontrado más ítems. Para comenzar, he de destacar el buen clima de trabajo que se respira por lo general en la institución, así como la gran profesionalidad e implicación de los trabajadores de Leikelén (y más concretamente, del CAJ: Natalia y Gabriel) que he tenido oportunidad de conocer. El hecho de que Patricia Mazzini, la directora de Lelikelén sea una persona que demuestra gran compromiso y una mente abierta a nuevas ideas, también supone una fortaleza importante, ya que todas las propuestas que se sugieren desde el CAJ, lejos de ser censuradas, son recibidas con entusiasmo desde el equipo directivo. Por otro lado, es necesario enfatizar, como fortaleza, la direccionalidad política (en el sentido freireano) que se destaca como inherente a todas las prácticas socioeducativas llevadas a cabo en Lelikelén y más concretamente, en el CAJ. Una politicidad que, lejos de entenderse como un servicio a determinados intereses partidarios, se plasma en un conjunto de sueños, éticas, utopías y acciones políticas que mueven a las personas que allí desenvuelven su labor. Siguiendo a Freire, me atrevo a afirmar que en Lelikelén se convierte en realidad la frase del autor que reza que "no hay política educativa que no involucre sueños; no hay práctica educativa que no involucre valores, proyectos, utopías" (Freire, 2008). La ética que se pone en práctica en Lelikekén se dirige, entre otras cosas, a tratar a los alumnos como sujetos de derechos, no como meros objetos de tutela, y posibilitarles el acceso efectivo a su derecho a la educación. Esta direccionalidad política se refleja en las prácticas cotidianas que pueden observarse en la institución, desde el clima de respeto que se mantiene con el alumnado y el rechazo de actitudes autoritarias y meramente directivas del profesorado, hasta aspectos más concretos como el no cerrar la puerta del aula donde se dan los talleres del CAJ, con el objetivo de no cercenar el acceso de ningún alumno que quiera acercarse a participar. Este estilo pedagógico alternativo al tradicional también puede observarse en la propia decoración de la escuela, en cuyos pasillos puede verse una gran cantidad de murales y aportaciones que ha generado el propio alumnado; lo cual supone un foco de interés prioritario de Lelikelén en poner en valor las preferencias y gustos del alumnado, dándole importancia a los saberes de los cuales parten, y huyendo de la consideración de los mismos como recipientes vacíos de contenido. En el taller de teatro, tratamos de desarrollar nuestra labor desde esta perspectiva, dándole a las preferencias y gustos de los participantes un enfoque positivo. No en vano, la idea inicial que Gabriel y yo teníamos del montaje de la obra se ha visto completamente modificada a lo largo de las sesiones, y esto se ha producido gracias a los aportes del alumnado. Así, la intervención educativa y creativa, lejos de entenderse como un proceso unidireccional, de mera transmisión de conocimientos y saberes, se comprende bajo una lógica dialéctica y democratizadora. En mi opinión, partir desde estos principios pedagógicos supone una fortaleza de gran valor en lo que a desarrollar propuestas se refiere.

Otro aspecto destacado como fortaleza es la infraestructura de la propia escuela, y en concreto, de la sala donde se desarrolla el taller de teatro del CAJ. A pesar de que podrían realizarse mejoras el espacio es muy amplio y aprovechable para distintos fines. Otro punto fuerte es la multiplicidad de talleres de artes que desarrolla el CAJ. Todos los cuales, con una adecuada coordinación y programación, pueden ponerse en juego para generar una propuesta integradora. Por otro lado, la propia diversidad del alumnado –en cuanto a edades, niveles educativos, gustos, preferencias, orientación sexual– también constituye una fortaleza de sumo valor, pues se pueden trabajar la integración desde la diferencia, la multiplicidad de puntos de vista, etc. Por otra parte, cabe destacar la motivación e interés que muchos de los alumnos del taller de teatro demuestran; algunos nos han relatado que llevaban mucho tiempo esperando la oportunidad de hacer teatro y participar en una obra, y demuestran niveles de implicación muy altos, otros no se han animado a participar como actores pero han asumido responsabilidades en cuanto a la escenografía o la música.

La propia franja etaria mayoritaria en el alumnado de Lelikelén (la adolescencia) también puede resultar una fortaleza importante, pues es un momento evolutivo de grandes cambios y de despertar al mundo que puede ser aprovechada para establecer intervenciones provechosas con los sujetos, si consideramos los múltiples atravesamientos y condicionamientos que tienen lugar a estas edades. Por otra parte, es el momento en que comienzan a realizarse con mayor conciencia e intensidad los consumos culturales (música, cine, danza), cuando comienzan a manifestarse los talentos, intereses y preferencias con mayor decisión, y todo ello puede ser utilizado para establecer propuestas que utilicen el arte como herramienta educativa. Como última fortaleza, precisamente he destacado el arte como recurso poderoso en cuanto al trabajo de distintas temáticas y contenidos, desde una perspectiva de "enseñar por/en el arte", cuya finalidad sería renovar las prácticas educativas con objeto de trabajar un crecimiento cognitivo y moral a través de prácticas artísticas (Sáez, 1997). Así, la educación a través del arte destaca por sus muchas potencialidades su capacidad de generar tejido social (al trabajar habilidades de comunicación en las personas tales como la escucha activa al otro y creación de vínculos), y el fomento del desarrollo personal y grupal, desde una orientación de descubrimiento mutuo y de movilización de emociones, que pueden conducir a asumir cambios en la propia vida y a vislumbrar opciones y posibilidades que hasta el momento no se habían considerado. Por otro lado, el arte puede devolver la palabra, a través de sus recursos, a colectivos que han sido tradicionalmente silenciados y vulnerados, como ocurre con gran parte del alumnado que asiste a Lelikelén.

En lo tocante a las **debilidades**, o dicho de otro modo, a los aspectos obstaculizadores de las propuestas que emanan desde la propia naturaleza interna de la institución, cabe destacar, en primer lugar, la poca sistematicidad en la intervención planteada en el taller de teatro y la escasa importancia otorgada a plantear un proceso evaluativo riguroso y que se desarrolle en todos los momentos de la intervención. En mi opinión, para trabajar con cualquier colectivo es necesario seguir un proceso detallado de planificación de la intervención, comenzando por la acometida de una buena evaluación de necesidades, siguiendo por una planificación pormenorizada (también flexible) y una evaluación eficaz y constante. Por otro lado, otro elemento obstaculizador es la fluctuación en el número de participantes de los talleres (en concreto, en el taller de teatro) dependiendo de cada sesión. Cada día los participantes son distintos, y para desarrollar una propuesta es muy complicado trabajar con un colectivo poco comprometido con la asistencia y la participación, pues hay escenas que no pueden ser ensayadas sin los actores y actrices que habían asumidos ciertos papeles, o al existir siempre personas nuevas hay que explicar desde el principio la propuesta del taller y el funcionamiento a seguir, entre otros factores. Por otro lado, si bien es cierto que existen alumnos muy implicados y con una participación sustancialmente productiva en la taller; también existen grupos de asistentes a quienes es muy difícil captar y contener, y cuyas actitudes de boicot hacia la actividad, sus constantes salidas y entradas al aula para fumar, su utilización molesta del móvil y sus conversaciones en voz alta dificultan un buen desarrollo de las sesiones de trabajo. En cualquier caso, estas personas también cumplen una función dentro del propio taller, tienen derecho a participar de él y su presencia podría resultar beneficiosa y aprovechable si existiera una programación más rigurosa que avalase nuestra intervención (también mayor habilidad profesional por nuestra parte). Por último, un factor adverso importante en cuanto al desarrollo del taller de teatro es la escasez de tiempo con la que partimos, ya que contamos con menos de dos meses para realizar el montaje de una obra teatral, y a razón de dos horas y media semanales, supone muy poco tiempo. A este handicup se le suma el problema de la superposición de las clases de algunos/as alumnos/as del taller (que tiene que marchar una hora antes porque comienzan otras clases, con lo cual el trabajo se reduce a una hora solamente). Como siempre ocurre, este elemento obstaculizador puede convertirse en facilitador, en el sentido de que trabajar con la urgencia se convierte, en este caso, en un factor que motiva y moviliza al alumnado para trabajar con más intensidad.

Por último y como colofón de este apartado, haré una breve referencia a las **oportunidades**, que son, principalmente, los programas de extensión y de prácticas pre-profesionales que puede llevar a cabo la Universidad Nacional de Córdoba y otras instituciones de nivel superior de la región de Córdoba (Universidad Siglo XXI, Instituto Domingo Cabred, Universidad Católica de Córdoba, etc.) en colaboración con el centro Lelikelén, y de los cuales pueden surgir propuestas interesantes y de bajo o nulo costo económico.

Revisión crítica de mi desempeño como tallerista

Considero importante plantear una reflexión sobre mi propio desempeño en la función de tallerista o facilitadora del taller de teatro que nos encontramos desarrollando. En primer lugar, he de destacar que personalmente, en un principio, partía desde una base de bastante desconocimiento del contexto, situación que se agravaba por el hecho de que los destinatarios del taller proceden de una cultura distinta a la mía, y en ocasiones aún me resulta difícil entender ciertas expresiones y modismos que utilizan en el habla coloquial. Por otro lado, el hecho de ser española supone para los participantes una factor muy llamativo y atrayente, y sobre todo al principio, las interacciones que planteaban conmigo eran preguntas constantes sobre nuestras diferentes maneras de hablar (lo cual resultaba divertido y servía para distender el ambiente, pero también a veces favorecía la desconcentración). Mi falta de experiencia con colectivos similares también contribuía a que al principio en ocasiones me sintiera algo insegura, pero lo cierto es que el contacto y la comunicación con los participantes no me está resultando complicada porque la mayoría de ellos mantiene una actitud muy abierta y natural hacia Gabriel y hacia mí, lo que favorece un clima de confianza y compadreo que, si bien en ocasiones puede contribuir a generar cierto caos, pienso que es bastante útil en general para el desarrollo del taller. En cuanto a la división de las funciones entre Gabriel y yo en el desarrollo de las sesiones, puedo destacar que el profesor se ocupa más del montaje y coordinación grupal de las escenas y yo del contacto más directo e individual con los participantes, dándoles consejos e indicaciones sobre cómo desarrollar cierto personaje, o escuchando sus propuestas y sugerencias para la acción dramática que se desarrolla o para el taller en general. Sin embargo, es cierto que mi papel es más observacional y Gabriel ha asumido funciones más proactivas, ya que él conoce el colectivo de antemano y los alumnos también lo conocen del año pasado, con lo cual tiene un mayor manejo en ciertas situaciones que se presentan. Me parece importante recalcar que el hecho de observar el modo en que Gabriel se desenvuelve me está resultando un aprendizaje muy significativo.

Por último, quiero mencionar que mis estudios en una escuela de teatro con un régimen bastante riguroso también han condicionado mi experiencia, y he experimentado un considerable choque entre lo que supone el modo de enseñanza que yo recibí y las soluciones pedagógicas que funcionan con el alumnado de Lelikelén. Ahora estoy vivenciando lo que supone concebir y utilizar el arte como herramienta y no como fin en sí mismo. Así, en nuestro taller el objeto no es generar un producto bello (para lo cual muchas veces se pasa por encima de las preferencias del individuo, obviando sus particularidades para sacrificarlas por el Arte así, como mayúsculas) sino trabajar con la gente, escuchando sistemáticamente sus aportaciones para incluirlas en la propuesta. El clima ruidoso y en ocasiones caótico que a veces se genera en clase, como consecuencia de estas interacciones constantes que se producen me resultaba muy chocante al principio, pues estaba acostumbrada a trabajar en completo silencio. De este modo, he ido derribando distintas ideas preconcebidas y formas de hacer a las que estaba acostumbrada, algo que me ha resultado muy valioso en mi experiencia de aprendizaje como futura educadora social.

Referencias bibliográficas

Freire, P. (2008). El grito manso. Buenos Aires: Siglo Veintiuno Editores.

Mazzini, P.; Edelstein, M. (2011). "Centro socio-educativo y laboral Lelikelén. Una experiencia de educación inclusiva, participativa y saludable."

Mazzini, P.; Fernández, L. & Cabanay, E. (2011). "Centro socioeducativo y laboral Lelikelen: una experiencia de educación para el trabajo con y para adolescentes con derechos vulnerados."

¿Cómo y cuándo hacemos educación sexual?

*Martina Cardozo**
*Graciela Andrea Bono***

Introducción

Si bien existe una normativa que establece que todos lxs educandos deben recibir educación sexual integral en los establecimientos educativos (Programa Nacional de Educación Sexual Integral-PNESI-Ley 26150), su aplicación presenta una serie de obstáculos.

Según la investigadora Paula Gaitán (2009), los principales obstáculos para la aplicación residen en los prejuicios, la escasa formación en temas de sexualidad y género de lxs docentes, la intervención en un terreno que históricamente fue una "cuestión de familia", el silenciamiento del tema en el aula y las consiguientes respuestas sesgadas por prejuicios, todo lo cual contribuye a reproducir los modelos perpetuadores de desigualdades y violencias de género.

* *Estudiante de la carrera de Ciencias de la Educación, Facultad de Filosofía y Humanidades, Universidad Nacional de Córdoba. CE: laflacamarti@hotmail.com*
***Estudiante de la carrera de Ciencias de la Educación, Facultad de Filosofía y Humanidades, Universidad Nacional de Córdoba. CE: andreagbono@hotmail.com*
M. Cardozo - G. A. Bono

El cuerpo en las relaciones educativas

Mucho decimos con nuestros cuerpos, incluso aquello que tratamos de silenciar. Silenciamos lo inapropiado, lo incómodo. Se genera una naturalización de actitudes, prácticas, palabras y tratos, que vamos marcando como el camino de "la normalidad". Lo hacemos cuerpo. Ignoramos las intencionalidades y las construcciones socio-culturales que se ponen en juego.

"...La pedagogía que se construyó en la modernidad, y que funciona todavía como orientadora de las practicas docentes, produjo lo que podríamos llamar la pedagogización del cuerpo (...). Esta pedagogización tomó al cuerpo como uno de sus blancos principales. Sin embargo, no actuó solo a partir de la represión de lo vinculado a la sexualidad, sino que su efecto más duradero tuvo que ver con la construcción de identidades, entre ellas, la identidad de la señorita maestra heterosexual", como lo explican Alonso y Morgade (2008, p.27). Aparece así un cuerpo que es juzgado por aquello que se tiene por correcto. Cuerpos de mujeres docentes que deben ser agradables, con buena presencia y sexualmente inexistentes, siendo normativamente incorrecto mostrar los cuerpos en la institución-escuela.

El cuerpo y la sexualidad parecieran temas no relevantes para abordar en la escuela. Siguiendo el texto de Alonso y Morgade (2008, p.20) hablamos de currículum omitido a lo que "...silencia cuestiones vinculadas con la sexualidad, la violencia o la precarización laboral". Los mismas hacen referencia a la escaza presencia de mujeres en imágenes de libros de texto, el poco protagonismo femenino en la construcción de la historia de los pueblos y la ausencia de programas relacionados con temas de sexualidad.

Nos interesa hacer énfasis en las maneras de hacer como educadorxs, pensándonos como sujetos sexuados, partiendo de la idea de que en toda relación educativa, la sexualidad de las personas que interactúan está presente siempre.

Desarrollo

Se realizarán talleres con docentes de la comunidad educativa en general, de la Ciudad de Córdoba. El objetivo es reflexionar sobre las formas de hacer y de estar en las relaciones educativas que hacen posible educar la sexualidad. Y los objetivos específicos son: reconocer que la sexualidad está presente siempre en las interacciones educativas; desnaturalizar mitos, creencias, prácticas cotidianas en torno a la sexualidad; desnaturalizar las concepciones de sexualidad, poder dar cuenta de que existen diversas maneras de vivir y ser un sujeto sexuado; analizar la educación sexual en todas sus dimensiones (corporales, afectivas, psicológicas, sensoriales, éticas).

En las diversas actividades se interpelará a lxs docentes con respecto a género en las interacciones educativas. Se realizarán charlas para reflexionar sobre cuáles han sido sus posibilidades formativas en torno a la Educación Sexual Integral-ESI. Se les pedirá que comenten experiencias personales respecto a la educación sexual y se proyectaran videos en donde pares docentes realizan experiencias actuales de ESI.

Se trabajará con actividades de relajación y toma de conciencia corporal, para expresar sentimientos en torno a nuestros cuerpos sexuados poniéndole nombre y palabra a partes silenciadas. Se trabajarán prejuicios y miedos en torno a la sexualidad.

Se utilizará como disparador la serie-documental "Caleidoscopio, diversos colores los mismos derechos", la cual refleja el debate que se dio en nuestra sociedad al discutirse la ley de matrimonio igualitario, debate que atravesó todos los espacios institucionales, familiares, culturales y políticos; desnudando muchos prejuicios y falta de información. Se realizará un debate para desnaturalizar las concepciones de sexualidad, y poder dar cuenta de que existen diversas maneras de vivir y ser un sujeto sexuado.

Para finalizar con los talleres se les invitará a lxs docentes a pensar cómo se han sentido, qué preguntas se despertaron, miedos, sensibilizaciones, etc. Luego cada docente podrá dedicarle a otrx algunas palabras en un escrito, en donde se exprese aliento para la realización de la tarea como educador en la sexualidad, reflexionando sobre lo que significa tal "oportunidad".

Reflexiones finales

Es una invitación abierta a la reflexión y a la escucha de lxs propios docentes y de sus maneras de hacer como educadores, sus deseos, posibilidades y dificultades en esta labor; haciéndolxs protagonistas de su propia sexualidad, para así comprender mejor su práctica educativa y teniendo herramientas para su intervención a partir de la desnaturalización de sus prácticas cotidianas.

Referencias bibliográficas

Gaitán, P. (2009). Educación sexual en la escuela: dar el primer paso. Uniciencia. Disponible en: http://www.unciencia.unc.edu.ar/2009/mayo/ educacion-sexual-en-la-escuela-dar-el-primer-paso

Carnaval: Reconstruyendo los caminos de la Memoria

*Melina Aguirre**

Levantar el papel donde escribimos y revisar mejor debajo.
Levantar cada palabra que encontramos y examinar mejor debajo.

Levantar cada
hombre y observar
mejor debajo.
Levantar a la
muerte y escudriñar
mejor debajo.
Y si miramos bien
siempre hallaremos otra huella.
No servirá para poner el
pie ni para aposentar el
pensamiento pero ella nos
probará
que alguien más ha pasado por aquí.
(Roberto Juarroz)

Fundamentación

En el año 2003 fueron derogadas las leyes de Punto Final y Obediencia Debida, impulsadas durante el gobierno de Carlos Menem. A partir de allí, diferentes organizaciones de Derechos Humanos comenzaron a ver la posibilidad de elevar a juicio, bajo la carátula de Delitos de Lesa

** Estudiante de la carrera de Ciencias de la Educación, Facultad de Filosofía y Humanidades, Universidad Nacional de Córdoba. CE: aguirremel@hotmail.com*

Humanidad, a los responsables por los crímenes cometidos durante la última dictadura militar en Argentina (1976-1983).

Con esto, se reafirma que tanto el ejercicio de la ciudadanía como la defensa de los Derechos Humanos son conquistas sociales y por lo tanto, resultado de años de lucha y organización. Existen, a partir del 2003, políticas de Estado que tienden a acompañar este histórico reclamo de Justicia. Ello no se agota en la materia jurídica sino que también abarca otros ámbitos en los que es necesario el reestablecimiento de la memoria. La educación no escapa a ello.

A lo largo de nuestra formación en el área pedagógica hemos oído reiteradas veces que la educación no es neutral, que responde a procesos hegemónicos (internacionales o nacionales) y/o a proyectos políticos institucionalizados. Es por esto que consideramos que es preciso desnaturalizar su falso velo de neutralidad frente a los procesos políticos que atraviesa el país y la región. Existen espacios alternativos de educación, cuyos métodos y enfoques son diversos. Espacios que se conformaron con la intencionalidad de salvar los vacíos que la institución Escuela no ha podido (o no ha sabido) enfrentar por encontrarse fuera de las paredes que la delimitan. Es allí donde creemos que tiene sentido y reposa la fuerza de nuestro trabajo, en donde las esferas de lo público parecen no haber sido segmentadas por la modernidad para su estudio.
La realidad se muestra más compleja y las fronteras menos marcadas.

Educación, Arte y Política, ese va a ser el eje a trabajar.

Las condiciones sociales que permiten la implementación de una política pública son siempre generadas por diversos agentes que han trabajado sobre el escenario social. Así, entonces, podemos retomar que el ejercicio de la ciudadanía sólo tiene lugar en la medida en que nos sepamos sujetos políticos, pero sobre todo, sujetos de derecho.

Para esto, el proyecto de intervención que se planteará en las próximas páginas tiene el fin de realizar una articulación entre el grupo de derechos humanos y educación popular Vivimos en el país del Nunca Más, que depende de la agrupación HIJOS Córdoba (en la red nacional) y el taller de Murga de la Biblioteca Popular de San Vicente, a partir de la recuperación de la memoria sobre la censura durante los años de dictadura a expresiones artísticas y populares, como El Carnaval.

Como explica María Soledad Tulio (2012) los "temas profundos – situaciones límites que vivimos colectivamente, la gente desaparecida, los silencios impuestos por dictaduras y gobiernos autoritarios– son reivindicados por las murgas y otros géneros de la teatralidad popular. Como género contestatario el Carnaval sufrió censura siempre y casi siempre la eludió. Pero regó a la metáfora con reivindicación y resistencia".

San Vicente es un barrio de la ciudad de Córdoba situado al Este de la zona céntrica y al Sur del Río Suquía. En 1870 Agustín Garzón es quien realiza el primer loteo, a partir de allí y con una importante masa de pobladores, se ha delineado como los llamados "barrio-pueblo" donde dicen que allí puede transcurrir la vida de sus habitantes sin necesidad de "salir del barrio" (más por poesía que por verdad, diría Cortázar). Como sea, San Vicente inicia sus carnavales en 1895, existían ya los carnavales en el centro, pero esos estaban negados para los sectores populares. En 1895 nace en estas tierras el carnaval de los obreros (según el relato popular). Tierra de carnaval que ha resistido la prohibición y la censura incluso durante las épocas más difíciles y oscuras de la historia reciente de nuestro país. Por ello, no podía ser otro el primer territorio donde tuviera lugar nuestra intervención.

Los destinatarios, ya lo dijimos, son los participantes del taller de murga que tiene lugar en la Biblioteca Popular Julio Cortázar. El enfoque está principalmente en adolescentes y jóvenes, no porque creamos que los niños no puedan ser constructores de conocimiento, sino porque es a los primeros a quienes las responsabilidades civiles (como por ejemplo, el voto) les llegan pronto.

Educación desde la memoria reciente de nuestro país. Sí, pero también educación desde la memoria de quienes no han sido invitados a escribir la historia oficial que figura en los libros. El carnaval, como fiesta ancestral en nuestras tierras, no es incluido en ninguna de las áreas de los formatos curriculares (mucho menos en la formación docente). Por ello, la pedagogía de la memoria creemos que tiene que ser entendida como la nueva posibilidad de escribir las formas que queremos que tengan los procesos de aprendizaje.

Apuntamos al aprendizaje colectivo. A la posibilidad de ir construyendo en conjunto el avance y la evaluación de cada uno de los talleres. Poco sirve la educación impuesta de manera vertical y el sentido iluminista sobre las prácticas comunitarias.

Dicho esto, queda abierta la posibilidad de modificar este proyecto tantas veces como sea necesario, para que pueda cumplir su sentido verdadero, el de la educación como construcción colectiva, el arte como herramienta de liberación y la política como instrumento de cambio.

Objetivo general

Fomentar la participación comunitaria en los adolescentes y jóvenes de barrio San Vicente generando un espacio de construcción colectiva sobre las prácticas artísticas que conforman la identidad del barrio, rescatando la historia reciente del país.

Objetivos específicos

- Acompañar la institucionalización de espacios alternativos de educación, como lo son las Bibliotecas Populares.
- Acercar a los jóvenes herramientas que les permitan pensarse como sujetos políticos y de derecho.

Marco Teórico

Cuando nuestros destinatarios para políticas públicas de educación o para proyectos de intervención pedagógica son jóvenes, lo primero que tenemos que tener claro es que no existe una única forma de serlo. Es necesario, entonces, acompañar la referencia a la juventud con la multiplicidad de situaciones sociales en que esta etapa de la vida se desenvuelve, presentar los marcos sociales históricamente desarrollados que condicionan las distintas maneras de ser joven como lo afirman Margulis y Urresti (2008, pág. 15).

"La juventud, como toda categoría socialmente constituida, que alude a fenómenos existentes, posee una dimensión simbólica, pero también tiene que ser analizada desde otras dimensiones: se debe atender a los aspectos fácticos, materiales, históricos y políticos en los que toda producción social se desenvuelve", amplían los autores.

La juventud es entonces más compleja, ya no podemos definirla a partir de los límites etarios; encasillarla de esa manera sería desperdiciar la diversidad que tiene para ofrecernos a quienes trabajamos en educación.

Ahora bien, lo que nos interesa en este caso es recuperar el aspecto histórico que define a la juventud como tal. Nos interesan "los jóvenes en la historia" y no "la historia de la categoría juventud".

Los autores citados señalan que "Hay que tener en cuenta que los habitus son también generacionales, lo que implica un paradójico condicionamiento estructural de tipo histórico. (…) La estructura social se va constituyendo en el plano de la temporalidad, con entradas y salidas de sujetos, con tradiciones que seleccionan y olvidan unos aspectos y remarcan otros, con acontecimientos que alteran radicalmente su fisonomía" (2008, pág. 25).

En este marco, estamos convencidos de que los procesos educativos, son expresión del tiempo histórico y político que atraviesan y la cristalización de su institucionalización.

A partir de la sanción de la Ley Nacional de Educación (Ley 26.206 - 2006), en consonancia con el artículo 92 de dicha ley, comienzan a generarse programas de Educación y Memoria cuyo objetivo es poner el pasado a disposición del presente. "Cuando hablamos de 'memorias' nos referimos a procesos subjetivos que están anclados en experiencias colectivas y en marcas tanto simbólicas como materiales que van delineando qué se recuerda y qué se olvida. En este sentido, las memorias nunca son estáticas y se modifican siempre desde el presente en relación con el pasado" (Extraído de la página del Ministerio Nacional de Educación).

Las conquistas sociales logradas en torno a los crímenes de lesa humanidad durante los años 1976-1983 forman parte de la voluntad política por quienes conducen el organismo estatal nacional.

Ahora bien, en materia de educación, no podemos hablar aún de una "Pedagogía de la Memoria" elaborada epistemológicamente como tal, sino más bien que se presenta como un nuevo enfoque cuyo eje transversal es la educación en Derechos Humanos. Existen variadas formas de abordar esta temática. En este caso vamos a tomarla como una práctica pedagógica cuyo fin es profundizar sobre el cumplimiento de los derechos humanos, pero también entendiendo que es la construcción colectiva la que permite "hacer cuerpo" esta noción de que los avances en materias de justicias/injusticias sociales son producto de la organización, de sujetos entendidos como sujetos de derecho, bajo las plenas garantías constitucionales.

La memoria es histórica. Pero también es simbólica. Lo que olvida o lo que recuerda una sociedad es producto de tensiones sociales, de disputas ideológicas.

Por ello, si bien partimos de retomar los procesos históricos recientes del país. También nos interesa la memoria a largo plazo, es decir, qué se construye como válido en las estructuras sociales (qué se enseña en la escuela como social o culturalmente útil, y qué queda por afuera de ello).

En palabras de María José Barbagelata y Vanesa Suvalski (1999) "en su continuo proceso de adaptación y búsqueda de su lugar social el carnaval y la murga como una de sus manifestaciones directas, aunque no exclusiva, aparece en la actualidad como canales donde la crítica social conjugada con el baile, la música y la coreografía encuentra un espacio de expresión" .

Carlos Millán Patiño (2010) asegura que "El carnaval es la fiesta de lo que nace y muere, de lo que se renueva en un instante. El carnaval es liberación, rito, fiesta, sincretismo, espectáculo en donde se fusionan diversas prácticas pertenecientes a distintas culturas. Sin rampa especial, y sin separación entre actores y espectadores, el carnaval amalgama lo sagrado y lo profano, e involucra a todos en una suerte de alianzas que no disgregan, que no separan a unos de otros y no establecen discriminaciones.

Las leyes que operan a diario, las restricciones que reglamentan la vida, las prohibiciones se suspenden durante los días del carnaval. La agitada existencia presiona el botón de la pausa. El sistema deja de operar para que aparezca su trasgresión, su revés. Invertido el orden jerárquico que regula las relaciones sociales, quedan abolidas las distancias: el contacto es libre, familiar; un nuevo modelo de relaciones se instaura entre los hombres".

Es por esta fuerza de criticar que tiene el carnaval, de transformar aquello prohibido en permisión que durante muchos años intentó ser controlado por organismos del Estado, frente a situaciones políticas adversas para las expresiones populares.

Así, una de la censura que sufre este festejo en la provincia de Córdoba es a partir del Edicto Policial de Carnaval de 1975; en donde establece que:

> "Con el propósito de que los festejos de Carnaval del corriente año, se realicen dentro de un marco de respeto, orden y cultura evitando se atente contra las buenas costumbres, se hacen saber para conocimiento general, las principales disposiciones que deberán ser observadas y cuyo cumplimiento será exigido por la Policía de la Provincia en todo el territorio de su jurisdicción" (Edicto Policial de la Provincia de Córdoba. 1975. Recuperado por el Archivo Provincial de la Memoria).

Este edicto establece la necesidad de:

- permiso de disfraz (otorgado por las comisarías locales)
- marco horario para los juegos con agua
- la conducta durante los corsos
- los bailes/cantos públicos considerados indecentes

- prohíbe la portación de armas
- Y por último, en el caso de que algunos de los ítems anteriores no hayan sido cumplidos, establece penas de hasta 5 días de arresto

Como ya dijimos, las políticas públicas estatales son por un lado, reflejo de lo que acontece en la praxis social; pero también tiende a delimitarla, a señalar los marcos legales en que los ciudadanos pueden moverse. Estamos en esta instancia en la Córdoba intervenida desde el Ejecutivo Central, tirando por suelo la elección democrática de Obregón Cano y Atilio López. Estamos ante las primeras señales de lo que vendría después.

El carnaval no quedó ajeno a las distintas prohibiciones que se establecen a partir de la dictadura militar que inicia Rafael Videla. Es así que en 9 de junio de 1976, por decreto militar se establece un nuevo cronograma de feriados nacionales donde es excluido el carnaval como festividad (Ley 21.329).

En 1997, la Ciudad Autónoma de Buenos Aires, esboza los primeros pasos para recuperar el carnaval a partir de la ordenanza 52039/97 que declara Patrimonio Cultural las actividades que desarrollen las Asociaciones/Agrupaciones artísticas de Carnaval.

Es finalmente en 2010, a partir de un proyecto enviado por el Ejecutivo a cargo de Cristina Fernández de Kirchner cuando se reordenan los feriados nacionales recuperando los días Lunes y Martes feriado de Carnaval.

Actividades

Primer Encuentro: *Reconocimiento del grupo. Cohesión y concepciones de trabajo colectivo y cooperativo.*

Al ser este el primer encuentro, debemos presentarnos, dejar en claro quiénes somos, por qué estamos ahí y para qué. Esto es importante en los espacios alternativos de educación ya que, a diferencia de los ámbitos de educación formal, los objetivos tienen que ser claros y explícitos desde el comienzo. Habitualmente los objetivos de la educación están vedados al alumno, los objetivos últimos de aplicación del conocimiento son descubiertos por él al finalizar el trayecto o al descubrir su aplicabilidad (el famoso "¿y esto para qué sirve?"). Justamente esta sensación de incertidumbre es la que queremos reemplazar por una propuesta abierta y participante.

La primera dinámica tiene que ver con sabernos iguales... Entonces:

Todos de pie, se forma una ronda y se entrelazan los brazos para achicarla hasta que los participantes estén en cercanía. Una vez que estamos uno al lado del otro, se sueltan para dar medio giro hacia la izquierda (o derecha, es indistinto). Se colocan las manos en los hombros del compañero que está al frente y el coordinador indica que hay que hacerle masajes. Luego, se da media vuelta para repetir la operación con el compañero que estaba detrás (5 min. Aproximadamente).

Este momento, lo que permite es introducir la idea de que todos tenemos algo para dar, como se pueda, con la fuerza que se tenga. Y que todos estamos dispuestos a recibir. Esa es la base del establecimiento de vínculos solidarios.

Luego se propone otro juego... el "Me Gusta". Se puede introducir haciendo alusión a las redes sociales en donde uno puede "decir" que le gusta una publicación de un amigo pero que se pierde la instancia de compartir ese momento de manera personal. Para esto, conservando la ronda, se pide que alguien (por voluntad) pase al medio y diga bien fuerte qué le gusta; por ejemplo: "me gusta tomar mate". Entonces, quienes se sientan identificados se acercan al medio de la ronda a abrazarlo. Se repite esta instancia varias veces, teniendo en cuenta el número del grupo y evitando que caiga en un bache.

Ahora sí, le pedimos a cada participante que se presente. Que nos diga sólo su nombre para poder recordarlo y que, en una frase, presente al grupo intentando no repetir lo que ya dijo un compañero anterior. Por ejemplo: "somos murgueros" o "somos amigos que hacemos murga", etc. La idea central es que ellos mismos vayan definiéndose tanto como individualidad, pero inmersa en el colectivo, en el objetivo común.

A continuación y por último, les contamos que de lo que fueron diciendo fuimos tomando nota. Y que vamos a pedirle que, en 2 grupos, elaboren una estrofa que contenga las frases o palabras que dijeron. El coordinador no debe dejar de prestar atención a los procesos de colaboración/tensión/resolución que se generan.

Una vez finalizado el tiempo, uno de cada grupo elegido por ellos mismos va a leer la estrofa. Finalmente se escriben las dos juntas en un afiche grande. Y esa va a ser la primera construcción colectiva.

Al final de taller no les preguntamos cómo se sintieron (lo cual es habitual) sino que les preguntamos si *sintieron que estaban haciendo algo distinto a las formas en que generalmente hacen las cosas en otros ámbitos.*

Segundo Encuentro: *Primer acercamiento al conocimiento histórico. ¿Por qué y para qué la memoria?*

Empezamos la jornada proponiendo la lectura de "Todo está escrito en la memoria", artículo de Gustavo Nielsen para el diario Página 12 sobre Jochen Gerz (artista alemán).

Luego de 15 minutos les preguntamos para qué piensan que les dimos ese artículo, qué les está diciendo.

Pasado el tiempo de la primera discusión. Tomamos unas tarjetas en donde figuran palabras o nombres de organizaciones o personas relevantes para el tiempo histórico que queremos tratar; por ejemplo: Madres de Plaza de Mayo, Azucena Villaflor, Ley de Obediencia Debida, Punto Final, Juicio a las Juntas, 24 de marzo, etc. Las dejamos todas juntas, boca abajo, y sentados armamos una ronda alrededor de ellas. Les pedimos a los participantes que de a uno vayan sacando una tarjeta, la lean y si saben a qué refiere que lo cuenten al grupo; caso contrario, que muestren la tarjeta al grupo y quien tenga conocimiento de ella que lo exprese públicamente.

De esta manera podremos acercarnos a los conocimientos previos acerca de la historia reciente de nuestro país, pero no sólo a ello. No hay una sola manera de contar la historia, no hay una sola visión del mundo. Por ello, este ejercicio también nos va a permitir conocer acerca de las distintas formas de leer la praxis social a partir de intereses/convicciones/ prejuicios, etc. Recordamos aquí que nuestro enfoque está firmemente anclado en la convicción del respeto y cumplimiento de los Derechos Humanos.

A continuación, es posible que el coordinador pueda realizar preguntas disparadoras de debate, por ejemplo: ¿saben acerca de los juicios por delitos de lesa humanidad? ¿qué piensan sobre eso?, etc. Y este será el cierre de la actividad.

Tercer encuentro: *El carnaval. El barrio. El arte callejero. ¿Qué queremos decir?*

Comenzamos la actividad viendo un video documental: "Carnaval en San Vicente" que revive distintas miradas de agrupaciones carnavaleras y vecinos del barrio.

Seguido, vemos "Carnaval, una fiesta popular", una producción del Canal Encuentro que retoma esta fiesta desde el poblado de Lincoln pero que hace también un recorrido sobre las distintas formas que adopta esta fiesta en diferentes territorios del país.

Una vez que hayamos compartido los dos videos, damos lugar al debate con los jóvenes. Les preguntamos qué les pareció, qué sensaciones despiertan en ellos, si conocían estas diferentes expresiones de lo que aparenta ser una misma festividad, etc. Por último, vemos un capítulo del ciclo "Obra en construcción" donde los artistas callejeros de nuestro país comparten sus historias de vida y creaciones, sus modos de ver y pensar el arte y su relación con los espacios públicos.

Este último video nos va a permitir interrogarnos acerca de rol del artista callejero en tanto artista pero también como ciudadano. *¿Qué quiero decir a través del arte?, ¿por qué arte callejero?* Y con ello cerramos la actividad.

Cuarto Encuentro: *Taller de recreación a partir de elementos de la memoria. Producción colectiva.*

Esta vez nuestra intención va más allá y buscamos que problematicen acerca de las formas de la enseñanza en los ámbitos escolares.

Los coordinadores despliegan un afiche donde están marcadas las fiestas populares en el año académico: 24 de marzo, 2 de abril, 25 de mayo, 20 de junio, 9 de julio, 17 de agosto, etc. ¿Qué nos dicen estas fechas? Cronológicamente, cuál es la lógica que se sigue (para dar un ejemplo de por qué esta pregunta no basta más que decir que si en el mes de abril el tema a tratar son las Islas Malvinas, al mes siguiente el docente retrocede casi 200 años para cumplir con el espacio curricular de la Revolución de Mayo… ¿son comprensibles estos saltos? ¿puede verse la complejidad de la historia a partir de las efemérides? ¿para qué sirven?).

A simple vista caerá la conclusión de que el Carnaval está por fuera del ciclo lectivo, que escapa al tiempo real de dictado de clases. Aún así, ¿es por esto (y sólo por esto) que no es un tema a tratar en los diseños curriculares?

Por último, les planteamos una actividad que tiene por fin una construcción colectiva. Les repartimos tarjetas en blanco (2 por participante) donde escribirán en cada una, una palabra que pueda ser empleada en una canción para la murga y que esté vinculada a lo que estuvimos trabajando durante los talleres. Una vez que todos hayan terminado de escribir (y sin mostrarla al compañero) se arma una ronda y se ponen las tarjetas en el medio, boca abajo para que no se vean. Se mezclan. Y luego se les pide que saquen, al azar, dos cada uno.

A partir de allí, se plantea que cada participante elabore una frase con esas dos palabras. Una vez que todos hayan finalizado la frase, se ponen en común.

Cuando tengamos todas las frases, todos juntos, vamos a intentar ordenarlas para armar un recitado que sea producto de todos.

Reflexiones Finales

Contribución del proyecto a la promoción y protección de los derechos de los jóvenes: Creemos que la relevancia de este proyecto radica en proponer formas de restitución simbólica que tienen como medio el *arte*, verdadero lenguaje, que habita y define el universo humano. Sostenemos que la juventud, desde el arte, puede generar lazos sociales y proponer una nueva representación social de los jóvenes. El generar espacios en la red social posibilita al sujeto producir algo más allá de su estructura, más de lo estereotipado, más de lo dicho, de lo pre-fijado.

Por ello surge la necesidad de generar, promover y sostener espacios de encuentro. Espacios donde los jóvenes aparezcan como tales, donde se puedan manifestar en relación con los otros próximos, donde puedan ejercitar su palabra social y hacerla circular, espacios que den lugar al encuentro con el otro, que permita la producción artística y el desarrollo de sus capacidades creativas, esto implica el concebirlos como protagonistas, recuperando sus saberes, sus intereses, sus potencialidades, su identidad.

Discriminación escolar y diversidad lingüística

*Mónica Belén Castillo**

Día a día intentamos reconocer distintas formas de pensamiento, de lenguajes, de comunicación y de vida. Nos encontramos atravesados por grandes cambios, y uno de los espacios en donde la transversalidad de los cambios se trasluce, de una manera particular es en el espacio escolar.

Dentro del sistema educativo, desde hace un tiempo, nos encontramos con una población escolar diversa (se puede aprender de diferentes personas y culturas), lo cual nos abre los ojos y la mente a esa población, a la gran diversidad de esencias de seres humanos que existen, y ahí estaría nuestro objetivo, conocer y entender lo diferente.

Y a través de apropiarnos de las características particulares de las demás culturas, es que vamos a poder respetarlas en todo su magnitud y particularidad.

Es así que para **conocer, entender y respetar lo diferente** nos focalizarnos en una problemática que consideramos de gran impacto en el mundo social en el que vivimos, y es el tema de las interacciones

* *Estudiante de la carrera de Ciencias de la Educación, Facultad de Filosofía y Humanidades, Universidad Nacional de Córdoba. CE: monicacastillo.e@hotmail.com*

M. B. Castillo

comunicacionales entre los alumnos argentinos (cordobeses) del nivel medio con respecto a sus compañeros extranjeros o migrantes (peruanos).

En la Ciudad de Córdoba, se presentan en diversas zonas periféricas, algunos asentamientos migrantes, con población precedente sobre todo de Bolivia y Perú.

> "...Este sector sufre cotidianamente experiencias de discriminación y exclusión en distintos ámbitos de socialización formal e informal: en las calles, en las escuelas, en los trabajos y en su contacto con agentes estatales, en dependencias vinculadas con la atención de la salud, con la documentación y, también, con la seguridad".[14]

Las experiencias cotidianas vividas por los migrantes, residentes en la región metropolitana de la ciudad de Córdoba pone en evidencia que están en desventaja en ámbitos importantes de la vida cotidiana, como la esfera laboral, la socio-cultural y la del ejercicio ciudadano. Esto se debe a que, aunque la normativa garantice sus derechos humanos, numerosas situaciones de carencia les imposibilitan tener una calidad de vida digna. Es decir, los derechos enunciados en la Legislación Nacional se ven violados en las prácticas por diversos factores, entre los que podemos retomar, la falta de regulación de la ley en primer lugar, todo lo cual pone al descubierto la situación de extenuación de los migrantes como sujetos de derechos humanos.

---

[14] Otero, Mariana: "Se demora la integración cultural en la escuela". Noticia publicada en el diario La Voz del Interior. 23/06/2013.

Contexto de intervención

En el desarrollo de las observaciones realizadas para la cátedra "Análisis Institucional", Escuela de Ciencias de la Educación, Facultad de Filosofía y Humanidades, de la Universidad Nacional de Córdoba, aunque los objetivos del trabajo eran otros, los alumnos que vivieron la

experiencia pudieron diferenciar un mínimo porcentaje de población migrante peruana, respecto de la matricula total del establecimiento de nivel medio, I.P.E.M.: nº 115 "Domingo Faustino Sarmiento", ubicada en Avenida Colón 1329, Barrio Alberdi, Córdoba Capital.

Estas observaciones arrojaron luz sobre algunas situaciones que se estaban suscitando en las prácticas escolares, respecto del alumnado; situaciones que nadie reconocía, y que repercutían en el proceso de enseñanza y aprendizaje de los mismos alumnos.

En palabras del grupo que realizó las observaciones:

> "Cada vez que estábamos en un recreo o cuando presenciábamos las clases veíamos a los "grupitos" de chicos cordobeses por un lado y a los peruanos o bolivianos por otro, los alumnos cordobeses solo charlaban entre ellos, muy pocas veces hacían las cosas en clases, o solo algunos (siempre eran los mismo) trabajaban en clases, pero los peruanos y bolivianos (les decimos peruanos y bolivianos, porque realmente está bien dicho así, a la gente que es de Perú o Bolivia, aunque suena mal por la carga valorativa que socialmente se le asigna a esas palabras, no porque nosotras estemos desprestigiando, ¿sabes?), en fin los chicos peruanos y bolivianos... era impresionante escucharlos hablar, siempre se referían a la otra persona como "Usted", no faltaban el respeto, trabajaban en clases, si bien en cada curso se observaba al fondo del aula ese 'grupito de tres o cuatro chicos/as que vos ves que son peruanos o bolivianos por sus rasgos faciales', hablaban solo entre ellos, y en sus diálogos utilizaban términos propios de su cultura".[15]

Estas prácticas son las que motivaron a una parte del grupo a regresar, un año después a la misma institución para profundizar esa recopilación de información y observaciones.

La escuela de la ciudad de Córdoba no está preparada para afrontar la multiculturalidad que asiste a los salones de clases cada día. Una noticia del diario La Voz del Interior (2013), con el siguiente titular:

"En Córdoba hay 7.254 alumnos extranjeros y muchos otros hijos de inmigrantes. Los colegios no tienen orientación para trabajar desde la multiculturalidad. Persisten casos de discriminación" (Otero, 2013), nos esclarecía el panorama de la matricula total de alumnos (0,83%) de la índole que estamos caracterizando y analizando en este trabajo.

Se reconoce que estas familias migran hacia Argentina cargando en sus equipajes, no solo sus pertenencias, sino su Cultura, sus variaciones lingüísticas, sus, y esto es lo que nos hace entrever, el relato de una Señora entrevistada por el Noticiero Teleocho Noticias de Córdoba, en un informe el 16 de Junio de 2013: "Los inmigrantes, más estudiosos". Y su resumen es el siguiente:

> "Una investigación de la UNESCO en Argentina, estableció que los hijos de familias de inmigrantes, tienen mejor rendimiento que la mayoría de los chicos nativos en la escuela. Y que sus padres acompañan mucho más a los hijos en el proceso educativo y colaborando con las escuelas. En Córdoba, las escuelas de la zona sur (donde hay una importante comunidad proveniente de Paraguay, Bolivia, Chile y otros países vecinos) demostraron que ese dato es plenamente real".[3]

A través de las observaciones realizadas, podemos dar cuenta de lo relevado en el informe de UNESCO y además de su elevado rendimiento académico en comparación con la población estudiantil

[15] Relato de las alumnas que asistieron a las primeras observaciones realizadas en el I.P.E.M.: 115

nativa. Las observaciones de las clases de los alumnos adolescentes de la escuela Sarmiento, y los relatos de actores principales (Directora, Vicedirectora y Psicopedagoga) nos permitieron confirmar su notable desempeño escolar y compromiso con la educación y el progreso.

Pero, ¿qué pasa cuando se encuentran los alumnos migrantes y los nativos dentro del salón de clases?

"Las fronteras se diluyen cuando ingresan al aula, aunque en ocasiones también se generan. Unos hablan de chipá y mandioca, otros conocen sobre [3]

http://www.unicef.org/argentina/spanish/estudiantes_secundarios_inmigrantes_2012.pdf

caporales y otras danzas en honor a la Virgen de Copacabana. Algunos hablan guaraní en casa, pero lo ocultan en clase; a otros el quechua que aprendieron con sus padres les juega una mala pasada con el español que les enseñan en la escuela"(Otero, 2013).

El estudio lingüístico cobra una importancia fundamental en cuanto la institución escolar, es por sobre todas las cosas un espacio en el que las prestaciones y servicios se regulan por medio del lenguaje, de sus significados, los que constituyen el sostén del proceso de enseñanza aprendizaje.

El problema reside en que la competencia lingüística que la escuela exige al niño se relaciona con el potencial de significados que caracteriza a la cultura urbano (Otero, 2013) y es este problema, el que se les presenta a los alumnos migrantes cuando en su casa pueden hablar Guaraní como dice el resumen del diario, y en la escuela no.

El propósito de regresar a una escuela, de retomar observaciones antiguas, de comparar situaciones, de buscar información e informes, se debe al deseo de aportar un "granito de arena" a esta situación. Es verdad que delimitamos nuestro campo visual y de acción en el ámbito educativo, pero nadie está lejos de compartir momentos y espacios con migrantes. Pensemos cuando vamos al supermercado, a la farmacia, ferretería, plaza y cualquier otro espacio público, la persona que tenemos a nuestro lado puede ser migrante, y por qué no recibirlo bien, presentarle nuestra cultura, y aprender de la suya.

Referencias bibliográficas

Otero, M. (2013). "Se demora la integración cultural en la escuela". Noticia publicada en el diario La Voz del Interior. 23/06/2013.

Binstock, G. & Cerrutti, M. (2012). Los estudiantes inmigrantes en la escuela secundaria. Argentina: Fondo de las Naciones Unidas para la Infancia (UNICEF).

Reinserción del exconvicto en el Mercado Laboral

*Araceli Adrián**

*Lourdes Galvagno***

Como beneficiarios de políticas públicas y jóvenes responsables de nuestro porvenir, nos interesa partir desde el planteo de una problemática socio-laboral que aqueja a una parte de la población: los exconvictos (jóvenes/adultos). Pretendemos dar cuenta de las reales posibilidades que tiene un "exconvicto" a la hora de su inserción en el mercado laboral, entendiendo a su vez su estrecha relación con la reinserción social y enmarcando su totalidad desde el reconocimiento de los derechos humanos.

De esta forma, se trata de visualizar esta realidad, que nos toca de cerca a todos, como sociedad, pues sin una verdadera distinción y problematización de la misma, se seguirán reproduciendo representaciones sociales naturalmente, sea el estigma social, la exclusión y el no reconocimiento del "otro" como un sujeto de derecho. Lograr crear concientización verdadera de la problemática es el objetivo principal de

* *Estudiante de la carrera de Ciencias de la Educación, Facultad de Filosofía y Humanidades, Universidad Nacional de Córdoba. CE: araceliadrian1@hotmail.com*

** *Estudiante de la carrera de Ciencias de la Educación, Facultad de Filosofía y Humanidades, Universidad Nacional de Córdoba. CE: ana_luo6@hotmail.com*

este taller, lo que busca la responsabilidad social, cumpliendo con la obligación de los derechos compartidos. De esta manera, se podría lograr como sociedad, una justa inserción de los exconvictos en el mundo del trabajo.

El modo en que está pensado realizarse este proyecto es a través de talleres abiertos a todo público, cuyos principales destinatarios serán empresarios (comerciantes). Se indagará sobre la problemática: una verdadera inclusión del exconvictos al mercado laboral. Para ello se brindará información cierta sobre los derechos y obligaciones que competen a todo actor social. Así se buscará esclarecer la diferencia entre esto y el "dar una segunda oportunidad".

El taller se llevará a cabo en el plazo de tres días, dictado en diversos espacios abiertos al público. Estará bajo la coordinación de nosotras, como autoras del proyecto.

El primer día del taller realizaremos la presentación del equipo, exposición del objetivo específico y de los objetivos generales dando pie a una charla sobre los conocimientos previos y/o relatos de experiencia de vida o conocidas. El cierre de este primer día estará a cargo de un/a abogado/a, quien dará una charla informativa sobre cuestiones legales, que atienden tanto a los presos como a los exconvictos.

El segundo día del taller recordaremos y ampliaremos la temática abordando el encuentro anterior. Se realizarán actividades prácticas de no más de cinco personas, con temáticas tales como "ponerse en el lugar del otro" en la cual recrearemos las escenas en donde los exconvictos salen a buscar trabajo. Se realizará posteriormente una reflexión de dicha actividad.

Por último, el día tres, día clave pues realizaremos la presentación de la Cooperativa Esperanza sin Muros,[16] como una organización de exconvictos que hace frente a la problemática de exclusión y el desempleo.

Ellos relatarán sus experiencias, dando unos minutos para realizar

preguntas y reflexionando sobre la mirada de ellos a la sociedad y de la sociedad a ellos.

Para el cierre del taller, propondremos una reflexión de los oyentes frente a los temas expuestos.

Como responsables a llevar adelante un proyecto de tal envergadura, por su peso en los significados y representaciones socioculturales sobre ciudadanos que han sido presos de su libertad, nuestras expectativas centradas en el taller como modalidad, pretende dar espacio a la reflexión. Entendemos la importancia de ello para comprender que "la incorporación laboral de personas en situación de vulnerabilidad constituyendo uno de los pasos fundamentales para lograr no sólo su

---

16 https://www.facebook.com/esperanzas.sinmuros
http://anticarcelaria.blogspot.com.ar/2010/09/cooperativa-esperanza-sin-muros.html

integración social sino también la mejora de su salud psicológica y física y el cambio del contexto en el que se mueven y de la sociedad en su conjunto" (Fundación Atenea, 2010), la reducción de reincidencia y consecuentemente, la reducción de costos para la sociedad y una comunidad más inclusiva y cohesionada.

Obligatoriedad, escuela y derechos. Avatares de una construcción social compleja

*Olga Silvia Ávila**

A partir del año 2006 con la sanción de la ley 26.206, la escuela secundaria es obligatoria en Argentina. Esta constituye una de las transformaciones educativas y sociales más significativas introducidas en los últimos años; se inscribe en un conjunto de políticas referidas a los adolescentes y jóvenes, implementadas al compás de la recuperación de iniciativas estatales en la última década. La Ley de Educación Nacional, que reemplazó a la Ley Federal de Educación (1993),[17] llevó a trece años

* *Profesora Titular Ordinaria de la Cátedra "Análisis Institucional de la Educación" y responsable del Seminario electivo permanente "Procesos comunitarios e intervenciones pedagógicas". Directora del Proyecto de Investigación y Desarrollo "Instituciones, sujetos y transformaciones sociales. Cruces críticos y procesos instituyentes en la educación de niños y jóvenes" (Secretaría de Ciencia y Tecnología – Universidad Nacional de Córdoba). Ha sido Vicedecana de la Facultad de Filosofía y Humanidades, Coordinadora del Postítulo en Gestión de las Instituciones Educativas, Coordinadora del Área Educación del Centro de Investigaciones "María Saleme de Burnichón", Secretaria de*

---

[17] En el año 2003, se llevó a cabo en la Facultad de Filosofía y Humanidades de la Universidad Nacional de Córdoba, el Coloquio Nacional a Diez Años de la Ley Federal de Educación que contó con la participación de trabajos de la mayoría de las provincias. Las discusiones y conclusiones dejaron al descubierto los graves problemas que la implementación de esta norma, en el marco de las políticas neoliberales de la década del noventa había producido, agravando las dificultades estructurales del nivel secundario especialmente, a pesar de que establecía un ciclo obligatorio de diez años.

Extensión y Coordinadora del Programa de Derechos Humanos de la Facultad. CE: olgasilviaavila@ gmail.com

la escolaridad obligatoria[18] estableciendo, de este modo, como principio el derecho a la educación universal y gratuita para los jóvenes.[19]

El nivel secundario, marcado desde sus orígenes por una configuración elitista y selectiva, expuesto de modo intermitente a políticas de masificación a partir de la recuperación democrática, enfrenta el desafío de albergar al conjunto de los adolescentes y jóvenes en un contexto político y social de recuperación la iniciativa del Estado. La obligatoriedad extendida conlleva como primera y fundamental consecuencia la indubitable responsabilidad de ese Estado de garantizar el goce efectivo del derecho a la escolarización. Desafía, además, a la sociedad y a las instituciones a producir cambios en las condiciones y las prácticas a fin de permitir el cabal cumplimiento de estos derechos.

A partir de la Ley, numerosas y variadas estrategias, proyectos e iniciativas gubernamentales abordan la necesidad de ofrecer mejores condiciones para el ingreso, el tránsito y el egreso en este nivel y múltiples son los actores convocados a tomar parte en estos procesos; gobiernos provinciales y municipales, familias, docentes, organizaciones comunitarias son aludidos como corresponsables de sostener y fortalecer la ampliación de derechos educativos y se constituyen en coactores de los avances y retrocesos en el camino de la universalización de la escuela.

En los tiempos que siguieron a esta disposición, se promovió en los establecimientos de todo el país en torno los desafíos para avanzar en los cambios de la escuela secundaria. Tal como señalan Kravetz y Castro (2012), a través de diversos documentos aprobados por el Consejo Federal, propiciaron lineamientos comunes entre las provincias y conformaron un espacio de confluencia a fin de que las distintas jurisdicciones avanzaran en forma conjunta en la concreción de la obligatoriedad. En otras disposiciones se plantearon definiciones acerca

---

18 Al establecerse, recientemente, la obligatoriedad de la sala de cuatro años, este número asciende a catorce años.

19 En Córdoba, la Ley 9870/10 fue la vía de adecuación a la LEN y por la cual queda regulada la escuela secundaria obligatoria en la provincia.

del tipo de establecimiento requerido para garantizar los nuevos derechos a los jóvenes y se consensuaron propuestas para posibilitar la culminación de los estudios contemplando las diversas trayectorias escolares. A fines de 2012, el Consejo Federal de Educación aprueba el **Plan Nacional de Educación Obligatoria y Formación Docente 2012-2016,** que sintetiza lineamientos para afianzar logros, profundizar transformaciones y consolidar el sistema educativo federal (Dirección de Educación Secundaria).[20]

El proceso de transformación abre curso a un conjunto de tareas a desplegar en el tiempo y cuya envergadura da cuenta de la complejidad del proceso socio educativo iniciado. Entre ellas, las más relevantes (Kravetz; 2012), pueden sintetizarse en los siguientes puntos: "a) transformar el modelo elitista de la escuela secundaria para construir un formato de escuela que facilite la incorporación de sujetos diversos; b) relativizar el peso de las biografías escolares anticipadas; (esto es, considerar que la escuela podría neutralizar, aunque sea parcialmente, los efectos derivados del origen socio cultural desfavorable de algunos alumnos); y c) generar propuestas de enseñanza pensadas para los alumnos reales, portadores de culturas juveniles tan disímiles como novedosas y desafiantes".

En la provincia de Córdoba se implementaron entre otras medidas, el Plan FinEs a partir de 2008 y a partir de 2009, el Programa denominado "Más y mejor escuela", un programa provincial de Becas Estudiantiles y se incorporó la figura de Coordinadores de Curso –por Resolución 1513/09 de la Dirección General de Enseñanza Media de la Provincia–, en las escuelas secundarias, como parte de la planta de los establecimientos, figura cuyo orientación central está referida al acompañamiento de los jóvenes en sus trayectorias escolares. A partir de 2010, la provincia implementó además, los Planes de Mejora Institucionales (PMI) previstos en la Res. CFE 88/09, orientados a fortalecer las propuestas educativas institucionales, y puso en marcha el Programa de Inclusión Terminalidad y Formación laboral para Adolescentes y Jóvenes de 14 a 17 años de la Provincia de Córdoba.

---

[20] El texto puede buscarse en www.me.gov.ar

Es decir, en términos de políticas y acciones gubernamentales han llegado a las escuelas claros signos de un cambio en las orientaciones y la disponibilidad de recursos. Numerosos trabajos han realizado aportes para el análisis de las políticas y su implementación, así como acerca de las dificultades y redefiniciones a nivel de las jurisdicciones y espacios locales (Southwell, 2008; Terigi, 2009; Kravetz, 2012; Miranda, 2013; Briscioli y Toscano, 2012; entre muchos otros).

Por otro lado, algunos estudios (Kravetz, 2012; Vanella y Maldonado, 2013; Foglino y otros, 2008; Gutierrez, 2013; Ávila y otros, 2011; Coria y Kravetz, 2014; entre otros) han focalizado en la provincia de Córdoba y señalado algunas particularidades en la concreción de las transformaciones que estamos analizando. Desde diferentes perspectivas, se plantean coincidencias en cuanto a la ampliación de las oportunidades educativas destinadas a los jóvenes la última década –y en consonancia con las políticas nacionales– siendo el mismo Estado su principal promotor; al mismo tiempo, se señala, la persistencia y en algunos casos, el agravamiento de obstáculos relacionados con la desigualdad como problema social y educativo. Específicamente se destaca la condensación en el nivel secundario, de problemáticas tales como repitencia, sobre edad y desgranamiento. Estas dificultades en las trayectorias educativas se concentran en el sector estatal, en clara correlación con las diferencias sociales entre los alumnos que atienden el sector estatal y el privado.

La tendencia histórica que marca la presencia exclusiva de la escuela estatal en zonas de pobreza urbana y rural, en localidades alejadas de los centros urbanos y en las periferias críticas de las ciudades, convive con el incremento desigual de la asignación de recursos por alumno, en el que las estadísticas muestran un incremento mayor para el sector privado (Gutierrez, 2013; Coria y Kravetz, 2014). En la escuela pública, se concentra la mayor relación entre número de estudiantes y unidades educativas, lo que implica masividad creciente en los cursos, y sobre carga en la tarea docente. Al mismo tiempo –aun cuando se han implementado las innovaciones señaladas más arriba– persiste la debilidad de las estrategias de acompañamiento tanto a la enseñanza en los establecimientos como al fortalecimiento de las condiciones sociales de escolarización, a partir de la intervención de otros actores estatales (Gutierrez, 2013).

Los datos señalados más arriba, nos permiten pintar en grandes trazos las características que viene asumiendo la concreción de la obligatoriedad escolar secundaria como derecho universal a la educación. Recuperando nuestra experiencia de trabajo, interesa avanzar en algunos apuntes con relación al contexto y a los procesos sociales en que estas transformaciones se insertan por un lado, y por otro, reflexionar acerca de la complejidad y la envergadura de los desafíos que se enfrentan a partir de fijar la mirada en los sujetos y las instituciones educativas.

Algunas notas de contexto: jóvenes y ampliación derechos

En el controvertido contexto de demandas de igualdad y ampliación de derechos, configurado en los años posteriores a la crisis del 2001 en Argentina, particularmente, a partir de 2003, se gestó un escenario de transformaciones y desafíos crecientes, con la progresiva presencia pública de diversos actores sociales expresando sus reclamos y las redefiniciones en políticas estatales.

A nivel nacional, la nueva Ley de Educación Nacional surge en concomitancia con la sanción de otras leyes que se ocupan de los derechos de los adolescentes y jóvenes, y con la implementación de políticas sociales y educativas que tienden a promover un horizonte que venía siendo reclamado por movimientos y organizaciones sociales. Una de las principales transformaciones –tal vez poco reconocida en campo educativo en sus efectos materiales y simbólicos– es la sanción de la Ley 26.061 de Protección Integral de derechos de niños, niñas y adolescentes, que viene consagrar las definiciones que ya habían sido asumidas como principios constitucionales a partir de la incorporación de la Convención Internacional de los derechos de niños, niñas y adolescentes a la Constitución en 1994. Esos principios se vuelven eficaces a partir de que la ley los puntualiza en su articulado, y con ello, se inicia un cambio sustancial de paradigma en la Argentina, convirtiendo indubitablemente a niños, niñas y jóvenes en **sujetos de derechos**, al Estado en garante y responsable de políticas que los efectivicen y a la sociedad en su conjunto en corresponsable colectivo en esa construcción. Este nuevo redefine el estatuto de la niñez y la adolescencia, alcanzando a sujetos hasta los dieciocho años de edad.

Tal como lo señala Gabriela Diker (2009), siguiendo a Baratta, la idea de "protección integral de derechos" busca quebrar la construcción social que separa a los "menores" de los "niños" y "adolescentes", cristalizada muy concretamente en instituciones, itinerarios y biografías profundamente diferenciadas, y "se dirige a los niños y adolescentes como sujetos con derechos humanos originarios, con la finalidad de evitar su marginalización...". Los niños y jóvenes en situación de pobreza o indefensión, son a partir de esta ley titulares de derechos exigibles al Estado y a la sociedad, y ya no sujetos marginales y tutelados.

El papel del Estado por un lado se amplía, estableciéndose un conjunto de mecanismos institucionales y políticas sociales exigibles, y por otro, se restringe en cuanto a la intervención tutelar, preservando a las familias su lugar de ámbitos de crianza y desarrollo con el apoyo del Estado y por otro, consagra para todos el derecho a la educación.

Es por ello que interesa marcar que estos avances, se han ido gestando en simultaneidad y amalgamando con la ampliación de derechos educativos. La Ley 26.061 –sancionada en 2005– rompe con una de las marcas históricas en la fragmentación de los colectivos sociales de niños y jóvenes, borrando la categoría de "menores" y la Ley de Educación Nacional avanza en universalizar derechos educativos, ampliando la obligación del Estado y señalando a las instituciones educativas en sus distintos niveles como las instituciones socialmente consagradas para albergar a los integrantes de las nuevas generaciones en su conjunto. Se trata de un giro sustancial en lo institucional y lo educativo cuyos sentidos se potencian y que pone a las escuelas en el corazón de las políticas de igualdad con la enorme complejidad que esta tarea supone.

Con la convergencia del nuevo paradigma de "Protección Integral de Derechos" –con su incipiente, trabajosa y todavía controvertida implementación a través de una nueva institucionalidad en construcción– y las nuevas definiciones en cuanto a obligatoriedad y universalización educativa, las instituciones de la educación ven profundizarse las demandas sociales de inclusión y esos procesos abren cauces irreversibles y a la vez sinuosos al interior de las mismas y sus comunidades. Se trata fundamentalmente de un efecto de sentido que tiende a desarmar sistemas de prácticas instituidas e instalar paradigmas de igualdad entre juventudes inmersas en fuertes desigualdades sociales, acompañadas de políticas cuyos efectos resultan difíciles de evaluar en estas etapas iniciales.

En ese sentido, las políticas sociales implementadas por el Estado Nacional, en cogestión, según los casos con las jurisdicciones provinciales y municipales, dan nuevos marcos y soportes a esas transformaciones, a través de diversos programas. La Asignación Universal por Hijo es tal vez la más abarcativa cubriendo a jóvenes hasta los dieciocho años y al mismo tiempo incorporándolos a las exigencias y los requisitos en el plano educativo que la misma establece.

Se conforma así, un horizonte cuya principal característica es la definición universal de los niños y jóvenes como **sujetos de derechos**, con todas sus consecuencias legales, políticas, sociales y simbólicas. Y se implementan políticas sociales a fin de acompañar esas definiciones. Por otro lado, la Ley de Financiamiento Educativo, ofrece un soporte concreto a la ampliación de derechos educativos y acompaña las políticas sociales citadas incrementando los recursos destinados a las instituciones educativas en sus diversos niveles.

Sin embargo, estos cambios políticos, sociales y económicos, tienen lugar en una estructura social que fue profundamente quebrantada a los largo de años de políticas neoliberales. Los cambios gestados al calor de los reclamos de igualdad desde 2003, encuentran a las instituciones, los sujetos y a los lazos sociales y subjetivos atravesados por esas heridas. En ese sentido, se vuelve necesaria una breve referencia el contexto socio histórico y político en el que el camino de la obligatoriedad se abre paso.

Las instituciones educativas y los sistemas provinciales en el año 2006 –año de la sanción de la LEN–, emergían insipientemente de la situación de debacle que los encontró el fin del milenio, con docentes empobrecidos y atravesados por la precariedad en laboral y por un profundo malestar producto de las conflictividades institucionales exacerbadas a partir de la inestabilidad e incertidumbre provocada por la aplicación de la Ley Federal de Educación.

El tercer ciclo obligatorio –instituido por la Ley Federal– y sus diferentes modos de implementación en las distintas provincias dejaban la huella de una dudosa concreción y de una desigual configuración de oportunidades, ampliamente constatada por docentes, familias y jóvenes.[21] La heterogeneidad institucional y la variedad de perfiles de las escuelas según el sector social y la ubicación territorial, profundizada en esos años, dejaba un panorama de marcada dificultad para implementación de políticas universales.

El mapa social no era menos complejo. Como señala Sandra Carli (2009), en 1975 el 5% de las familias argentinas se encontraba bajo la línea de pobreza mientras que en el 2000 el 50% se ubicaba en esa situación. Los jóvenes que hoy tiene entre 12 y 18 años, nacieron o vivieron sus primeros años, en medio de una de las crisis más graves de la historia argentina; esos adolescentes que transitan los espacios de la educación secundaria vivieron sus primeros años de vida en el seno de entramados familiares inestables y entre medio de las tensiones de cotidianeidades ríspidas y complejas; crecieron entre las desazones, las luchas, y la conflictividad que signó la vida de sus padres y sus entornos.

Estas condiciones dieron lugar a subjetividades, relaciones y dinámicas de vida, sustancialmente frágiles en tanto que condiciones de escolarización para amplios sectores, y lejos estaban de conformar las

[21] Al respecto, es posible consultar, los documentos del citado Coloquio Nacional "A diez años de la Ley Federal de Educación".

bases sociales, culturales y subjetivas propicias para procesos de expansión escolar.

Sostiene María Inés Gabai (2013): "Como sabemos, en la década de los 90, Argentina y las sociedades latinoamericanas atravesaron por varios procesos de redefinición tanto estructurales como institucionales. Estas transformaciones supusieron una reconfiguración del rol del Estado. Como consecuencia de los cambios que se produjeron, nuestro país se vio envuelto en un proceso de polarización, segmentación, expulsión y fragmentación social. Este cambio estructural no tardó demasiado en llegar a las instituciones ni en impactar en quienes las habitan. Si bien desde el año 2003 se han definido diferentes políticas educativas que nos alejan sustancialmente del contexto social de los 90, las transformaciones ocurridas a partir de la implementación de las políticas neoliberales han marcado a los jóvenes y a sus familias en la década pasada, dejando como saldo un diferencial en la distribución de bienes tanto materiales como simbólicos necesarios para el sostenimiento de sus recorridos por la escuela secundaria".

Las mejoras en las condiciones económico-sociales de muchas familias ocurridas en los últimos diez años, no se extienden necesaria ni rápidamente a los territorios subjetivos y simbólicos. Los lazos rotos en tiempos de quebranto social, se encuentran hoy todavía desdibujados y atravesados por conflictividades más específicas, muchas veces ancladas en procesos locales y territoriales.

Estos signos de un "cambio de época" (Svampa, 2008) se expresan de modos complejos y contradictorios, en los diferentes contextos regionales, jurisdiccionales y territoriales, particularmente en lo referido a adolescentes y jóvenes de sectores populares. En este sentido, resulta fundamental atender a las particularidades de los procesos y las políticas que signan el contexto en Córdoba (Bermúdez y Previtali, 2014) y sus efectos sociales, para reconocer en ese marco, las redes de significados contrapuestos en los que la escuela y los sujetos se debaten. Por un lado, la segregación territorial, con el traslado de "villas" y la construcción de "barrios ciudades", el desarrollo de "economías delictivas" cuyas vinculaciones con el poder están siendo denunciadas, "seguridad" centrada en un fuerte incremento de la presencia policial y la creciente criminalización de niños y jóvenes en los barrios populares, la aplicación discrecional del código de faltas, entre otros aspectos, y por otro, las reacciones que suscita como la emergencia de movimientos juveniles, expresados crecientemente en la "marcha de la gorra"[22] son signos claros de las complejidades que señalamos. La incidencia de estos procesos no se agota en la criminalización selectiva, sino que derrama sus efectos agudizando las controversias que atraviesan las miradas y las prácticas sociales con relación a la niñez/adolescencia generando profundas disputas de sentido en los territorios educativos. Muchos jóvenes y sus familias, sumergidos en estas situaciones cotidianas, apenas logran imaginar esas promesas educativas como un futuro posible.

La construcción social de la obligatoriedad extendida navega en estas coordenadas paradójicas, complejas y controversiales, que caracterizan estos tiempos de "demandas de igualdad". Políticas de signos contrastantes, visiones contrapuestas en el sentido común de amplios sectores sociales e instituciones en disputa, por incluir o segregar, por abrir lugares o segmentar territorios.

Valga esta breve descripción de contexto para ubicar la envergadura de los desafíos y dimensionar la densidad los caminos a transitar hacia la efectivización de derechos educativos. Los procesos configurados en el tiempo transcurrido entre los años posteriores al 2001 y los momentos actuales sólo pueden reconocerse y calibrarse tomando en consideración estas circunstancias y estos pliegues de las dinámicas sociales. El devenir las experiencias educativas de los jóvenes, sus recorridos escolares, sus desconfianzas, fragilidades, estrategias, desapegos, búsquedas, luchas e invenciones, sus modos de estar en las instituciones, encuentran soporte en los recovecos de esas sinuosidades.

---

[22] Desde hace ocho años se realiza en Córdoba cada 20 de noviembre, en conmemoración de la Convención de Derechos de Niños, Niñas y Adolescentes, una marcha multitudinaria encabezada por organizaciones juveniles que lleva como emblema "la gorra", parte de la vestimenta que se ha consagrado como elemento identitario de los jóvenes de barrios populares afectados por las políticas de seguridad

Observaciones acerca de los procesos en curso[23]

Las distancias entre la definición e implementación de políticas por un lado, y el efectivo disfrute y ejercicio de derechos por parte de los sujetos y los colectivos sociales por otro, están talladas por los procesos de construcción social y cultural que conllevan los grandes procesos de integración social y conformación de ciudadanía. Tal como señala Andrea Martino:

> "La institucionalización de la obligatoriedad escolar ha sido y es un proceso signado por las tensiones configuradas entre los sentidos y propósitos que como política educativa de carácter universal asume, y las problemáticas, dilemas y desafíos institucionales, organizativos, pedagógicos y didácticos generados en su implementación debe afrontar, sobre territorios de lo instituido-escolar, en los que colisiona su carácter instituyente" (Martino, 2014).

La extensión de la obligatoriedad constituye una nueva instancia en los **procesos de escolarización;** en nuestra perspectiva, dichos procesos lejos de resumirse en la expansión de la matrícula y políticas de retención, constituyen una construcción social compleja, en la que se ponen en juego múltiples factores sociales, culturales y subjetivos amalgamados en la particular trama de las instituciones y los contextos en los sujetos están insertos y las coyunturas históricas en las que tiene lugar. Conforman un entramado a la vez dinámico y entreverado de acciones, iniciativas, significaciones y decisiones que tienen lugar en la vida de los jóvenes, en sus ámbitos domésticos y cotidianos, y en las instituciones a través de los adultos que las representan (Ávila, 2009).

[23] Recuperamos aquí observaciones y reflexiones planteadas en nuestros trabajos colectivos, escritos junto a Andrea Martino y Marisa Muchiut, expuestos en el Encuentro "La Universidad en la Sociedad", organizado por la Universidad Nacional de Córdoba e incluidos en el libro Instituciones, sujetos y transformaciones sociales. Investigaciones educativas en tiempos de transformaciones sociales (en prensa), particularmente en la ponencia Escuela secundaria, obligatoriedad y desafíos de la heterogeneidad".

La escolarización en sus diversas instancias marcha ligada a nuevos hitos en la institucionalización de la escuela, en tanto que esta institución requiere construirse y reconstruirse como espacio para albergar a los nuevos destinatarios de la misma. Estos **procesos de institucionalización** constituyen la fase activa de reconfiguración de significaciones, tramas y relaciones, que articula complejamente componentes sociales, materiales y simbólicos acuñados individual y colectivamente en el seno de esas transiciones. Las estructuras institucionales, sus prácticas instituidas, sus núcleos de significación se ven conmovidos e interpelaos por la progresiva incorporación de estos niños, niñas y jóvenes, sujetos de la igualdad jurídica y educativa. Como decíamos en un trabajo anterior, la obligatoriedad pone en el corazón de los debates escolares, aquellos núcleos de sentidos y de prácticas configurados en la historia de los establecimientos, en los cuales las experiencias sociales y subjetivas de los jóvenes necesitan encontrar anclaje para que sea posible construir lazos de pertenencia y filiación. En este marco, las escuelas medias se han constituido en verdaderos laboratorios institucionales y sociales, que ponen al descubierto la tensa relación entre los sujetos sociales y las instituciones educativas, sus múltiples heterogeneidades y la fragilidad de las prácticas y significaciones instituidas.

Entre las escuelas secundarias varían los modos con que cada una de ellas viene respondiendo, tramitando y procesando los desafíos de la obligatoriedad en función de las particularidades de su propia historia y sus rasgos identitarios colectivos. En el seno de la profunda heterogeneidad emergente en el universo de centros educacionales, sus condiciones y circunstancias, se visualizan particularidades según se trate de escuelas con una fuerte historia e identidad, escuelas atravesadas por quiebres de diverso tipo –por ejemplo las escuelas técnicas y sus cambios de orientación–, o escuelas recientemente creadas, en las que las complejidades y tensiones del contexto han primado como condiciones estructurantes de los procesos institucionales. A ello se suma la proliferación de los "Anexos", creados para dar respuesta a la ampliación de matrícula y que se presentan como espacios más frágiles y periféricos al sistema en su conjunto.

Las variaciones registradas no sólo obedecen a la tipología de propuestas y perfiles que conviven en el sistema, sino que responden a condiciones y demandas que tallan la institucionalización de cada establecimiento en su contexto y según sus actores, configurando diversos "modos de ser escuela", lo que conlleva formas particulares de albergar o de expulsar, de incluir o negar, de ofrecer horizontes o restringirlos motorizando, obstaculizando o tensionando contradictoriamente, los vínculos de adolescentes con la institución.

En un establecimiento escuchamos el siguiente relato:

> "Nosotros tenemos muchos chicos que no sé si antes hubieran estado en la secundaria, las familias no tienen escolaridad, y los chicos son más de la calle que de la escuela. Y esos chicos, no sé cómo, te saben de cabo a rabo sus derechos, incluso creen que tienen más de los que tienen!
> Hay docentes que están muy enojados, sí enojados, aunque yo no debería decirlo, son mis colegas pero es así, no les hace gracia que estos chicos estén en la escuela y tener que luchar con ellos, para que trabajen, para que hagan algo, para que no les falten el respeto. Y que se les paren cómo iguales… Menos les gusta que sus madres cobren la asignación, eso ya directamente los indigna. Entonces es cuando uno se pregunta ¿es real esto de los derechos? ¿Y si el profe no quiere a ese chico allí? Y no lo disimula, eh! A mí a veces me da vergüenza ajena, la forma en que los tratan, las respuestas que les dan… ¿y la dignidad de los chicos? …a veces me duele el corazón con mis colegas pero es así…
> Ojo, no todos, varios están también buscando cómo trabajar mejor con ellos, pero cuesta… es una lucha…y a veces te cansás…"

Por otra parte, en una gama creciente de establecimientos, se registra la presencia de adultos –más allá del cargo que ocupen–, más sensibles a las demandas y necesidades de los jóvenes, con disposiciones favorables a un trabajo con los nuevos sujetos sociales que la escuela está recibiendo. Esos agentes escolares suelen ser tanto docentes como secretarios, preceptores, bibliotecarios, ayudantes técnicos, coordinadores de curso o personal administrativo. El lugar puede coincidir o no con viejas y nuevas figuras institucionales cuya permanencia durante toda la jornada escolar promueve cercanías con las problemáticas cotidianas de los jóvenes, pero da cuenta de la presencia de sujetos educativos implicados en la concreción de derechos y oportunidades, más allá de la formulación discursiva que hagan respecto de sus prácticas. Las vacancias funcionales que la escuela viene arrastrando y aquellas que surgen de la ampliación de demandas y necesidades que conlleva la llegada de nuevos actores juveniles, son asumidas los tutores o coordinadores de cursos –figuras destinadas expresamente a estos apoyos–, así como en forma espontánea por diversos actores institucionales que se prestan a ofrecer escucha, atención y contención a los alumnos y alumnas, a sus necesidades y condiciones.

Un docente hace el siguiente relato de su experiencia en una escuela periférica en la que se registraron sucesos de alta gravedad el año anterior:

> "Por suerte este año, los chicos vienen mejor, se los ve más contentos. El año pasado se trabajó muchísimo en esta escuela y parece que algo se va logrando… Estoy seguro que no vienen por las becas, yo tengo clases a las siete y media de la mañana, vos te creés que se van a venir por seiscientos pesos… o no sé cuánto es que les dan… si quieren se los hacen en un día… ellos saben cómo… pero están buscando otra cosa… Y a mí me da mucha pena a veces… me doy muy bien cuenta cuando a la noche anduvo el helicóptero, están nerviosos, te tratan mal, se enojan, me imagino, estos no durmieron con el traca traca en los oídos… y nos nervios, cuando anda el helicóptero algo se arma en el barrio… esta escuela tuvo muchos chicos muertos y hasta algún suicidio… esas caras duras y sufridas que traen esos días, no me las olvido, no me las voy a olvidar…"

Encontramos en estos breves ejemplos, sólo una muy recortada muestra de las polaridades con que se expresan los procesos complejos que la construcción social de la obligatoriedad implica.

Entendemos que son múltiples los hilos que, entramados en el tiempo, contribuyen a tallar los caminos con que las instituciones resuelven en diversos sentidos el curso de la obligatoriedad en sus espacios. Esos modos de resolución suponen una "actividad de simbolización, que permita imaginar formas de ligar sentidos, de producir nuevas significaciones que refunden lo colectivo incluyendo lo diverso, metabolizando lo nuevo para reconfigurar las tramas instituidas; pero estas elaboraciones incluyentes pueden no tener lugar, también está abierto el camino de la cerrazón en lo viejo, de la exclusión de lo nuevo, de segregación y la marginalización de los sujetos" (Ávila, Martino y Muchiut, 2009).

Interesa advertir que los procesos institucionales se gestan en diversas direcciones. Como formación social e histórica, la escuela está nuevamente –y a raíz de estos nuevos mandatos– convocada para "jugar un papel central en la filiación de las nuevas generaciones en un horizonte común, no sólo por el acceso a los conocimientos socialmente acumulados, sino también para experimentar las relaciones del mundo público y ensayar vínculos con los otros, con diversos y plurales contenidos, ampliar los contornos de los espacios comunes, desplegar nuevas formas y especificidades en el lazo social. Todo ello a condición de afrontar y producir profundas transformaciones en su seno" (Ávila, Martino y Muchiut; 2009).

Uno de los riesgos más graves consiste en recrear y profundizar al interior de las instituciones universalizadas, las categorías diferenciadoras que se pretendían desechar. En ese sentido, nos parece interesante recuperar la reflexión que realiza Gabriela Dicker (2009) a propósito de la implementación de la Ley 26.061, cuando señala que preocupa la emergencia de nuevas cristalizaciones simbólicas y prácticas diferenciadoras en el seno de los intentos de inclusión y reconocimiento de derechos. En esa línea, diversos autores alertan acerca de que el abandono de la categoría de "menor" en el discurso y en las instituciones parece estar reconfigurándose en la gestación de otras clasificaciones, que reeditan esos viejos significados y configuran prácticas en consonancia a las mismas. Los jóvenes –crecientemente incorporados a los procesos educativos– quedan a menudo, "re encasillados" en categorías que, al pretender describir las desigualdades, sustancializan el problema social en el sujeto, "vulnerables", "excluidos", "en riesgo", con "discapacidades sociales", "deficientes atencionales", o que convierten el acceso a derechos en nuevas y penosas etiquetas: "los asignados", "los integrados", "subsidiados".

En el seno de las instituciones educativas, tiene lugar un proceso profundamente controvertido: aquellas prácticas y posicionamientos inclusivos conviven y disputan con la amenaza de regenerar lo viejo dentro de lo nuevo, profundizando las diferenciaciones, y sumando a las ya acuñadas a lo largo de su historia de tensiones, otras nuevas de profundo sentido estigmatizante. Y esto sucede, la mayoría de las veces sin que sus propios actores identifiquen con claridad lo que están construyendo.

Sin desestimar el peso sustantivo de las políticas públicas nos interesa, entonces, destacar la relevancia de la escala institucional en la construcción social de la obligatoriedad escolar secundaria. Esta heterogeneidad de respuestas ancladas en las historias singulares de las escuelas y los posicionamientos que los adultos producen en su seno resultan de central relevancia, pues las políticas se entraman en esas historias generando condiciones en cuyas redes se resuelven cotidianamente inclusiones y exclusiones, efectivización de derechos o su negación lisa y llana.

Pensando hacia adelante

En tanto que las leyes y las instituciones no constituyen sino formaciones históricas complejas, profundamente atravesadas por los procesos y posicionamientos de la sociedad y de la época, es necesario alertar al conjunto social, al mismo tiempo que interpelarnos como actores educativos acerca de los modos de recibir a los "nuevos" y construir socialmente a las nuevas generaciones en tiempos de demandas de igualdad.

Los desafíos que implica la redefinición de la obligatoriedad escolar como promesa educativa, al extenderse universalmente a los jóvenes exige nuevas composiciones de lo colectivo y sus lógicas, de las valoraciones y de las miradas respecto de estos nuevos sujetos y sus realidades; convoca a revisar las relaciones sociales entre generaciones y entre sectores sociales y diferencias.

Se requiere revisar las posturas contradictorias de la sociedad y los actores educativos con relación a los jóvenes, y recuperar el papel de los vínculos de transmisión y filiación como componente estructurante de los lazos escolares y fundamento de las instituciones de la educación.

Es necesario reconocer la envergadura y la complejidad de un proceso cuyos horizontes están aún por edificarse y en el que si bien la direccionalidad política corresponde al Estado y su gobierno, el acompañamiento de la sociedad, de los actores educativos, de las familias y las comunidades es irremplazable.

Referencias bibliográficas

Abratte, J.P. (2005) Las Políticas Educativas en la Provincia de Córdoba: Democracia, Legitimación y Discurso Educativo. Editorial FFyH. UNC/ Universitas.

Ávila, O. S.; Martino, A.; & Muchiut, M. (2010). Escuela secundaria, universalización y desafíos de la heterogeneidad. 2do. Congreso Nacional y 1er Encuentro Internacional de Psicosociología Institucional.
Universidad Nacional de Salta.12,13 y 14 de agosto.

Ávila, O. S. (2012) Igualdad y educación: sujetos, instituciones y prácticas en tiempos de transformaciones sociales. Cuadernos de

Educación. Publicación del Área Educación del Centro de Investigaciones "María Saleme de Burnichón". FFyH. UNC.

__________(2009) Discusiones acerca de la obligatoriedad. Desafíos para incluir. Revista Hoy la Universidad. Año I. N°2. Córdoba: Editorial de la UNC.

Bermúdez, N. & Previtali, M. E. (coord.)(2014). Merodear la ciudad. Miradas antropológicas sobre espacio urbano e "inseguridad" en Córdoba. Córdoba: IDACOR. Universidad Nacional de Córdoba

Briscioli, B. & Toscano, A. G. (2012). La escolarización secundaria obligatoria. Dos estudios sobre políticas destinadas al reingreso de adolescentes y jóvenes a la escuela en Argentina. Seminario Internacional: Políticas, Sujetos y Movimientos Sociales en el Nuevo Escenario Latinoamericano, los días 16 y 17 de julio de 2012 en Santiago de Chile

Carli, S. (2006). Los dilemas de la transmisión en el marco de la alteración de las diferencias intergeneracionales. Exposición Diplomatura Superior en Gestión Educativa Flacso. Publicación virtual.

________(comp.) (2009) La cuestión de la infancia. Entre la escuela, la calle y el shopping. Buenos Aires, Editorial Paidós.

Carranza, A. (con colaboración de Kravetz, S. & López, V.) & Aguerrondo, I. (2009) La gestión de centros de enseñanza obligatoria en Argentina en Gairín Sallán, Joaquín (coord.) La gestión de los centros de enseñanza obligatoria en Iberoamérica. Universidad Autónoma de Barcelona.

Castro, A. & Kravetz, S. (2012). Notas sobre inclusión y obligatoriedad en la escuela secundaria argentina. Artigos. Publicación de Políticas educativas, Porto Alegre, Vol.6, N°1.

Coria, A. y Kravetz, S. (2014). Renovar el debate sobre el sentido de la educación pública.Una aproximación a la relación estatal privado en la provincia de Córdoba. Disponible en: www.vocesenelfenix.com

Diker, G. (2009). ¿Qué hay de nuevo en las nuevas infancias? Colección 25 años, 25 libros. Vol. 23. Ed. Biblioteca Nacional y Universidad General Sarmiento.

Foglino, A. M.; Falconi, O. & López Molina, E. (2008). Una aproximación a la construcción de la experiencia escolar de adolescentes y jóvenes de grupos sociales urbanos en condiciones de pobreza en Córdoba. En Cuadernos de Educación. FFYH. UNC. Año VI N°6, julio. Publicación del Area de Educación del Centro de Investigaciones "María Saleme de Burnichón" FFyH. UNC.

Gabbai M. I. (2013) La construcción social de la experiencia estudiantil: Vinculaciones entre las trayectorias sociales y escolares desde una perspectiva socioeducativa. En Kaplan, C. y Bracchi, C. (comp.). 2013. Imágenes y discursos sobre los jóvenes. 1a ed. La Plata: Universidad Nacional de La Plata. Facultad de Humanidades y Ciencias de la Educación.

Gutierrez, G. (2013). El derecho social a la educación en la provincia de Córdoba 2003-2013: historia reciente de su dinámica, obstáculos y desafíos. 1ra Edición. Córdoba: Unión de Educadores de la Provincia de Córdoba. Ayala Editorial.

Kaplan, C. y Bracchi, C. (comp.). 2013. Imágenes y discursos sobre los jóvenes 1a ed. La Plata: Universidad Nacional de La Plata. Facultad de Humanidades y Ciencias de la Educación.

Kravetz, S. (2012). Políticas de igualdad educativa. Reflexiones sobre el Programa provincial "Inclusión/Terminalidad de la escuela secundaria en Cuadernos de Educación N° 10 Año 10. Córdoba. Facultad de Filosofía y Humanidades.

Martino, A. (2014). Quiebres y puntos críticos en los primeros años de la escuela secundaria. En Ávila (comp.) Instituciones, sujetos y transformaciones sociales. Investigaciones educativas en tiempos de transformaciones sociales (en prensa).

Miranda, E. (2013). De la selección a la universalización. Los desafíos de la obligatoriedad de la educación secundaria. En Espacios en blanco,

Serie Indagaciones Vol 23. Dossier 22 (continuación) Tandil: UNCPBA.

Redondo, P. (2006). Igualdad y Educación. Escrituras entre dos orillas. Buenos Aires: Del Estante Editorial.

___________(2006): Igualdad y educación. Un debate pendiente. En La educación en debate: desafíos para una nueva ley, Facultad de Filosofía y Humanidades-UNC. Córdoba: Ferreyra.

Southwell, M. (2008). Hacer escuela con palabras: directores de escuela media frente a la desigualdad. Archivos de Ciencias de la Educación (4ta. Época) Disponible en: http://www.fuentesmemoria.fahce.unlp.edu.ar/ art_revistas/pr.3174/p

Svampa, M. (2008). Cambio de época. Movimientos sociales y poder político. Buenos Aires: Ed. Siglo XXI

Terigi, F. (2009). Las trayectorias escolares: del problema individual al desafía de la política educativa. Ministerio de Educación. Proyecto hemisférico Elaboración de políticas y estrategias para la prevención del fracaso escolar. Disponible en: http://repositorio.educacion.gov.ar:8080/ dspace/handle/123456789/95429

_________(2010) Las Cronologías de aprendizaje: un concepto para pensar trayectorias escolares. Conferencia pronunciada en la apertura del Ciclo Lectivo 2010. Gobierno de la Provincia de la Pampa.

Vanella, L. & Maldonado, M. (2013). Programa de Inclusión y Terminalidad de la Educación Secundaria para jóvenes de 14 a 17 años. Córdoba (Argentina). UNICEF, Facultad de Filosofía y Humanidades.
UNC.

Inserción laboral de personas con (dis)capacidad

*Sofía Belén Fernández**
*Margarita Valero***

Introducción

Partiendo de la Convención sobre los derechos del niño, y la Convención sobre los derechos de las personas con discapacidad, donde se destaca la **participación activa** de las personas con discapacidad en la comunidad, consideramos que la base para la integración social de estas personas, es el planteamiento y enseñanza de esta temática desde la curricula escolar (en los diferentes niveles educativos). Es decir, que se debe plantear principalmente como contenidos curriculares la aceptación y atención de la diversidad en la totalidad de la estructura social, desarrollar capacidades y valores de integración para reconocerse y reconocer a los sujetos sociales próximos. Esto será un primer gran paso al cambio de la conciencia social y una primer puerta al trato

* *Estudiante de la carrera de Ciencias de la Educación, Facultad de Filosofía y Humanidades, Universidad Nacional de Córdoba. CE: sofifernandez_5@hotmail.com*
** *Estudiante de la carrera de Ciencias de la Educación, Facultad de Filosofía y Humanidades, Universidad Nacional de Córdoba. CE: margaavalero@hotmail.com*

e integración laboral. Debido a la falta de conciencia de la sociedad sobre la discapacidad surge la necesidad de plantear desde la educación la conciencia y el conocimiento de la aceptación de las personas con

A partir de los relatos y palabras de estos actores, desde sus diferentes lugares pudimos, por un lado, interrogarnos acerca de los mecanismos de implementación de este programa y, por otra parte, generarnos interrogantes acerca de su impacto. El sector socioeconómico de origen de los jóvenes beneficiarios, el nivel educativo alcanzado, sus experiencias laborales no formales previas o las de sus familiares, entre otros factores, ¿son tenidos en cuenta?; el Estado provincial, ¿posee algún tipo de control que permita asegurar que los empleadores no abusen de los derechos laborales de los jóvenes? ¿Las posibilidades de acceso al programa, son iguales para todos los jóvenes? Son éstas algunas de las tantas inquietudes que una lectura más integral de la política, que incluye la mirada de diversos actores y sectores nos suscitan y que muchas veces no logramos cuestionar ante las coloridas campañas de publicidad y promoción que nos hablan de cifras significativas. Inquietudes que nos permiten pensar y repensar planes y programas que sean realmente efectivos al momento de imaginar alternativas de acción ante los procesos de desigualdad social y cultural que hoy en día perjudican a amplios sectores, fundamentalmente a nuestra juventud.

Made in the USA
Monee, IL
20 October 2026

66394733R00256